工程建设项目管理培训教材

房建工程主体结构施工技术与管理

中国施工企业管理协会　组织编写

中国建筑工业出版社

图书在版编目（CIP）数据

房建工程主体结构施工技术与管理/中国施工企业管理协会组织编写. —北京：中国建筑工业出版社，2023.10

工程建设项目管理培训教材

ISBN 978-7-112-29110-6

Ⅰ. ①房… Ⅱ. ①中… Ⅲ. ①房屋-建筑施工-教材 Ⅳ. ①TU712.3

中国国家版本馆 CIP 数据核字（2023）第 170528 号

本书内容以房建工程的施工工艺为主，项目管理经验为辅。房屋质量至关重要，质量问题是房屋建设中存在的主要问题，而质量问题在建筑使用中往往会转变为安全问题。由于城市人口的急剧增加，房屋建设的环境也越来越多变，在房屋建设过程中，包括受到企业资金、设计、施工人员，以及场地原因的影响，干扰因素较多，对工程的要求更加严格。书中主讲施工图读图、识图解析，分项、分部工程（如房建工程在施工过程中涉及的桩基、塔吊、爬架、防护、防水、用电等）施工技术及工艺。

责任编辑：毕凤鸣
责任校对：李美娜

工程建设项目管理培训教材
房建工程主体结构施工技术与管理
中国施工企业管理协会　组织编写
*
中国建筑工业出版社出版、发行（北京海淀三里河路 9 号）
各地新华书店、建筑书店经销
霸州市顺浩图文科技发展有限公司制版
建工社（河北）印刷有限公司印刷
*
开本：787 毫米×1092 毫米　1/16　印张：18½　字数：457 千字
2024 年 1 月第一版　2024 年 1 月第一次印刷
定价：**76.00** 元
ISBN 978-7-112-29110-6
（41848）

电话：（010）58337283　QQ：2885381756
（地址：北京海淀三里河路 9 号中国建筑工业出版社 604 室　邮政编码：100037）

本书编委会

主　　编： 尚润涛

副 主 编： 马玉宝　曾凌峰　陆总兵　刘全胜　余建波　伊凌云　赵志刚

参编人员： 孙　鑫　刘亚梅

前　言

《房建工程主体结构施工技术与管理》一书共分九个章节，以引论开篇，在建筑施工图、结构施工图读图识图实例解析基础上，系统全面介绍房建工程主体结构施工技术与管理技能。本书本着轻理论知识重现场实战的理念，编写内容贴近施工现场，符合施工实战。能更好地为高职高专、大中专土木工程类及相关专业学生和土木工程技术与管理人员服务。

此书具有如下特点：

1. 图文并茂，通俗易懂。书籍在编写过程中，以文字介绍为辅，以大量的施工实例图片或施工图纸截图为主，系统地对房建工程主体结构施工技术与管理工作内容进行详细的介绍和说明，文字内容和施工实例图片直观明了、通俗易懂；

2. 紧密结合现行建筑行业规范、标准及图集进行编写，编写重点突出，内容贴近实际施工需要，是施工从业人员不可多得的施工作业手册；

3. 通过对本书的学习和掌握，即可独立进行房建工程主体结构施工技术与管理工作，做到真正的现学现用，体现本书所倡导的培养建筑应用型人才的理念。

4. 本书的编写得到了行业领导及中信国安建工集团赵志刚、江西华城建设有限公司曾凌峰、南通新华建筑集团有限公司陆总兵、江苏中轩建设有限公司刘全胜、福建路港（集团）有限公司余建波、景德镇市兴昌达置业有限公司伊凌云的大力支持与帮助，在此表示衷心感谢！本书在编写过程中难免有不妥之处，欢迎广大读者批评指正。

编　者

2023 年 11 月

目 录

第1章　引　论

第1节　建设工程项目管理概念

建设工程项目管理的内涵是：自项目开始至项目完成，通过项目策划和项目控制，使项目的费用目标、进度目标和质量目标得以实现。

“自项目开始至项目完成”指的是项目的实施期；“项目策划”指的是目标控制前的一系列筹划和准备工作；“费用目标”对业主而言是投资目标，对施工方而言是成本目标。项目决策期管理工作的主要任务是确定项目的定义，而项目实施期管理的主要任务是通过管理使项目的目标得以实现。

1. 项目管理及其特点

项目管理是指在一定的约束条件下，为达到项目目标（在规定的时间和预算费用内，达到所要求的质量）而对项目所实施的计划、组织、指挥、协调和控制的过程。

一定的约束条件是制定项目目标的依据，也是对项目控制的依据。项目管理的目的就是保证项目目标的实现。项目管理的对象是项目，由于项目具有单件性和一次性的特点，要求项目管理具有针对性、系统性、程序性和科学性。只有用系统工程的观点、理论和方法对项目进行管理，才能保证项目的顺利完成。项目管理具有以下特点：

（1）每个项目具有特定的管理程序和管理步骤。项目的一次性、单件性决定了每个项目都有其特定的目标，而项目管理的内容和方法要针对项目目标而定，项目目标的不同，决定了每个项目都有自己的管理程序和步骤。

（2）项目管理是以项目经理为中心的管理。由于项目管理具有较大的责任和风险，涉及人力、技术、设备、材料、资金等多方面因素，为了更好地进行计划、组织、指挥、协调和控制，必须实施以项目经理为中心的管理模式，在项目实施过程中应授予项目经理较大的权力，以使其能及时处理项目实施过程中出现的各种问题。

（3）应用现代管理方法和技术手段进行项目管理。现代项目的大多数属于先进科学的产物或者是一种涉及多学科的系统工程，要使项目圆满地完成，就必须综合运用现代化管理方法和科学技术，如决策技术、网络计划技术、价值工程、系统工程、目标管理、看板管理等。

（4）项目管理过程中实施动态控制。为了保证项目目标的实现，在项目实施过程中采用动态控制的方法，阶段性地检查实际值与计划目标值的差异，采取措施纠正偏差，制定新的计划目标值，使项目的实施结果逐步向最终目标逼近。

2. 工程项目管理

工程项目管理是项目管理的一个重要分支，它是指通过一定的组织形式，用系统工程的观点、理论和方法对工程建设项目生命周期内的所有工作，包括项目建议书、可行性研究、项目决策、设计、设备询价、施工、签证、验收等系统运动过程进行计划、组织、指挥、协调和控制，以达到保证工程质量、缩短工期、提高投资效益的目的。由此可见，工程项目管理是以工程项目目标控制（质量控制、进度控制和投资控制）为核心的管理活动。

工程项目的质量、进度和投资三大目标是一个相互关联的整体，三大目标之间既存在着矛盾的方面，又存在着统一的方面。进行工程项目管理，必须充分考虑工程项目三大目标之间的对立统一关系，注意统筹兼顾，合理确定三大目标，防止发生盲目追求单一目标而冲击或干扰其他目标的现象。

（1）三大目标之间的对立关系。在通常情况下，如果对工程质量有较高的要求，就需要投入较多的资金和花费较长的建设时间；如果要抢时间、争进度，以极短的时间完成工程项目，势必会增加投资或者使工程质量下降；如果要减少投资、节约费用，势必会考虑降低项目的功能要求和质量标准。所有这些都表明，工程项目三大目标之间存在着矛盾和对立的一面。

（2）三大目标之间的统一关系。在通常情况下，适当增加投资数量，为采取加快进度的措施提供经济条件，即可加快项目建设进度，缩短工期，使项目尽早动用，投资尽早回收，项目全寿命周期经济效益得到提高；适当提高项目功能要求和质量标准，虽然会造成一次性投资和建设工期的增加，但能够节约项目动用后的日常费用和维修费，从而获得更好的投资经济效益；如果项目进度计划制定得既科学又合理，使工程进展具有连续性和均衡性，不但可以缩短建设工期，而且有可能获得较好的工程质量和降低工程费用。所有这一切都说明，工程项目三大目标之间存在着统一的一面。

从施工方的角度来讲，建设工程项目管理，包括成本控制、质量控制、进度控制、安全管理、合同管理、信息管理、与施工有关的组织与协调，简称“三控三管一协调”。

第 2 节　建设工程项目管理层级

建设工程项目管理层级，如图 1-1 所示。

1. 项目经理职责

（1）代表公司实施项目管理。贯彻执行国家法律、法规、方针、政策和强制性标准。组织实施质量、职业健康安全和环境管理体系并持续改进。

（2）严格执行公司各项规章制度，维护公司的合法权益。接受公司职能管理部门的检查、监督与指导，做到无违法、无违纪、无安全质量事故。

（3）参与项目招标投标和合同签订工作，负责落实公司与业主签订的工程合同所规定的内容。代表公司实施项目管理职能，负责从工程开工至竣工结算、工程款回收以及质量保修的全过程管理。

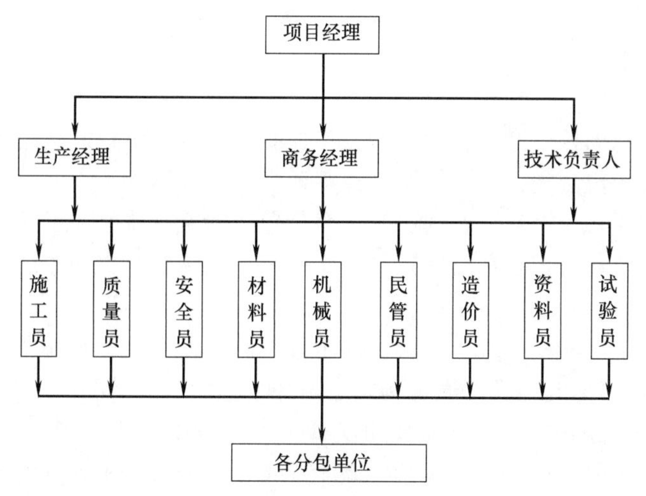

图 1-1 建设工程项目管理层级

（4）代表项目经理部与公司签订《项目承包责任书》。依据有关项目经理部人员配备的规定组建项目经理部，与公司协商，选择、聘任、解聘管理人员，确定管理人员的岗位，明确责任，建立和完善项目内部考核奖罚机制，并进行考核、评价和奖罚。

（5）加强项目经理部建设，提高项目管理人员素质，充分调动项目人员的积极性。加强廉政教育，确保公司利益不受损失，杜绝违法违纪行为的发生。

（6）在公司规定的授权范围内，依照公司所制定的各项制度实施材料采购、分包管理、资金管理等项目承包管理工作。

（7）在授权范围内负责协调项目内外关系，解决项目出现的问题。处理项目经理部的善后工作。

（8）自觉接受上级单位的检查与评比，塑造公司品牌、树立公司良好形象。

（9）有义务协助公司进行对项目的调查、鉴定和评奖申报。有义务协助公司进行续建工程的承揽。

（10）申诉。在工程项目实施过程中，如因政策调整、业主等因素而影响了《项目承包责任书》中有关目标的实现时，项目经理有权提出申诉，要求公司或分公司承担相应的责任和损失。

（11）根据公司有关规定和要求，公司授权的其他事项。

2. 生产经理职责

（1）在项目经理的直接领导下开展工作，负责工程的生产指挥和施工管理。

（2）认真熟悉、审核图纸和设计要求，研究工艺，参加图纸会审及设计交底，提出意见和建议。

（3）参与优化施工组织设计方案和各种施工措施的编制，提出合理化建议，并组织实施。

（4）根据工程施工现场，合理规划布局现场平面图。负责施工现场维护措施等施工环境的管理工作。

（5）根据施工生产需要适时、合理组织劳动力，配置生产要素，严格控制施工进度和安全文明施工。

（6）根据公司下达的年度、月度总的进度目标，组织编制项目详细进度计划，提出劳动力、材料供应和机械设备的安排意见。

（7）负责施工现场各生产要素投入的成本控制，采取措施降低费用支出。

（8）分析研究分包合同，合理控制分包签证，核定具体签证工作量，根据分包合同合理划分相关单位责任，分摊签证费用。提供对分包商的所有质量、工期、安全、文明施工等方面的整改通知及违约罚款单据等资料，及时审核分包商上报的签证并移交项目商务经理核定。

（9）监督检查工序的安排和“应确认的工程”的操作，保证按作业指导书施工。

（10）及时与项目商务经理沟通现场发生增加工程成本的情况。

（11）负责项目部的安全生产活动，加强对职工的环保意识教育，负责建立项目部的安全生产和环境保护的管理机构。落实安全生产工作。及时分析处理安全问题，贯彻安全第一、预防为主的方针，按规定搞好安全防范措施，把安全工作落到实处，做到讲效益必须讲安全，抓生产首先必须抓安全。

（12）定期组织项目人员对施工现场的安全、文明施工、环保和消防管理等工作进行检查，并负责对整改部位的复审。

（13）承担项目工程的质量指标，组织隐蔽工程验收，参加分部工程的质量评定。组织分部分项工程检查，在施工中进行监督和指导，发现问题及隐患时，提出解决措施，监督落实。

（14）参加工程竣工交验，负责工程完好保护。

3. 商务经理职责

（1）认真熟悉并掌握法律法规、规章制度，贯彻和执行公司成本管理制度和相关文件规定，负责项目合同、预算、成本、结算、法务等管理工作。

（2）负责根据总分包合同，组织项目各相关岗位成员进行项目总体收入、成本的测算和复核工作，进行成本指标分解，协助项目经理制定考核分配方案。

（3）负责牵头组织编制项目成本策划方案，编制项目计划成本，分析项目盈亏点，将亏损子目提交项目部及公司相关部门讨论，争取通过设计变更、风险转移等方式，减少或避免亏损。

（4）协助公司相关部门进行分包、劳务、材料、机械租赁等内部招议标工作，起草合同草稿，参与合同谈判工作。

（5）根据总包合同及现场人员提供的相关签证索赔资料，编制签证索赔报告、向发包人提出签证索赔申请，跟踪监理、发包人对签证索赔事项的审核情况。

（6）分析研究分包合同，合理控制分包签证，核定具体签证工作量，根据分包合同合理划分相关单位责任，分摊签证费用。及时对分包签证、合同外单价进行项目初审并提交公司审核确认。

（7）负责牵头组织编制工程预（结）算书与项目材料总需用计划。

（8）负责牵头项目部总包结算会审会签，提供结算策划数据，办理总包结算。

（9）负责组织项目相关人员按总分包合同及现场实际施工情况办理对发包人及分包单位的中间计量工作。

（10）负责组织分包预结算的初审并提交公司审核确认。

（11）协助项目经理定期组织召开项目成本分析会和商务例会，分析研究成本管理过程中存在的各种问题，总结经验教训，制定纠偏措施。

（12）负责商务资料的收集整理归档，建立完整的项目成本管理台账。

（13）组织编制项目成本、预结算管理总结。

（14）负责按分部分项计算工程量与用工量，满足管理要求。审核对比内部控制预算实物量的准确性。

（15）负责项目施工生产月、旬计划的填报及产值进度统计，及时准确上报各种业务报表，记好各种台账。

（16）依据内部预算和劳务分包管理有关规定，搞好劳务分包的测算及劳务分包合同的签订、验收、结算等管理工作。

（17）负责下达主要材料的限额领料单，做好台账记录。

（18）负责民工费指标的控制管理，做好用工计划和分析，检测用工的合理性。

（19）负责施工总进度计划图表及形象部位剖面图的编制上墙和实际完成的填写。

（20）负责现场施工图纸的管理和变更签证的管理，并及时上报。

（21）负责施工许可证和工程开工批复的管理。

（22）认真完成上级部门交办的各项工作。

（23）做好项目部环境因素的识别与更新，并制定应急预案。

（24）完成项目经理交办的其他工作。

4. 技术负责人职责

（1）主持项目的技术、质量管理工作，对工程技术、工程质量全面负责。

（2）在施工中严格执行现行国家建筑法律、法规、规范、强制规范和标准，严格按图施工。

（3）编制施工组织设计、总平面布置图，制定切实有效的质量、安全技术措施和专项施工方案。

（4）组织工程的图纸自审、会审，及时解决施工中出现的各种技术问题。做好同设计单位和有关工程技术人员的工作联系，及时提供发包人下发的各种变更、技术联系单、建筑做法等资料，避免施工过程中因技术失误造成的损失。

（5）负责各项技术交底工作，组织技术人员、工人学习贯彻技术规程、规范、质量标准，并随时检查执行情况。

（6）负责项目的施工技术文件及技术资料签证。

（7）督促检查作业班组、施工人员的施工质量，确保工程按设计图及规范标准施工，并负责组织质量检查评定工作。

（8）主持项目的质量会议，对质量问题提出整改措施并监督及时处理。

（9）负责编制样板引路方案，严格控制各分部分项工程的质量，针对特殊、关键过程编制质量控制专项方案。

（10）主持项目质量体系运行，开展 QC 小组活动，严格执行质量奖罚制度。

（11）协助项目生产经理和项目商务经理对发包人的索赔工作，且防止分包人反索赔。

（12）组织自检，接受上级主管安监部门和发包人组织的隐蔽验收、分部分项验收、竣工验收工作。

（13）负责检查、督促工程档案、资料的收集、整理、移交，组织草拟工程施工总结。

（14）完成项目经理交办的其他工作。

5. 施工员职责

（1）审核施工图纸，研究施工工艺，参加设计交底，提出施工组织的意见和建议。

（2）按工期要求，编制和落实项目工程总进度和季、月、旬施工计划，及时作出劳动力、材料供应、机械配置的安排意见。

（3）严格按图纸、按工艺标准，科学合理地组织施工，保证工期和施工部位的落实。

（4）重视成本核算，注意节约挖潜，组织文明施工，创管理效益。

（5）负责对施工操作人员进行技术、安全文字交底，并在施工中进行监督和指导。

（6）按分包合同规定对分包单位的工作进行监督检查和验收。

（7）承担本岗范围内工程质量的达标责任。组织分部分项的交接检查工作，及时发现问题与隐患，提出解决措施，监督整改落实。

（8）严格执行需确认工序作业指导书，执行技术规范，工程变更手续齐全，及时办理签证，积累施工技术资料，及时提供对发包人索赔、签证的证据。填写施工日志。

（9）完成领导交办的其他工作。

6. 质量员职责

（1）参与施工方案中质量保证措施的制定和创优方案的编制，督促落实。

（2）负责协助施工员做好工程质量交底。

（3）严格执行公司质量管理的各项制度，落实项目质量保证和预防质量通病的各项措施。

（4）及时准确地反映工程质量情况，按质量验评标准做好分项工程的质量评定。

（5）正确使用质量否决权，对不合格品签发返修通知单，并监督落实，复检返修结果，杜绝质量事故的发生。

（6）配合项目经理对项目管理人员和操作人员进行质量教育，推动 QC 小组活动，贯彻质量体系各项程序文件。

（7）完成领导交办的其他工作。

7. 安全员职责

（1）配合项目经理编制工程的安全生产方案，协助制定项目有关安全生产管理制度、生产安全事故应急预案，并监督方案的贯彻实施。

（2）对项目的安全生产进行监督检查；认真执行安全生产规定，监督项目安全管理人员的配备和安全生产费用的落实。

（3）负责工程施工期间所有危险源的辨识，对项目安全生产监督管理进行总体策划并组织实施。

（4）组织建立安全保证体系和管理网络，对各个部位的安全专项方案进行审核。

（5）负责对进入现场的施工队伍和人员进行入场安全教育。

（6）配合生产经理对施工现场的各种安全防护措施进行检查和验收。对不安全的隐患督促有关人员进行整改。

（7）负责对施工人员的安全操作进行监督、检查和专业指导。对违章指挥、违章作业和冒险蛮干现象进行制止、纠正和处罚。

(8) 负责对安全技术交底进行审核、签字。

(9) 协助项目经理对现场的各类安全事故进行调查、分析、记录、报告、处理及制定防范措施。

(10) 负责对项目安全防火制度的落实情况进行检查，能够及时发现问题，并向项目经理提出可行的整改意见，在项目经理指挥下参与隐患的整改。

(11) 项目消防员必须经消防部门培训后方可持证上岗。

(12) 负责项目施工人员的防火教育及文字交底工作，负责与分包单位签订并保管“治安防火协议书”。

(13) 对项目施工现场当天的动用明火部位心中有数，要严格检查审批手续，实行动态监督，工作下沉到操作面，保证监督到位。

(14) 督促并参加项目组织的安全防火专题会议，并做好记录；认真接受上级领导部门的指导、检查，负责项目防火档案资料的记录、积累、整理和保管。

(15) 参加项目的施工方案会，对明火作业审批会签。

(16) 有权制止违章指挥和违章操作的行为，并可越级向上反映情况。

(17) 负责项目消防器材和设施的保管和管理工作，需人力、物力自己不能解决时，及时向项目经理汇报解决。

(18) 负责做好其他相关的防火工作。

(19) 完成领导交办的其他工作。

8. 材料员职责

(1) 依据承包工程量和施工方案，进行项目主要材料、周转材料及大型工具的总体预测分析。

(2) 编制材料及大型工具的进场使用计划，并严格按计划组织实施。

(3) 料具进场按平面图堆放，做好标识，并随时检查，严格验收手续，做到保质保量。

(4) 做好进场材料的计量检测验收记录。

(5) 加强料具保管，坚持入库制度，在材料保管上做到防火、防雨、防晒、防腐、防污染。

(6) 严格执行主要材料的限额领料制度。分项考核不超耗，账物相符。

(7) 按规定记账，报表数字对口。对料具进行可追溯性管理。

(8) 遵守企业制度及法规、法律，各种料具不得私自处理。

(9) 监督执行大型工具七项禁令不违章。

(10) 完成领导交办的其他工作。

9. 机械员职责

(1) 负责施工现场机械的维修、维护和日常保养、管理工作。

(2) 负责制定机械现场施工作业的操作规范，并组织进行培训；对施工现场机械作业情况进行检查，对不符合操作规范的行为进行处罚。

(3) 掌握项目经理部机械分布动态情况，按照要求办理机械租赁、建档、报废、报损等相关手续。

（4）负责机械报表的汇总统计，进行每月机械完好率、利用率的统计分析。

（5）参与机械设备的检查与评比，参与机械事故的调查、分析与处理。

（6）负责机械设备台账、油水更换台账、维修台账的建立和更新。

（7）掌握和监督设备定人定机、持证上岗情况，外租机械进退场验收；负责工区之间（或工区内）机械设备的协调及核算。

（8）负责机械用油的领用，对废油进行回收、保管。

（9）按照安全生产的要求，检查施工现场机械作业、油料使用及保管是否安全，对不安全行为提出整改要求。

（10）完成领导交办的其他工作。

10. 民管员职责

（1）在项目经理领导下，对参与该工程施工的进城务工人员管理负直接责任。

（2）负责建立现场进城务工人员基本情况台账，并为每位进城务工人员建立身份档案，进城务工人员进入现场携带身份管理卡，对退场进城务工人员收回身份管理卡，并做好记录存入档案。

（3）监督检查劳务企业与雇佣的进城务工人员签订劳动合同及工伤保险，统一着装，严格考勤管理，监督检查按月发放进城务工人员工资，并将支付情况公示。

（4）负责建立进城务工人员夜校，安排好场地、教材、教师、教学计划和实施记录，协助其他管理人员组织好安全三级教育和操作技能培训及职业道德教育。

（5）负责进城务工人员宿舍、食堂、厕所、洗浴、文化活动场所的设置、安排及日常环境卫生的管理。

（6）完成领导交办的其他工作。

11. 造价员职责

（1）根据工程内部预算和施工方案，进行项目工程成本总体预测，确定成本降低目标，编制项目总体成本计划和月度成本计划，制定相关措施，落实到人。

（2）负责编制工程的施工图预、结算及工料分析，编审工程分包、劳务层的结算。

（3）编制每月工程进度预算及材料调差（根据材料员提供市场价格或财务提供实际价格）并及时上报有关部门审批。

（4）审核分包、劳务层的工程进度预算（技术员认可工程量）。

（5）协助财务进行成本核算。

（6）根据现场设计变更和签证及时调整预算。

（7）在工程投标阶段，及时、准确做出预算，提供报价依据。

（8）掌握准确的市场价格和预算价格，及时调整预、结算。

（9）对各劳务层的工作内容及时提供价格，作为决策的依据。

（10）参与投标文件、标书编制和合同评审，收集各工程项目的造价资料，为投标提供依据。

（11）熟悉图纸、参加图纸会审，提出问题，对遗留未发现问题负责。

（12）参与劳务及分承包合同的评审，并提出意见。

（13）建好单位工程预、结算及进度报表台账，填报有关报表。

（14）完成领导交办的其他工作。

12. 资料员职责

（1）按照质量体系程序文件的标准，负责工程技术资料的收集、审核、整理和保管，保证技术资料整洁齐全、真实可靠、整理及时。不得后补和随意改编，各种资料不得代填代签。

（2）负责保管工程施工图纸及变更，保证其完整性，不得遗失。

（3）负责技术文件、典型的质量体系文件及相关受控文件、第三层次受控文件等管理文件的接收保管和领用、借用管理。

（4）工程竣工后，与公司相关部门配合，按照上级有关规定和标准，在规定时间内将竣工图及全部技术资料整理完毕，装订成册，按规定移交有关单位和部门。

（5）负责项目制定的技术节约计划和按月统计完成对比表的保管、上报工作。

（6）接受上级对项目工程技术资料管理工作的检查，对查出的问题及时整改，不断改进工作。

（7）负责项目计量器具的管理工作，保管器具台账、工艺、质量计量检测记录。

（8）完成领导交办的其他工作。

13. 试验员职责

（1）全面负责试验室的技术工作，不断更新专业技能，掌握本专业检测技术。

（2）全面了解、掌握工程检测技术发展方向，制订检测技术发展计划。

（3）组织试验人员对于有关检测工作的技术标准、规范、规程和技术培训进行考试。

（4）负责有关检测质量管理规章制度贯彻执行和检查。

（5）负责对施工用材料的试验工作，选定各种配合比，对现场施工进行监督，并建立相应的试验资料和台账。

（6）负责对计量、试验设备的定期检送、标定和管理，保证试验结果的真实、有效。

（7）负责试验原始资料、检测报告的管理工作。

（8）负责施工现场的监控，严格按规程要求对现场原材料抽样检测。

（9）严格按照规范、规程和细则进行试验检测工作，确保试验数据的准确可靠，有权拒绝使用不合格或超检定周期的计量、实验设备。

（10）完成领导交办的其他工作。

第3节 建设工程项目管理原则

项目管理是企业管理之基、效益之本，当前，项目管理失衡、创效能力不足等问题普遍存在。从实践经验看，项目管理优劣决定了企业效力与可持续发展能力。项目管理优，则企业强大兴盛、政通人和；项目管理劣，则企业动力缺失、举步维艰。加强和优化项目管理，应遵循以下原则：

1. 整合资源，合理投入

规模与能力的矛盾是我们目前面临的首要矛盾。近年来企业业务规模空前巨大，但生产要素严重不足，主要表现是：设备不足、人员短缺、有经验的施工队伍难寻。这三方面的问题解决得如何，直接决定着企业生产经营能否保持平稳有序增长态势。解决这一矛盾的对策就是要科学地整合资源。

要高度重视工装设备的投入问题。关键设备应自主投入，并尽可能选用性能可靠的品牌产品。通用设备、普通设备应充分利用社会现存资源，控制投入，原则上都应通过租赁社会设备或施工队伍自带的方式加以解决，谨防过度投入。设备是提升施工专项能力的重要因素，投入应以形成专业化能力为目标，力求先进适用、相互配套、效能最优、成本最低。

要有效整合人力资源。人是生产要素中最活跃的因素，把合适的人放在合适的岗位上可以发挥其素质高、管理能力强的作用。

发挥无可估量的潜能。要眼睛向内，努力盘活存量，充分挖掘内部潜力。同时，要广借外力，有效整合社会人力资源为我所用。应注重处理好与现场监理、设计的关系，借用其力量对施工进行技术把关和技术指导。

应优选具备一定管理、技术力量的施工队伍。严管与善待相结合，形成良好的合作关系。

2. 分级管理，优势互补

对施工生产，总公司、集团公司、工程公司应分级分类管理，分别抓自己该抓的事、管自己该管的项目，形成优势互补局面。工程公司全力抓在建，项目管理要“实”，真抓实干；集团分公司要“准”，看人用人准，发现问题准，解决问题精确制导，弹无虚发；总公司要“高”，即解决高层次的问题和带普遍性的问题，解决管理理念问题和重大方案问题，制定方案和措施要高人一筹。一般来说，中小项目、单体工程项目应由工程公司组织管理，特大型项目应由集团公司监控管理，总公司则应对重大特殊项目进行管理把关。总公司、集团公司两级要明确本级当期应监督管理的重点项目，不要出现该管的项目不管，不该管的项目干预过多的现象。

从施工管理责任的划分上，应突出工程公司的主要责任。生产要素集中在工程公司，工程公司应对所有在建项目负责，主要职责应包括：建立健全项目管理责任体系，确保责任明晰，政令畅通，信息反馈及时准确；慎重选择项目经理、项目总工程师等关键岗位的人员，确保相关人员的素质能力与岗位要求相匹配；具体组织落实项目施工和成本方面的预控措施；整合企业内外资源，组织生产要素到位，真正形成生产能力；对项目的质量、安全、工期和效益进行有效监控并真正负责，对问题能够及时发现、找出症结、果断解决，及时消除危机；加强基础建设，形成桥隧等专项施工能力，提升对重难险项目的攻坚能力，对技术干部分类、强化管理，包括管理人才、技术骨干、专业人员的培养，机具的改良配置及其相应人才的配套，考核奖惩办法的建立健全等。

集团公司在施工管理上的主要职责是：完善用人机制，建立专家队伍，加强工程公司总经理、总工程师，项目经理、项目总工程师队伍的建设；组织科技攻关，推广“四新”成果，选购先进、适用的大型关键设备；引导、培育工程公司的专项施工能力，有针对性地承揽任务、分配任务、分配干部、购置机具；解决项目施工中的重大问题，指导、审核、制定重大项目的施工方案，解决重大技术问题，克服现场的重大困难；组织大型项目的施工，组建一次性指挥部对现场进行直接指挥；对各级施工管理责任的履行情况进行考核奖惩等。

总公司在施工管理上的主要职责是宏观管理，主要包括：负责国家有关政策法规的传达贯彻，以及与国家有关部委业务工作的沟通协调；建章立制，制定管理标准，规定管理程序；建立健全施工管理的责任体系，明确各级的施工管理责任；对重大特殊项目进行监督管理；处置施工生产中的重大事件等。

必须强调一点，项目中施工核心是项目经理负责制，项目部在施工管理上的责任是各级机关都无法替代的。项目部必须立足自身解决好施工中的具体问题，主要包括：分解目标，分解责任，建立并落实终端责任制，建立高效的组织运行机制；负责过程管理，落实项目管理的各项制度要求，全面实现工期、质量、安全、效益目标；协调外部关系，与业主、监理、设计单位以及当地政府群众建立良好的关系等。

3. 超前谋势，强化预控

凡事预则立，不预则废。施工管理是一门科学，必须强调超前谋势、方案领先，确保项目高起点开局、理性化运转。良好的开端是成功的一半。

高度重视谋篇布局。所谓布局是指生产线和施工能力的设计与分布，包括道路和电力保障设计，材料供应渠道的安排，桩基钻机的选型和各种施工方案，整个项目责任区的划分等。在布局上高人一筹，胜算的把握性就较大。集团公司或工程公司机关必须协助项目部把关现场布局。内行看门道、外行看热闹。你的管理水平如何？项目一上场布置，内行人一眼就看出来了。

认真抓好生产要素配置。项目经理和项目总工等项目关键岗位人员的配置要慎之又慎，要选合适的人办合适的事，特别是项目经理要懂行，要有经济头脑，要有强烈的事业心和责任心，要善于与人相处，要廉洁奉公；在队伍安排上要贯彻专业化原则，尽量选用干过同类工程的队伍，用熟手会使管理事半功倍；在初期投入上要统筹兼顾、一次到位，克服小农意识，纠正凑合、观望心态，该投入的坚决及时投入。

根据项目实际建立完善的责任体系。制订切合实际的管理奖罚措施，并坚决执行，使项目事事有人管，人人有事做，始终运行在有序、受控的轨道上。

4. 自主创新，攻克难关

加强技术创新，在解决一系列问题的过程中应该坚持以下原则：

一是自主创新、原始创新。土建技术很难引进，设计、施工单位一定要树立创新的意识，我们的创新是一个不断积累、不断改进的过程，是一个由量变到质变的过程。

二是借鉴、模仿。改进就是创新，不要总想发明创造，要在借鉴、模仿的基础上，边实践边改进，积少成多，推动技术进步。所谓创新，关键是要率先模仿。特别是对客运专线技术，要虚心学习国外成熟的技术和工艺，掌握客专试验段的施工成果；在高起点上创新，少走弯路，不要一切从头摸索、事倍功半、得不偿失。在借鉴模仿过程中既要知其然，又要知其所以然。

三是从外部借脑。聘请行业内外以及国际上的大师级专家指导我们攻克难关。专家不是万能的，主要提供理论依据，帮助我们把关，具体实施方案要靠我们自己去思考、制定、完善。

四是从自身痛苦的经验中学习，总结教训，不犯同类已经犯过的技术错误。

五是从实际出发，把施工中的难题作为攻关的课题，先拿出预案，边实践边修正边分析因果，总结带规律性的东西。

六是加强协调，互相补充。各集团公司要竞合共赢、相互学习、优势互补，实现全系统技术资源共享。

5. 抓住主要矛盾，注意矛盾转化

事物是由相互作用的各种矛盾影响的，其中存在着处于支配地位，对事物的发展过程起决定作用的主要矛盾。组织项目施工必须善于抓住对项目起最关键作用、关乎成败、直接影响工期和效益的主要矛盾，重点突破，取得牵一发而动全身的效果。不同的项目有不同的主要矛盾和关键问题。

项目在不同时期的主要矛盾是不同的，必须注意主要矛盾的转化，如有的项目一上场，主要矛盾是征地拆迁或催要图纸，那就要集中精力搞征拆或催图；征拆矛盾、图纸矛盾解决后，主要矛盾就转化为主体工程施工。随着主要矛盾的转化及时调整工作重心是一条十分重要的原则。

6. 施工管理有序，安全质量受控

所谓有序，就是：项目经理能力胜任；施工方案科学合理；生产要素匹配适用：责任制尤其是终端责任制落实到位；形成重点突破，闭环优化的态势。所谓受控，包括进度受控、质量受控、安全受控、成本受控、实作受控：日均进度超过月进度要求，月均进度超过年计划要求；结构安全、原材料合格、模具可靠、工艺先进、操作熟练、监管到位、工序质量优良；易发事故点控管严密，手段先进、方法可靠；分类成本低于总成本，实际成本低于预算成本，责任成本有挖潜空间；岗位责任横向到边、纵向到底，人人照着规范做。

7. 技术入手，经济结束

必须确立技术管理在项目管理中的灵魂地位，技术管理决定项目的质量与进度，也决定项目效益。其中，主要是两个方面：一是优化设计，加强施工单位与设计单位的沟通，工程数量要足额进蓝图；二是树立“方案决定成本”意识，认真对待施工技术方案预控，把降低成本作为一条主线贯穿于施工技术方案论证的全过程，通过优化方案减少投入、降低成本、不走弯路。这是保证项目效益最重要的两条途径。

8. 预防风险，化解危机

危机是企业的一种常态，特别是安全质量事故对企业的杀伤力巨大，往往转瞬之间企业风光不再。因此，必须增强危机意识，始终谨慎小心，建立风险预防和危机管理的机制，确保不发生大的问题。

第一是要见微知著，对项目上的事态要洞察秋毫，防患于未然。如项目连续几个月完不成计划，就说明工期风险迫在眉睫，有酿成信誉危机的可能；又如项目资金紧张，现金流枯竭，就很可能潜伏着巨额亏损的危机；还如在安全质量上发生小问题，就说明在管理上存在漏洞，很可能引发严重的安全质量事故等。对这些蛛丝马迹，都要认真对待、看重问题、紧抓不放、彻查原因，采取果断措施，把隐患消灭于萌芽状态。

第二是坚决不犯同类错误。要真正从自己和别人的痛苦经验中学习和分析原因，采取有针对性的根本措施，消灭薄弱环节，防止悲剧重演。

第三是要学会处置危机的方法。万一发生安全质量事故，要沉着冷静，立即组织有关专家分析事态，掌握事故真相，判明危机真正的方向，制订正确的处置方案；调集精锐，奋力抢险，同时要防止忙中出错，一般来说，发生了大的事故，同类施工先暂时停下来，防止祸不单行；加强与社会各界的沟通，防止媒体炒作，尽可能把事态的影响降低到最低程度。

第四是在安全质量上要十分谨慎。对易发事故点和工序、对处理不良地质及高空作业要有万全之策，确保不出问题；队伍的选用要十分慎重，要用诚信度高、有同类工程施工经验的队伍。在抓大项目时不要忽视小项目，在抓关键问题时不要忽略一般问题。要始终坚持标本兼治的原则，注重从根本上解决问题。

第 4 节 建设工程项目经理的能力模型和职业道德

建设工程项目经理的能力模型可以概括为：影响力、领导力和专业力，影响力又涵盖责任担当、廉洁自律、意志力；领导力细化为团队领导、计划控制、沟通协调；专业力就是专业能力，如图 1-2 所示。

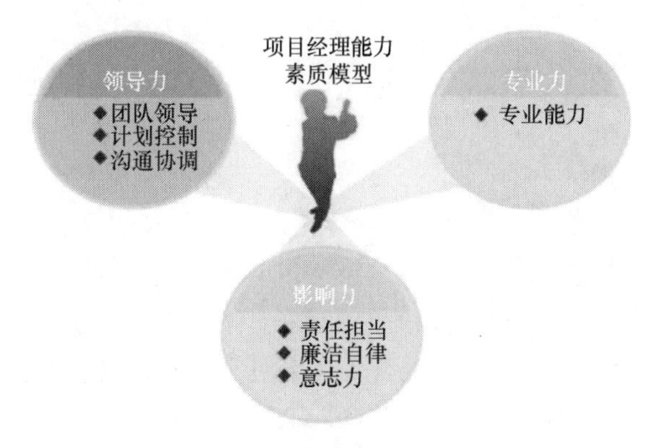

图 1-2 建设工程项目经理的能力模型

项目经理职业道德：

（1）强化管理，争创效益。对项目的人、财、物进行科学管理，加强成本核算，实行成本否决，教育项目全体人员节约开支，厉行节约精打细算，努力降低物资和人工消耗。

（2）讲求质量，重视安全。精心组织，严格把关顾全大局，不为自身和小团体的利益而降低对工程质量的要求。加强劳动保护措施，对国家财产和施工人员的生命安全高度负责，不违章指挥，及时发现并坚决制止违章作业，检查和消除各类事故隐患。

（3）关心职工，平等待人。要像关心家人一样关心职工、爱护职工，特别是工人。不拖欠工资、不索要回扣、不多签或少签工程量或工资，充分尊重职工的人格，以诚相待、平等待人。搞好职工的生活，保障职工的身心健康。

（4）廉洁奉公，不谋私利。发扬主动接受监督，不利用职务之便谋取私利。如实上报施工产值、利润，不弄虚作假。

（5）用户至上，诚信服务。树立用户至上思想，事事处处为用户着想，积极采纳用户的合理要求和建议，热情为用户服务，建设用户满意工程，坚持保修回访制度为用户排忧解难，维护企业的信誉。

第2章 建筑施工图读图识图实例解析

第1节 建筑设计说明读图识图实例解析

1. 建筑工程图纸分类

建筑工程图纸分为：建筑施工图、结构施工图、设备施工图。

建筑施工图（简称为建施图）：反映建筑物的规划位置、内外装修、构造及施工要求等。有首页（图纸目录、设计总说明）、总平面图、平面图、立面图、剖面图和详图。

结构施工图（简称为结施图）：反映建筑物承重结构的布置、构件类型、材料、尺寸和构造做法等。有结构设计说明、基础图、结构布置平面图和构件详图。

设备施工图（简称为设施图）：反映建筑物给水排水、供暖、通风、电气等设备的布置和施工要求等。有各设备的平面布置图、系统图和详图。

2. 读图顺序

（1）如有效果图时，先看一下效果图，对建筑的整体有一个大致的了解，如图 2-1～图 2-3 所示。例如可以了解建筑外立面的做法，外立面的建筑造型等；知道图纸做法要求，需要针对性想到现场施工安排，例如策划外立面架体搭设，如果结构施工与装修施工二架合一，需考虑完成面距结构墙体的距离，再加上进行外立面石材及铝板施工需要的操作空间 150～200mm，就是内立杆距离墙面空间尺寸，在结构施工时，由于内立杆距离结构墙体较远，需要在内立杆与结构墙体间挂安全平网或硬防护。

图 2-1 建筑整体效果图

（2）按目录顺序（一般按“建施”“结施”“设施”的顺序排列）通读一遍，对建筑物有一个概括了解。

（3）读图时，应先整体后局部，先文字说明后图样，先图样后尺寸等原则依次仔细阅读。

图 2-2 南立面效果图

图 2-3 北立面效果图

（4）读图时，应特别注意各类图纸的表达重点和它们之间的内在联系。

3. 建筑设计说明读图识图

首先查看建筑及总图专业图纸目录，可以快速了解本工程的建筑图纸所包含的所有图纸情况，也便于快速查找需要看的图纸，如图 2-4 所示。比如查找某部电梯的尺寸情况，从图纸目录可以知道，直接在建施-A003 上查找电梯表即可。如果要了解某墙体做法，需要查看剖面图及墙身详图，如图 2-5 所示。

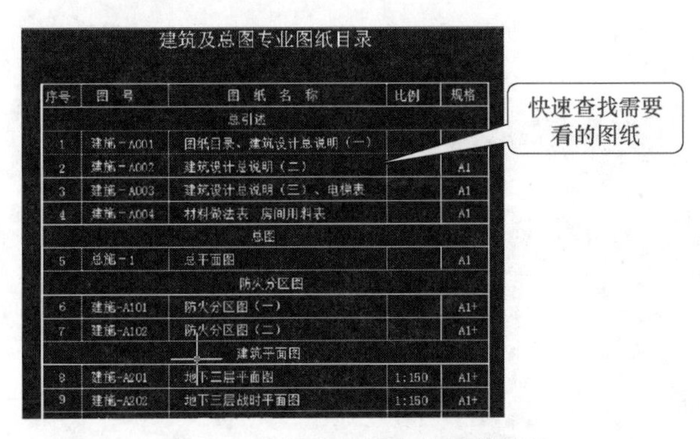

建筑及总图专业图纸目录

序号	图号	图纸名称	比例	规格
总引述				
1	建施－A001	图纸目录、建筑设计总说明（一）		
2	建施－A002	建筑设计总说明（二）		A1
3	建施－A003	建筑设计总说明（三）、电梯表		A1
4	建施－A004	材料做法表 房间用料表		A1
总图				
5	总施－1	总平面图		A1
防火分区图				
6	建施-A101	防火分区图（一）		A1+
7	建施-A102	防火分区图（二）		A1+
建筑平面图				
8	建施-A201	地下三层平面图	1:150	A1+
9	建施-A202	地下三层战时平面图	1:150	A1+

图 2-4 建筑及总图专业图纸目录

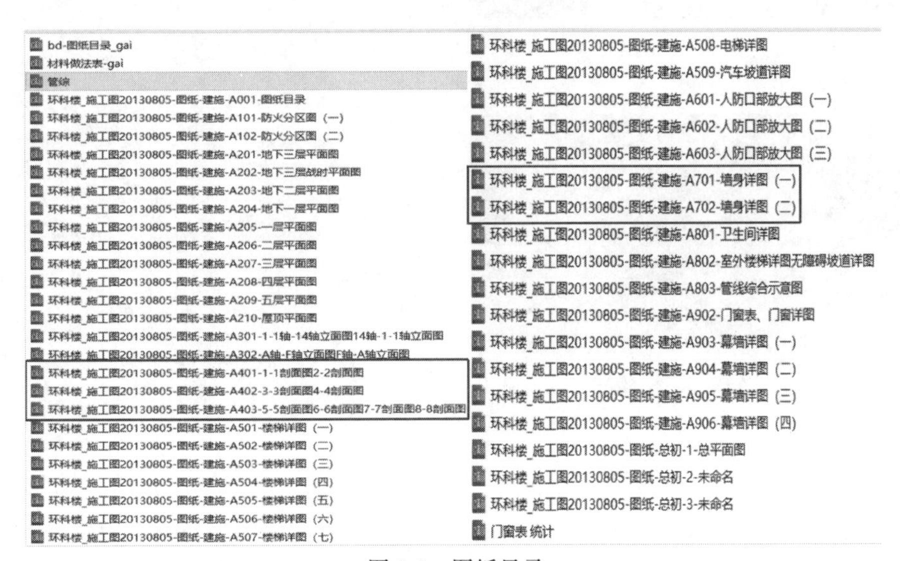

图 2-5 图纸目录

建筑设计总说明中，可以看到本工程的设计依据，如图 2-6 所示。了解本工程的概况，包括工程用途、项目地址、项目周围环境、占地面积、建筑高度、建筑层数（地上层数、地下层数）、设计使用年限、人防、结构类型、防水等级等，如图 2-7、图 2-8 所示。尤其项目周围环境、占地面积、建筑高度、建筑层数等对工程的前期投标报价、开工后编制施工方案有很大影响。根据工程概况得知，地下三层，很大可能涉及深基坑作业，需要提前做好策划。实际深基坑作业，如图 2-9 所示。

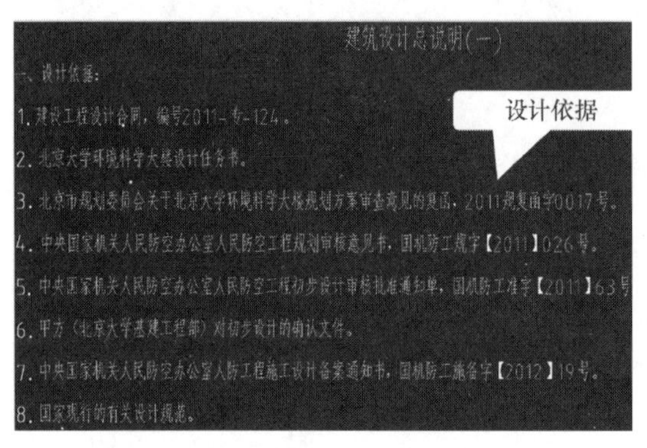
建筑设计总说明(一)

一、设计依据：

1. 建设工程设计合同，编号2011-专-124。
2. 北京大学环境科学大楼设计任务书。
3. 北京市规划委员会关于北京大学环境科学大楼规划方案审查意见的复函，2011规复函字0017号。
4. 中央国家机关人民防空办公室人民防空工程规划审核意见书，国机防工规字【2011】026号。
5. 中央国家机关人民防空办公室人民防空工程初步设计审核批准通知单，国机防工准字【2011】63号
6. 甲方（北京大学基建工程部）对初步设计的确认文件。
7. 中央国家机关人民防空办公室人防工程施工设计备案通知书，国机防工施备字【2012】19号。
8. 国家现行的有关设计规范。

图 2-6　设计依据

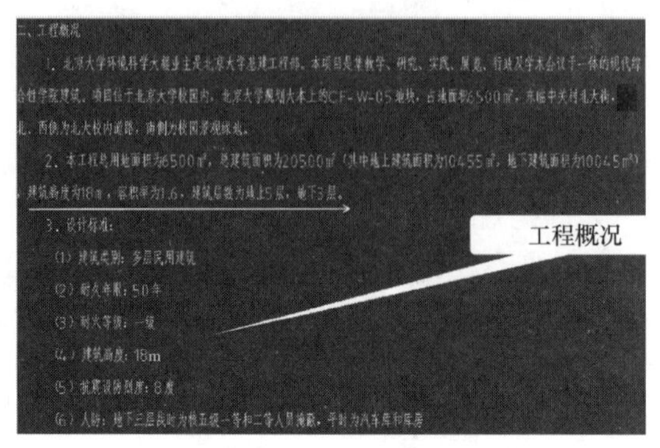
二、工程概况

1. 北京大学环境科学大楼业主是北京大学基建工程部。本项目是集教学、研究、实践、展览、行政及学术会议于一体的现代综合性学院建筑。项目位于北京大学校园内，北京大学规划大本上的CF-W-05地块，占地面积6500㎡，东临中关村北大街，北、西侧为北大校内道路，南侧为校园景观绿地。

2. 本工程总用地面积为6500㎡，总建筑面积为20500㎡（其中地上建筑面积为10455㎡，地下建筑面积为10045㎡），建筑高度为18m，容积率为1.6，建筑层数为地上5层，地下3层。

3. 设计标准：

（1）建筑类别：多层民用建筑

（2）耐久年限：50年

（3）耐火等级：一级

（4）建筑高度：18m

（5）抗震设防烈度：8度

（6）人防：地下三层战时为核五级一等和二等人员掩蔽，平时为汽车库和库房

图 2-7　工程概况 1

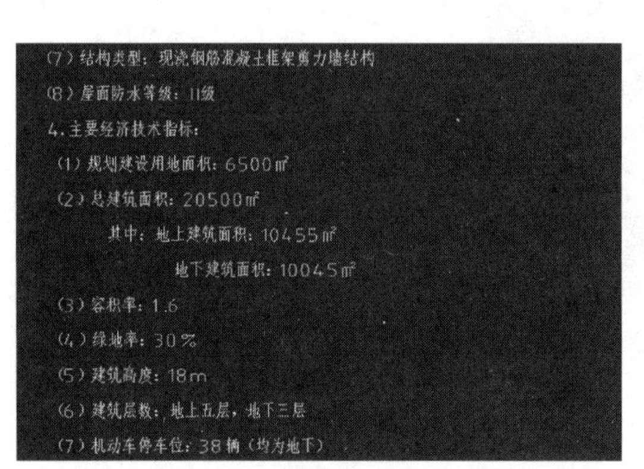
（7）结构类型：现浇钢筋混凝土框架剪力墙结构

（8）屋面防水等级：II级

4. 主要经济技术指标：

（1）规划建设用地面积：6500㎡

（2）总建筑面积：20500㎡

其中：地上建筑面积：10455㎡

地下建筑面积：10045㎡

（3）容积率：1.6

（4）绿地率：30％

（5）建筑高度：18m

（6）建筑层数：地上五层，地下三层

（7）机动车停车位：38辆（均为地下）

图 2-8　工程概况 2

图 2-9　实际深基坑作业

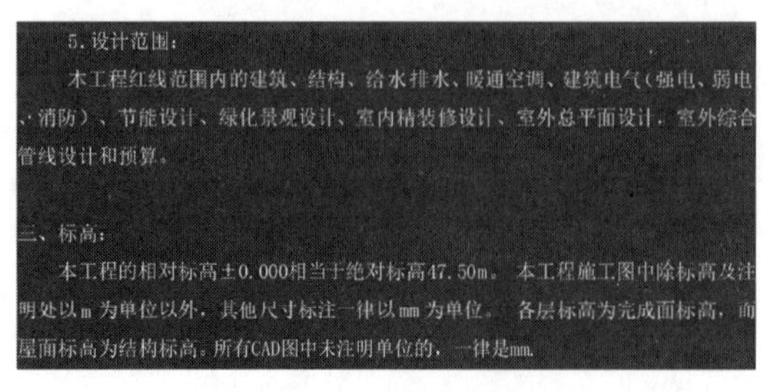
5. 设计范围：

本工程红线范围内的建筑、结构、给水排水、暖通空调、建筑电气（强电、弱电、消防）、节能设计、绿化景观设计、室内精装修设计、室外总平面设计、室外综合管线设计和预算。

三、标高：

本工程的相对标高±0.000相当于绝对标高47.50m。本工程施工图中除标高及注明处以m为单位以外，其他尺寸标注一律以mm为单位。各层标高为完成面标高，而屋面标高为结构标高。所有CAD图中未注明单位的，一律是mm.

图 2-10　设计范围与标高

设计范围说明了本工程都涉及哪些专业，例如：建筑、结构、给水排水、暖通空调、建筑电气等。标高是重点要注意的，涉及工程开工前的测量放线，如果有问题，会造成很大的损失，如图 2-10 所示。尤其注意±0.000 的标高。建筑图与结构图的标高要对照着看，有时标高会前后矛盾，就需要由设计进行确认，以防由于标高错误造成麻烦。

在墙体说明中，可以查看各部位墙体做法，分为地下、地上两大部分，对墙体所用砌体材料及砌筑砂浆都有具体要求，如图 2-11 所示。注意内外墙的区别。重点关注管道井内墙体说明，例如本工程要求通风竖井施工时边砌筑边抹水泥砂浆（内外均抹），保证管

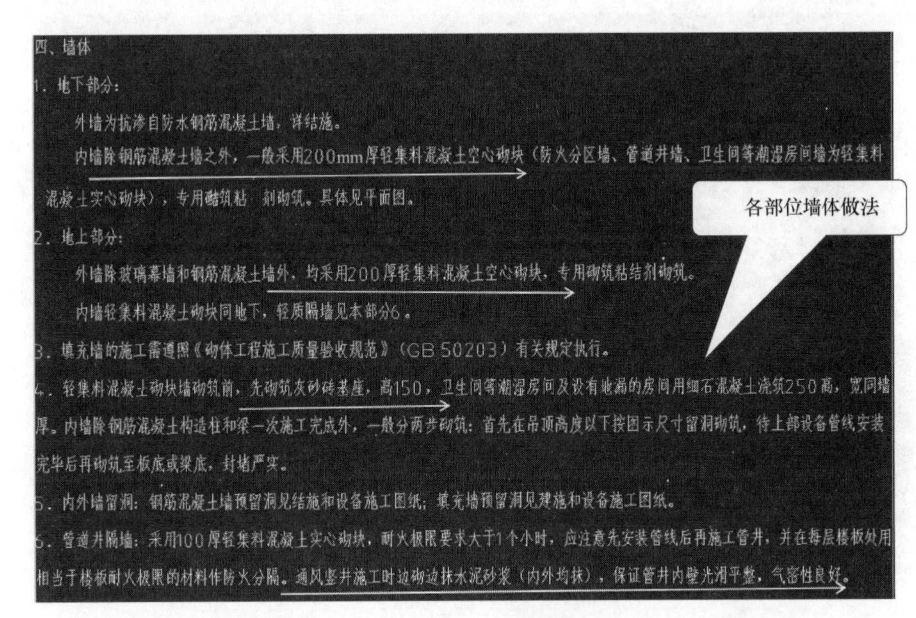

四、墙体

1．地下部分：

外墙为抗渗自防水钢筋混凝土墙，详结施。

内墙除钢筋混凝土墙之外，一般采用200mm厚轻集料混凝土空心砌块（防火分区墙、管道井墙、卫生间等潮湿房间墙为轻集料混凝土实心砌块），专用砌筑粘结剂砌筑。具体见平面图。

2．地上部分：

外墙除玻璃幕墙和钢筋混凝土墙外，均采用200厚轻集料混凝土空心砌块，专用砌筑粘结剂砌筑。

内墙轻集料混凝土砌块同地下，轻质隔墙见本部分6。

3．填充墙的施工需遵照《砌体工程施工质量验收规范》（GB 50203）有关规定执行。

4．轻集料混凝土砌块墙砌筑前，先砌筑灰砂砖基座，高150，卫生间等潮湿房间及设有地漏的房间用细石混凝土浇筑250高，宽同墙厚。内墙除钢筋混凝土构造柱和梁一次施工完成外，一般分两步砌筑：首先在吊顶高度以下按图示尺寸留洞砌筑，待上部设备管线安装完毕后再砌筑至板底或梁底，封堵严实。

5．内外墙留洞：钢筋混凝土墙预留洞见结施和设备施工图纸；填充墙预留洞见建施和设备施工图纸。

6．管道井隔墙：采用100厚轻集料混凝土实心砌块，耐火极限要求大于1个小时，应注意先安装管线后再施工管井，并在每层楼板处用相当于楼板耐火极限的材料作防火分隔。通风竖井施工时边砌边抹水泥砂浆（内外均抹），保证管井内壁光滑平整，气密性良好。

图 2-11 墙体说明

道井内壁光滑平整，就需要在砌筑该部位墙体时，进行边砌筑边抹灰，才能达到井壁光滑平整的要求。如按通常施工方法，墙体砌筑完毕后再进行抹灰，由于该部位空间狭小，不便于操作，不仅费工费力，还达不到要求。管道井抹灰如图 2-12 所示。

图 2-12 管道井抹灰

门窗说明对各个部位的门窗做法进行详细说明，注意门窗材料，如图 2-13、图 2-14 所示。重点关注第 4 条对于疏散走道和楼梯间的防火门均装闭门器，双扇防火门均装顺序器，如图 2-15 所示。注意第 7 条管道井位置需做 300mm 高的 C15 混凝土门槛，在管道井检修门定位安装前需注意。第 8 条对于玻璃幕墙及外窗要求除注明外，均采用 Low-E 钢化玻璃，铝合金氟碳喷涂框料，这点尤其需要注意，容易忽略，不同做法，成本相差较大，如图 2-16 所示。第 11 条高度低于 800mm 的窗台均设安全护栏或夹膜安全防撞击玻璃，在施工时尤其注意，因为涉及窗台较多，易被忽略。后期投入使用后发生事故，因此处未安装窗台护栏会被追责。安全护栏，如图 2-17 所示。

幕墙说明对工程涵盖的幕墙情况进行了说明，主要包括石材幕墙和玻璃幕墙。对两种幕墙的做法、材质等作了说明，如图 2-18 所示。由于玻璃幕墙和石材幕墙均需要二次深化，在幕墙施工前，应提前安排进行深化设计，避免影响总进度。根据施工经验，需至少提前 3 个月进行深化，避免因预留深化时间不够，造成整体不能按期完工。例如石材幕墙由 200mm 厚轻集料混凝土砌块墙（面做 20mm 厚找平加一道防水涂料）＋外贴 50mm 厚岩棉保温层＋挂石材（背栓、开缝）。石材幕墙的控制厚度为 250mm（不包括砌块墙）。

六、门窗

1. 门窗立面形式、颜色、开启方式、门窗用料等的选用见门窗详图；门窗数量另见门窗表。

2. 门窗立樘位置：外窗立樘位置见墙身节点图，内门立樘位置除注明外双向平开门立樘居墙中，单向平开门立樘与开启方向墙面平。

3. 门窗加工尺寸要按门窗洞口尺寸减去相关外墙饰面的厚度。

4. 用于疏散走道和楼梯间的防火门均装闭门器，双扇防火门均装顺序器；常开防火门必须有自行关闭和信号反馈装置，凡设置气体消防的房间，其门窗应能自行关闭。

5. 变配电室、地下室库房及防火分区之间的门，均为甲级防火门。空调机房、风机房、水泵房、冷冻机房、锅炉房等设备用房的门采用甲级防火隔音门（以上房间内都需做设备隔震、墙面和顶棚吸声处理）。

6. 封闭楼梯间的门均采用乙级防火门。（开向汽车库的为甲级防火门）。

7. 管道井检修采用丙级防火门，定位与管道井外侧墙平。除注明外，均做宽同墙厚300高C15混凝土门槛。

8. 玻璃幕墙及外窗除注明外，均采用Low-E钢化玻璃，框料为铝合金氟碳喷涂。玻璃及框料色彩效果需做样板由设计方及业主确认后方可实施。

9. 根据《建筑外门窗气密、水密、抗风压性能分级及检测方法》(GB/T 7106—2008)、《全国民用建筑工程设计技术措施》(2009版)等相应法规性文件，本工程门窗设计性能指标应满足下表要求，投标方应据此提供近期国家级检测机构出具的检测报告

图 2-13　门窗说明 1

技术要求	单位	铝合金外窗	
		性能等级	参数指标
抗风压性能	kPa	5级	$3.0 \leqslant P < 3.5$
气密性能	$m^3/(m \cdot h)$	6级	$1.5 \geqslant q_1 > 1.0$ $4.5 \geqslant q_2 > 3.0$
水密性能	Pa	3级	$250 \leqslant \Delta P < 350$
保温性能	$W/(m^2 \cdot K)$	7级	$2.0 > K \geqslant 1.6$
隔声性能	dB	4级	$35 \leqslant Rw+Ctr < 40$

10. 幕墙上的开启门窗详见幕墙设计图，本项目立面图仅示意位置。

11. 高度低于800的窗台均设安全护栏或夹胶安全防撞击玻璃。详见墙身详图。

图 2-14　门窗说明 2

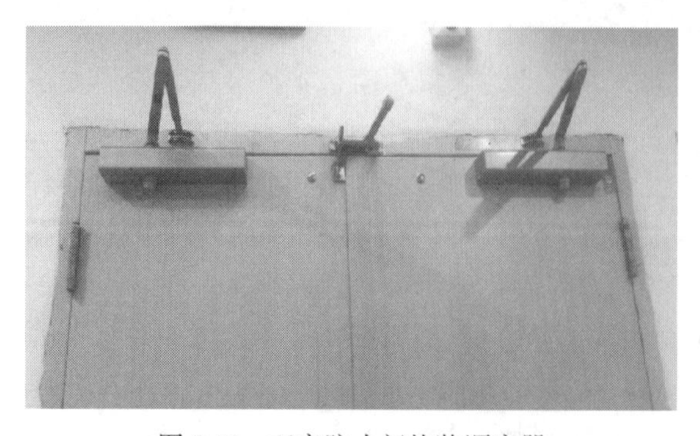

图 2-15　双扇防火门均装顺序器

图 2-16　Low-E 钢化玻璃，铝合金氟碳喷涂框料

在二次深化时，应参照此要求。现场石材幕墙施工，安全方面，需重点注意架体拉结点及架体上放置的石材数量，切勿集中堆放，并严格限制石材放置数量，避免架体由于负重过大，造成整体失稳，引发安全事故；质量方面，在施工前需提前对天然石材进行挑板，颜色相近的天然石材安装在一起，尽可能保证每面墙体颜色一致，对于干挂石材不得使用云石胶，应使用结构胶，但由于两者成本相差较多，往往施工现场都使用云石胶，该胶的耐候性不及结构胶，极易造成安全隐患，如图 2-19、图 2-20 所示。

图 2-17　安全护栏

八、幕墙：

本工程幕墙包括石材幕墙（包括墙上铝合金窗、百叶等）和玻璃幕墙两大类。设计、加工、安装和维护均应高度保证质量，符合建筑效果。

1. 石材幕墙：由200厚轻集料混凝土砌块墙（面做20厚找平加一道防水涂料）＋外贴50厚岩棉保温层＋干挂石材（背栓、开缝）。石材幕墙的控制厚度为250（不包括砌块墙）。

2. 玻璃幕墙：本工程玻璃幕墙为框架式玻璃幕墙，玻璃幕墙厚度控制为250，其余及特殊部位厚度详节点详图及专业公司设计。

3. 根据《建筑幕墙》GB/T21086—2007等相应标准规范，幕墙的性能要求见下表，并要求提供近期国家级检测机构出具的检测报告。

4. 玻璃幕墙结构性能应能满足温度作用、自重作用、抗风压以及主体变形的要求。幕墙应达到一级防雷建筑的防雷要求。

5. 石材幕墙的设计、制作和安装应符合《金属与石材幕墙工程技术规范》JGJ133-2001要求。混凝土空心砌块墙应满足结构总说明要求和相关国家、地方规范和施工规程。承包商深化设计的时候应考虑内侧混凝土砌块及外粘贴岩棉板的共同作用和对其保温、隔声等性能的影响。

6. 本施工图有关部分均为幕墙示意图，表示立面分格、幕墙型式和材料要求等，但严格控制幕墙完成面外皮的定位、标高、轮廓、转角等。

图 2-18　幕墙说明

图 2-19　现场石材幕墙施工 1

图 2-20　现场石材幕墙施工 2

外装修说明对工程的外装修材料及做法进行说明，如图 2-21 所示。本工程室内外墙面对于石材的厚度要求不同，室内 25mm 厚，室外 30mm 厚，需特别注意，容易混淆，均采用了同厚度石材。对于石材接缝处，一般做泡沫棒填塞，打专用石材密封胶处理；石材接缝打胶前，需粘贴美纹纸进行调节缝隙的宽度，确保最终打胶效果，该步骤不可省略，如图 2-22、图 2-23 所示。

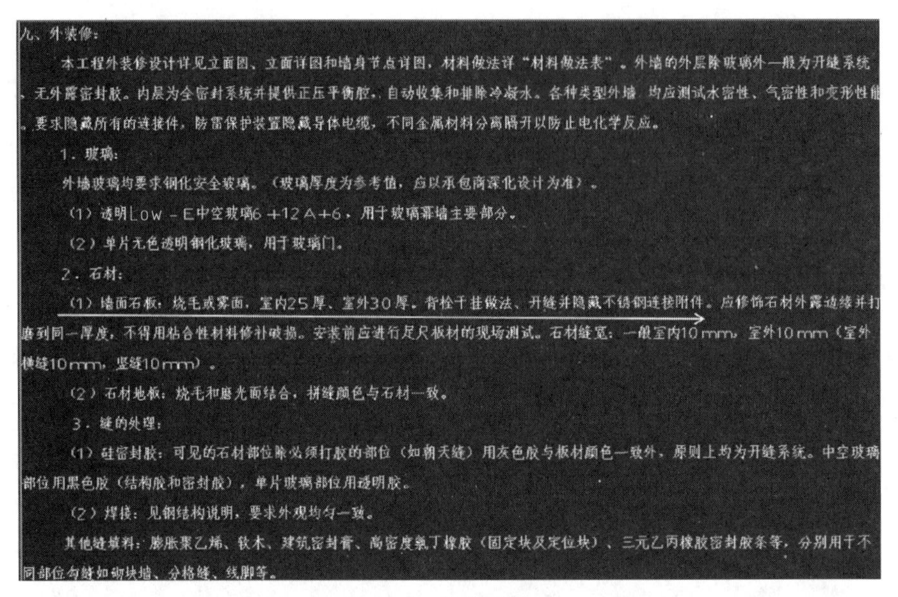

九、外装修：

本工程外装修设计详见立面图、立面详图和墙身节点详图，材料做法详“材料做法表”。外墙的外层除玻璃外一般为开缝系统、无外露密封胶。内层为全密封系统并提供正压平衡腔，自动收集和排除冷凝水。各种类型外墙 均应测试水密性、气密性和变形性能。要求隐藏所有的连接件，防雷保护装置隐藏导体电缆，不同金属材料分离隔开以防止电化学反应。

1．玻璃：

外墙玻璃均要求钢化安全玻璃。（玻璃厚度为参考值，应以承包商深化设计为准）。

（1）透明Low－E中空玻璃6＋12A＋6，用于玻璃幕墙主要部分。

（2）单片无色透明钢化玻璃，用于玻璃门。

2．石材：

（1）墙面石板：烧毛或雾面，室内25厚、室外30厚。背栓干挂做法、开缝并隐藏不锈钢连接附件。应修饰石材外露边缘并打磨到同一厚度，不得用粘合性材料修补破损。安装前应进行足尺板材的现场测试。石材缝宽：一般室内10mm，室外10mm（室外横缝10mm，竖缝10mm）。

（2）石材地板：烧毛和磨光面结合，拼缝颜色与石材一致。

3．缝的处理：

（1）硅密封胶：可见的石材部位除必须打胶的部位（如朝天缝）用灰色胶与板材颜色一致外，原则上均为开缝系统。中空玻璃部位用黑色胶（结构胶和密封胶），单片玻璃部位用透明胶。

（2）焊接：见钢结构说明，要求外观均匀一致。

其他缝填料：膨胀聚乙烯、软木、建筑密封膏、高密度氯丁橡胶（固定块及定位块）、三元乙丙橡胶密封胶条等，分别用于不同部位勾缝如砌块墙、分格缝、线脚等。

图 2-21　外装修说明

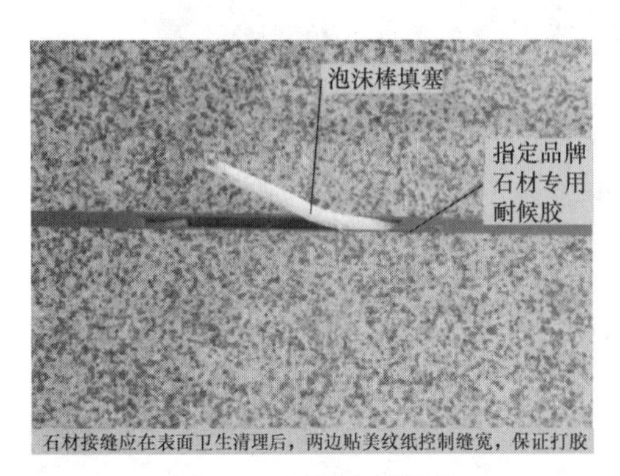

图 2-22　石材接缝处理

图 2-23　石材接缝打胶

室内装修说明对室内装修材料及注意事项进行说明，注意装修部位，如图 2-24 所示。尤其对于饰面材料在订货施工前，须经过业主、设计进行确认，并进行材料封样，如图 2-25 所示，由业主、设计、监理等在材料封样单上签字确认，以便事情有追溯性。例如有的项目，未进行封样，甲方与施工单位之间只进行口头确认，后期因为施工后颜色等效果，甲方不满意，要求进行更换处理，但并不支付重新施工的费用，施工单位由于无纸版确认资料，如图 2-26 所示，只能自认倒霉。还有的项目，施工单位为追求利益最大化，给甲方看的材料质量远高于现场施工所用材料，由于未封样，只口头确认，没有可追溯资料，最后此事不了了之。

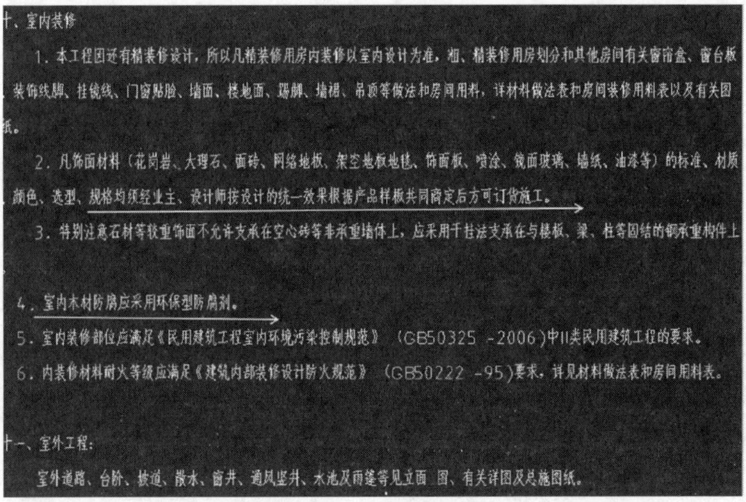

十、室内装修

1. 本工程因还有精装修设计，所以凡精装修用房内装修以室内设计为准，粗、精装修用房划分和其他房间有关窗帘盒、窗台板、装饰线脚、挂镜线、门窗贴脸、墙面、楼地面、踢脚、墙裙、吊顶等做法和房间用料，详材料做法表和房间装修用料表以及有关图纸。

2. 凡饰面材料（花岗岩、大理石、面砖、网络地板、架空地板地毯、饰面板、喷涂、镜面玻璃、墙纸、油漆等）的标准、材质、颜色、选型、规格均须经业主、设计师按设计的统一效果根据产品样板共同商定后方可订货施工。

3. 特别注意石材等较重饰面不允许支承在空心砖等非承重墙体上，应采用干挂法支承在与楼板、梁、柱等固结的钢承重构件上。

4. 室内木材防腐应采用环保型防腐剂。

5. 室内装修部位应满足《民用建筑工程室内环境污染控制规范》（GB50325 -2006)中II类民用建筑工程的要求。

6. 内装修材料耐火等级应满足《建筑内部装修设计防火规范》（GB50222 -95)要求，详见材料做法表和房间用料表。

十一、室外工程：

室外道路、台阶、坡道、散水、窗井、通风竖井、水池及雨篷等见立面 图、有关详图及总施图纸。

图 2-24　室内装修说明

图 2-25　材料封样

工程材料、设备封样单

编号：03

样品名称	耐根系穿刺改性沥青防水卷材		使用部位	地下室顶板、屋面
品牌	禹能	生产单位	广州禹神建筑防水材料有限公司	
规格 型号	YN-T710SBS 4mm×1m×7.5m	样品照片	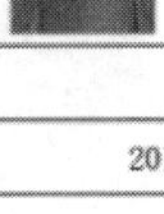	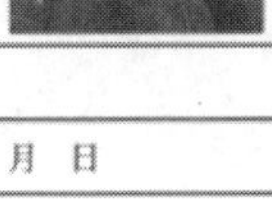
施工总用量	10000m²			
建设单位		施工单位		
封样地点	施工现场	封样时间	2016年　月　日	

各方确认签字

建设单位：　　　　　　　　　　监理单位：

施工单位：

图 2-26　工程材料、设备封样单

防水说明主要对地下室防水、室内防水、屋面防水进行说明，如图 2-27 所示。对于室内防水要求防水层均沿四周墙体上卷 250mm 高，房间从入口处找坡，坡向地漏、地沟。一定严格要求防水上卷高度，往往漏水均是由于上卷高度不够。在地漏处均应做防水并增加 500mm 宽附加防水层。有防水要求的房间内穿楼板立管均预埋防水套管并高出楼面 30mm，如图 2-28 所示。这点需要在预留预埋时提前考虑，统一标高。重点关注的是高出楼面，也就是完成面，施工中往往以为是结构面。

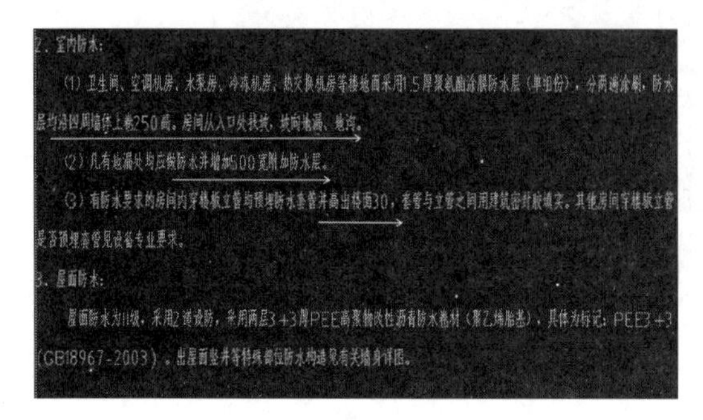

2. 室内防水：

（1）卫生间、空调机房、水泵房、冷冻机房、热交换机房等楼地面采用1.5厚聚氨酯涂膜防水层（单组份），分两遍涂刷，防水层均沿四周墙体上卷250高，房间从入口处找坡，坡向地漏、地沟。

（2）凡有地漏处均应做防水并增加500宽附加防水层。

（3）有防水要求的房间内穿楼板立管均预埋防水套管并高出楼面30，套管与立管之间用建筑密封胶填实。其他房间穿楼板立管是否预埋套管见设备专业要求。

3. 屋面防水：

屋面防水为II级，采用2道设防，采用两层3+3厚PEE高聚物改性沥青防水卷材（聚乙烯胎基），具体为标记：PEE3+3（GB18967-2003）。出屋面竖井等特殊部位防水构造见有关墙身详图。

图 2-27　防水说明

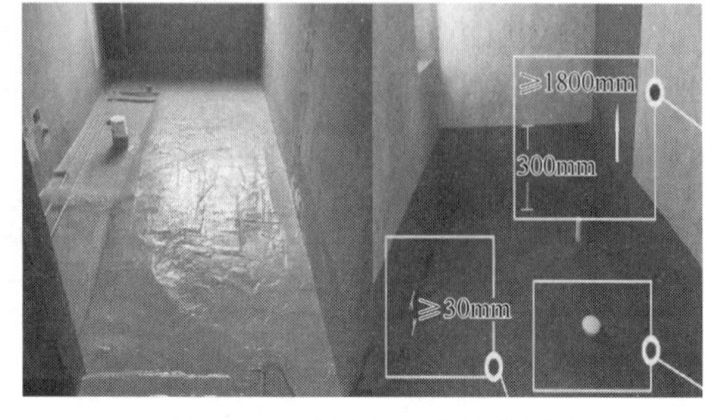

图 2-28　有防水要求的房间

变形缝说明对于该处材料及做法进行了说明。如图 2-29 所示。对于一些室内外、屋面、地面的变形缝处理常用做法，如图 2-30～图 2-33 所示。在施工时，需要对变形缝处进行优化处理，在保证变形效果的同时，考虑美观性与实用性。

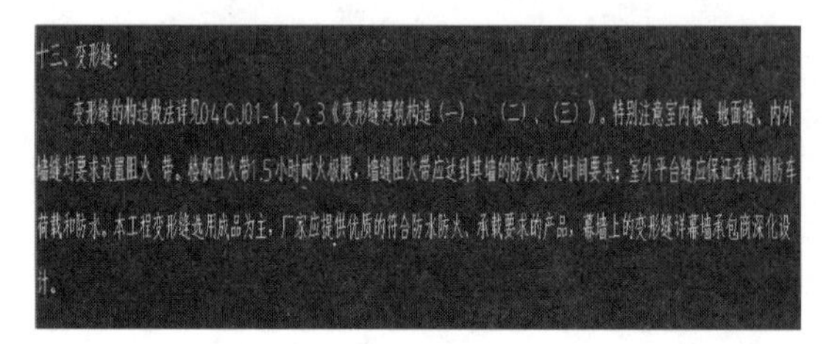

十三、变形缝：

变形缝的构造做法详见04CJ01-1、2、3《变形缝建筑构造（一）、（二）、（三）》。特别注意室内楼、地面缝、内外墙缝均要求设置阻火 带。楼板阻火带1.5小时耐火极限，墙缝阻火带应达到其墙的防火耐火时间要求；室外平台缝应保证承载消防车荷载和防水。本工程变形缝选用成品为主，厂家应提供优质的符合防水防火、承载要求的产品，幕墙上的变形缝详幕墙承包商深化设计。

图 2-29　变形缝说明

图 2-30　变形缝室内做法

图 2-31　变形缝室外做法

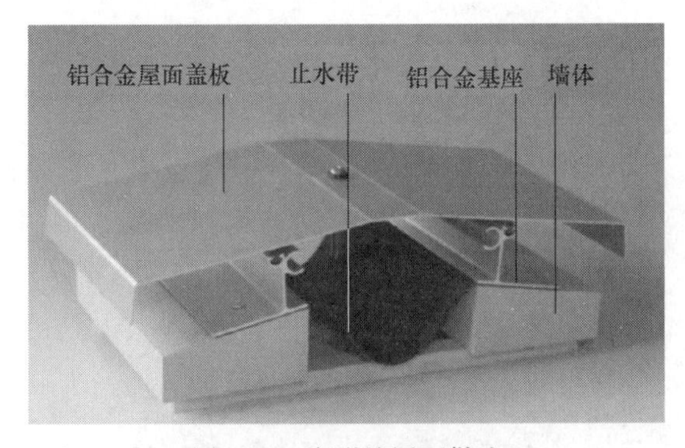

图 2-32 变形缝屋面做法

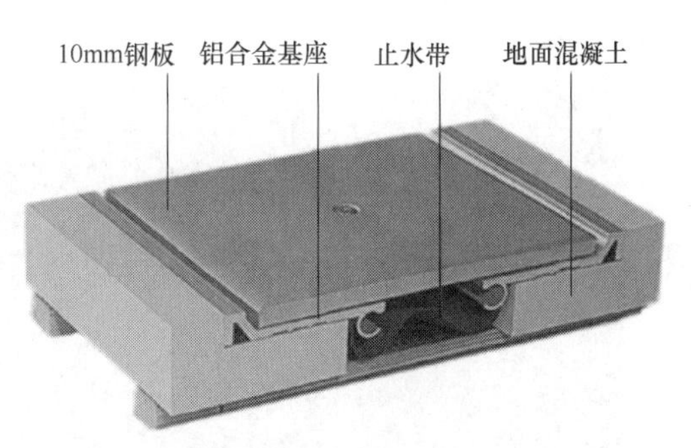

图 2-33 地面变形缝做法

防火说明对于防火分区、关键部位防火封堵等进行了说明，如图 2-34 所示。例如电缆桥架部位防火封堵做法，如图 2-35、图 2-36 所示。在管道井等部位，需要重点注意防火封堵，在常见的施工中，往往被忽略，应重点予以关注。

十四、防火：

1. 本工程防火设计执行《建筑设计防火规范》GB50016《汽车库、修车库、停车场设计防火规范》GB50067；《建筑内部装修设计防火规范》GB50222。

2. 防火分区详见防火分区图。

3. 凡砌体墙均应砌至梁底或板底。管道井（风井除外）在设备管线安装完毕后，每层楼板处均用后浇板作防火分隔。凡防火分隔构件的贯穿孔口和结 构缝隙均应进行防火封堵，并根据缝隙位置、大小和贯穿物等具体情况选用 相适应的防火封堵材料，且不低于该防火分隔构件的耐火极限。

4. 幕墙设计应符合防火规范要求。幕墙中的空腔，应在每层楼板处采用100厚300宽岩棉做防火封堵并填充密实，耐火极限不低于1.5小时。并采用厚度不小于1.5mm的镀锌钢板承托；承托板与主体结构、幕墙结构、及承托板之间的缝隙填充防火密封膏；幕墙中有关防火玻璃的安装设计应符合防火要求，特别注意防火分区间的防火玻璃金属构件均应满足2小时的耐火极限。

5. 室内金属构件必须加设防火保护层以满足消防规范中建筑构件的燃烧性能和耐火极限的要求。

图 2-34 防火说明

图 2-35 电缆桥架部位防火封堵做法 1

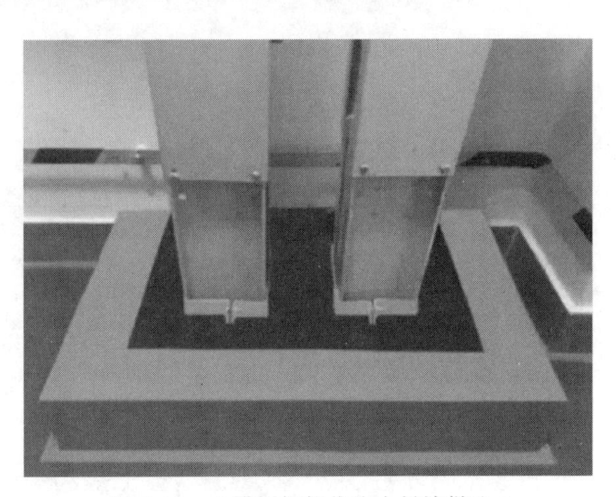

图 2-36 电缆桥架部位防火封堵做法 2

人防说明写明了人防位置、防护能力、战时与平时用途，以及一些人防的具体要求，如图 2-37 所示。完成后的人防大门实景，如图 2-38 所示。

十五、人防：

1. 本工程防空地下室设置在地下三层，防护能力为核5级，战时为五级一等和二等人员掩蔽，平时为汽车库和库房。

2. 人防面积为3342㎡，分成两个防护单元，防护单元面积分别为1887㎡和1455㎡。掩蔽面积分别为943㎡和915㎡，掩蔽人数分别为900人和910人。

3. 人防部分设两个室外出入口和两个室内出入口。室外出入口和进、排风竖井按防倒塌棚架设计。人防部分共有四个封堵口，均采用相应抗力的防护密闭门封闭，具体位置详见平面，选用活动钢制门槛方便平时使用。

4. 人防部分共分成七个抗爆单元，每个单元面积均小于500㎡。

5. 人防工程详见平面图及有关详图，人防门详见门窗表，其他有关人防设计见各专业图。

6. 不利于平时使用的抗爆隔墙和抗爆挡墙在临战时构筑，抗爆墙的位置详见战时平面图，其厚度不应小于200mm并配筋，并应与主体结构连接牢固。

图 2-37　人防说明

图 2-38　人防大门实景

无障碍设计对主入口、公共部位卫生间、汽车库残疾人专用停车位、电梯等须具备要求进行了说明，如图 2-39 所示。无障碍人行通道完成效果，如图 2-40 所示。

十六、无障碍设计：

本工程室内外高约为150mm，首层主入口设置残疾人无障碍入口。公共部分设立残疾人专用卫生间。其汽车库设有残疾人专用停车位。设有一部供残疾人使用的无障碍电梯（2号电梯）。轿厢尺寸≥1.8m × 1.6m，轿厢门开启净宽度≥1.2m，轿厢侧壁设高1m带盲文的选层按钮；轿厢三面壁上应设高850mm扶手；轿厢内应设电梯运行显示装置和报层音响；轿厢正面高900mm处至顶部采用有镜面效果的材料。

图 2-39　无障碍设计

建筑设备、设施说明对电梯、卫生洁具、隔断、家具、灯具等进行了说明，如图 2-41 所示。电梯井钢筋绑扎、圈梁施工，如图 2-42、图 2-43 所示。特别注意电梯尺寸。例如电梯选型需在施工结构前进行确定，由厂家确认设计的预留电梯井空间是否符合要求，避免后期施工完成后，发现电梯井空间不符合要求。在施工过的项目中，有过此类事情的发生。

图 2-40　无障碍人行通道完成效果

十七、建筑设备、设施:

1. 电梯:

本工程电梯选型见电梯选型表，梯井垂直方向每隔500做一道圈梁。电梯的其他土建技术要求和布置图由厂家具体设计并配合施工进行。

2. 卫生洁具、成品隔断、家具:

卫生洁具、成品隔断由建设单位与设计单位商定，并应与施工配合，家具由业主、客户、室内设计选定；注意整体风格协调。

3. 灯具、送回风口等影响美观的器具应由业主、设计院确定后方可批量加工，安装位置需经设计院确认（特别是精装修部位）。

4. 防护措施：地下室高窗、窗井、通风竖井等处必须有可靠的安全防盗装置；通风孔洞处还应加设防鼠、防虫装置。

图 2-41　建筑设备、设施说明

图 2-42　电梯井钢筋绑扎

图 2-43　电梯井圈梁施工

其他说明对一些图纸说明、施工注意事项等进行了说明，如图 2-44 所示。不同材料的墙体交接处，饰面施工前均应加钉 200mm 宽金属网以防止裂缝，如图 2-45 所示。这是有效控制不同材料的墙体交接处开裂的方式，如无此做法，常出现竖向的裂缝。需要特别注意，以玻璃作为建筑材料的一些部位必须使用安全玻璃，如图 2-46 所示。例如建筑物的出入口需要使用安全玻璃，如图 2-47 所示。

十八、其他：

1．本说明以建筑专业为主，应配合其他专业图纸说明。

2．本施工图中水、暖、电预留洞：圆孔以直径和中心标高表示，方孔以宽X高和孔底标高表示。结构梁、板、墙上的预留洞详见结施图。

3．土建施工应密切配合各专业图纸，凡预留洞、预埋件均应准确无误，不得随意剔凿。设备、管线安装应以管线综合平面图为基础，精心组织和协调各工种施工，不得影响房间净高。施工中如发现矛盾，应及时与设计院协商解决。

4．不同材料的墙体交接处，饰面施工前均应加钉200宽金属网以防止裂缝。

5．凡预留木砖均作防腐处理，露明铁件均作防锈处理。室内外钢栏杆、扶手均刷防锈底漆二道、腻子刮平打磨后外罩高级亚光磁漆2道；室外露明钢结构采用氟碳漆保护，以增强耐久性，色彩以建筑师选定色卡为准。

6．凡涉及外饰效果的内外装修材料，均应在施工前提供样品或样板，经业主与设计院确认后方可订货施工。施工中如需要更换材料必须经业主与设计院同意。

图 2-44　其他说明

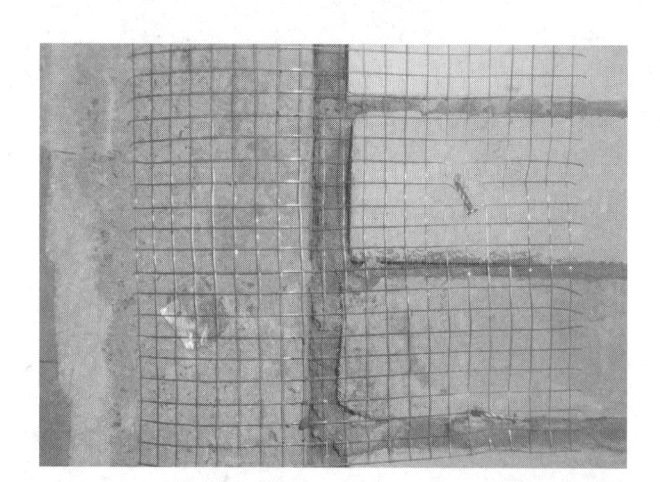

图 2-45　不同材料的墙体交接处，加钉金属网防裂处理

10．本工程除前面已注明的地方外，下列需要以玻璃作为建筑材料的下列部位也必须使用安全玻璃：

（1）楼梯、阳台、平台走廊的栏板；

（2）建筑物的出入口、门厅等部位；

（3）易遭受撞击、冲击而造成人体伤害的其他部位；

（4）面积大于1.5m^2的窗玻璃或玻璃底边离最终装修面小于500mm的落地窗。

图 2-46　以玻璃作为建筑材料的一些部位必须使用安全玻璃

4. 建筑节能设计说明读图识图

图 2-47 建筑物的出入口需要使用安全玻璃

建筑节能设计说明与建筑设计总说明有相似之处，就其不同的重点部分进行读图识图说明。

建筑专业环保节能措施说明对工程的节能环保设计进行了说明，施工必须满足节能要求，如图 2-48 所示。对于墙身细部均应采取断桥铝保温措施。具体部位节能设计，如屋面、外墙等，进行了细致说明，如图 2-49、图 2-50 所示。后期在使用过程中，发生结露或墙体返潮等问题，往往是未进行断桥处理。酚醛树脂保温板与岩棉板，如图 2-51 所示。屋面岩棉板施工，需要提前进行排版，重点避免岩棉板受潮，如

三、建筑专业环保节能措施

本建筑节能执行北京市《公共建筑节能设计标准》（DB11/ 687-2009）。

1. 本建筑属甲类节能建筑，体形系数S=0.33。

2. 本建筑为框架-剪力墙结构，采用外墙外保温体系，墙身细部：女儿墙、檐口、挑板、线脚、勒脚、窗井及进排风道等部位均应采取断桥保温措施，做法见12BJ2-11图集具体节详图号见详图。

3. 屋顶、外墙等部位围护结构节能设计。

图 2-48 建筑专业环保节能措施说明

序号	部位		保温材料	保温材料厚度(mm)	构造做法	传热系数K W/(m²·K)
1	屋顶	平屋顶	酚醛树脂保温板	50	细石混凝土保护层 酚醛树脂保温板 水泥陶粒找坡 钢筋混凝土屋面板	0.44
		种植屋面	酚醛树脂保温板	40	细石混凝土保护层 酚醛树脂保温板 加气碎块混凝土找坡 钢筋混凝土屋面板	0.44
2	外墙	干挂石材	岩棉保温板	30	干挂石材 岩棉保温板 轻集料混凝土空心砌块墙	0.78
		干挂铝板	岩棉保温板	30	干挂铝板 岩棉保温板 轻集料混凝土空心砌块墙	0.78
3	接触室外空气地板		岩棉保温板	80	钢筋混凝土楼板 岩棉保温板	0.5

图 2-49 具体部位节能设计 1

图 2-52 所示。外墙保温板施工，需挂网，加锚固件，如图 2-53 所示。需重点关注锚固件的数量与规格，规范要求，保温板每平方米锚固件数量不少于 10 个，岩棉板每平方米锚固件数量不少于 5 个。外墙保温板整体脱落的新闻时有发生，多数是由于锚固件数量不足或锚固件的锚固深度过浅。外墙抹面胶浆及耐碱网格布施工，如图 2-54 所示。在进行外墙保温施工前，需要至少提前 1 个月进行相关材料复试，施工中许多项目在要进行外保温施工时，才想到复试，未提前考虑材料复试周期，比如粘结砂浆的复试周期最长，需要 28 天。

序号	部位		保温材料	保温材料厚度(mm)	构造做法	传热系数 K W/(m²·K)
4	非采暖空调间与采暖空调间	隔墙	玻化微珠保温砂浆	10	玻化微珠保温砂浆 轻集料混凝土空心砌块墙	1.35
		楼板	酚醛树脂保温板	10	细石混凝土保护层 酚醛树脂保温板 钢筋混凝土屋面板	1.32
5	封闭式变形缝内保温		无	无	无	无

图 2-50　具体部位节能设计 2

图 2-51　酚醛树脂保温板与岩棉板

图 2-52　屋面岩棉板施工

图 2-53　外墙保温板施工

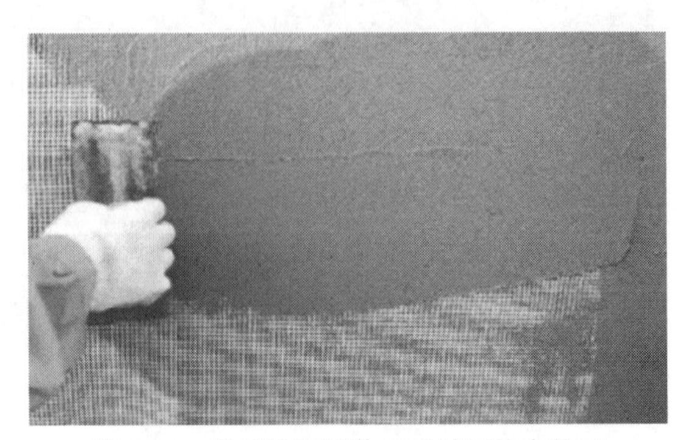

图 2-54　外墙抹面胶浆及耐碱网格布施工

外门窗、玻璃幕墙中玻璃种类的节能要求，如图 2-55 所示。玻璃构造，如图 2-56 所示。材料订货加工前须经过业主、设计确认，并封样，玻璃封样如图 2-57 所示。须提前进行确认，不同节能要求的玻璃，成本相差较大。有的项目由于未关注该节能要求，造成节能验收不能通过。

序号	部位	框料选型	玻璃种类	间隔层厚度mm	传热系数K W/(m²·K)	可见光透射比%	遮阳系数SC
1	外门窗	PA断桥铝合金	辐射率≤0.15 Low-E中空玻璃(离线)反射无色	12	2.3	52	0.5
2	玻璃幕墙	PA断桥铝合金	辐射率≤0.15 Low-E中空玻璃(离线)反射无色	12	2.3	52	0.5

注：1）中空玻璃单片厚度应符合《建筑玻璃应用技术规程》的有关规定，间隔层为空气层。遮阳系数SC达到0.5，满足限值要求。
2）外窗气密性能不应低于《建筑外窗气密、水密、抗风压性能分级及检测方法》（GB/T7106-2008）的6级水平，外门窗立口与外墙齐平，框料与墙体之间缝隙填堵和密封材料做法见 12BJ2-11页次29。玻璃幕墙气密性不低于《建筑幕墙》（GB/T21086-2007）中的3级。
3）透明玻璃砖选用传热系数为2.3 W/(m².K)的2424型。

图 2-55　外门窗、玻璃幕墙中玻璃种类的节能要求

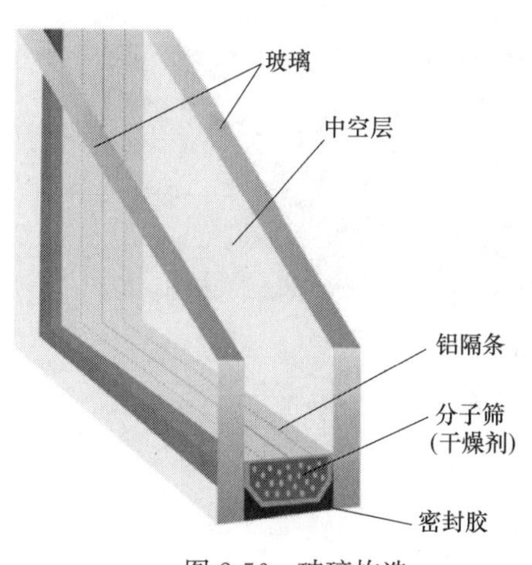

图 2-56　玻璃构造

图 2-57　玻璃封样

暖通专业环保节能措施说明对该专业涉及的节能环保设计进行说明，如图 2-58、图 2-59 所示。第 3 条特别说明要在风机的风管设双层阻抗复合式消声器，如图 2-60 所示。第 8 条地下车库排风系统设有室内 CO 感测器，可根据 CO 浓度启闭风机，监控室内空气质量同时达到节能效果。CO 感测器，如图 2-61 所示。排风系统图，如图 2-62 所示。

五、暖通专业环保节能措施

1. 执行《公共建筑节能设计标准—北京市地方标准》DB11/687-2009，建筑的围护结构热工参数按寒冷地区执行。

2. 符合国家要求的环保设备及材料。本工程设在室外的风机、风冷空调室外机机组等设备均选用低噪声机型。设在外墙上通风的送排风口均采取消声措施。所有运转设备均做减振和消声处理。

3. 机组及所有送风机、排风机均采用低噪音设备，且有减振、隔振设施。新风机组、送排风机与风管连接处加软接头，进、出机组、风机的风管均设双层阻抗复合式消声器。空调机房门、墙、楼板均作隔声、吸声处理，排风机选用箱式风机或设备外包隔声材料。

图 2-58　暖通专业环保节能措施说明 1

4. 符合国家要求的节能设备（风机满足规范要求的输送比，制冷设备满足规范要求的能耗比）。

5. 环境造成影响的排风在排放前进行过滤处理。

6. 房间工作时间，合理配置空调设备，满足最佳工况运行。

7. 全楼冷热系统均可独立计量。

8. 地下车库排风系统设有室内CO感测器，可根据CO浓度启闭风机，监控室内空气质量同时达到节能效果。

图 2-59　暖通专业环保节能措施说明 2

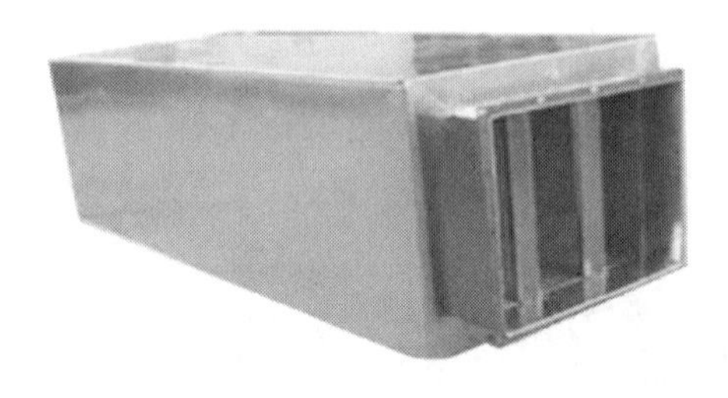

阻抗复合式消声器

1. 阻式消声器：是通过箱体内附吸声材料来吸收声能降低噪声，一般是用来消除高、中频噪声。但是由于结构的原因，在高温、高湿、高速的情况下不适用。

图 2-60　阻抗复合式消声器

图 2-61　CO 感测器

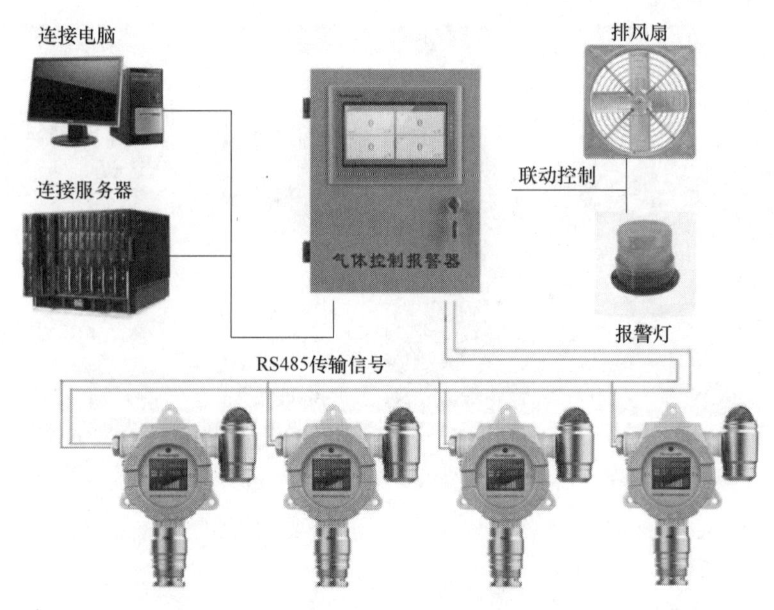

图 2-62 排风系统图

5. 材料做法表读图识图

在材料做法表中我们知道各种装修做法：地面、顶棚、楼面、内外墙、屋面、散水、踢脚等。地面材料做法表如图 2-63 所示。由于房间较多，在材料做法表中，常常会有做法遗漏，需仔细查看，如发现遗漏，可找设计增加做法说明，结合商务，进行增项费用申报，及时确权。

材 料 做 法 表				
	编号	做法名称	厚度(mm)	说 明
	地1	耐磨混凝土地面 (燃烧性能A级)	900厚	C20耐磨混凝土面层50厚，表面撒1:1水泥砂子随打随抹光 聚氨酯涂膜防水层1.5厚(两道) C15混凝土垫层850厚，随打随抹，在排水沟周围3m范围找1%坡 钢筋混凝土底板，表面清洗干净

图 2-63 地面材料做法表

耐磨地面施工，首先清理地面，进行地面找平，在找平层未干时均匀地撒上骨料。其次进行边角加固、地面磨平等工作，然后在适当的位置锯开混凝土，做伸缩缝，并填满填缝料。最后用透明密封剂辊涂，电镀抹平，再进行抹光、收光、养护等工序，如图 2-64 所示。耐磨地面施工前，应先进行地面清理，如清理不到位，容易造成空鼓、开裂等。

图 2-64　耐磨地面施工

防静电活动架空板楼面，必须先排版，一定要接地，并注意燃烧性能等级，如图 2-65、图 2-66 所示。

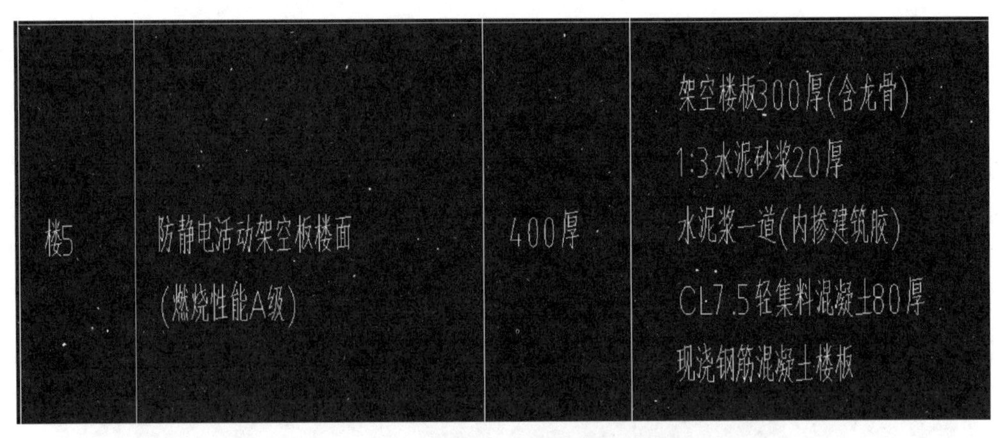

楼5	防静电活动架空板楼面 (燃烧性能A级)	400厚	架空楼板300厚(含龙骨) 1:3水泥砂浆20厚 水泥浆一道(内掺建筑胶) CL7.5轻集料混凝土80厚 现浇钢筋混凝土楼板

图 2-65　防静电活动架空板楼面做法

图 2-66　防静电活动架空板楼面施工

地砖楼面做法，注意地面水泥砂浆结合层厚度，由于只有 2～3cm 厚，这样对于混凝土板的平整度要求较高，需特别注意，如图 2-67 所示。

楼6	地砖楼面 (燃烧性能A级)	100厚	彩色釉面砖10厚,干水泥擦缝 1:3干硬性水泥砂浆结合层30厚,表面撒水泥粉 CL7.5轻集料混凝土60厚 现浇钢筋混凝土楼板
楼7	地砖楼面 (燃烧性能A级)	30厚	10厚防滑成品地面砖,细缝拼接,干水泥擦缝 1:3干硬性水泥砂浆结合层20厚,表面撒水泥粉 刷水泥浆一道(内掺建筑胶) 现浇钢筋混凝土楼板

图 2-67 地砖楼面做法

外墙做法，需重点关注外墙保温材料、锚固件、防水做法、石材厚度等，如图 2-68 所示。遵循样板先行，做好样板，各方进行确认，没问题后，再进行大面积施工。干挂石材外墙施工，对于有抗震要求的，竖向主龙骨与后置埋板需进行螺栓连接；无抗震要求，可以直接进行焊接。主龙骨与次龙骨可以焊接也可以螺栓连接，要求 3 面焊接。次龙骨与石材进行螺栓连接。不锈钢挂架与石材用 AB 结构胶进行粘结，不得使用云石胶，如图 2-69 所示。

外墙做法	外墙1	干挂石材	300厚	干挂30厚花岗岩饰面,石材接缝宽5-8,硅酮密封胶填缝 不锈钢托板及舌板 聚氨酯涂膜防水层1.5厚(两道) 表面清理做20厚1:3水泥砂浆抹灰找平 30厚岩棉板保温层,镀锌钢丝网锚固件卡紧 加气混凝土砌块基层墙面或钢筋混凝土梁或柱
	外墙2	干挂铝板	300厚	3mm铝单板造型,表面氟碳喷涂,详见墙身详图 聚氨酯涂膜防水层1.5厚(两道) 表面清理做20厚1:3水泥砂浆抹灰找平 30厚岩棉板保温层,镀锌钢丝网锚固件卡紧 加气混凝土砌块基层墙面或钢筋混凝土梁或柱
	外墙3	外墙涂料	18厚	外墙涂料 涂刷封闭底漆一道 12厚1:3水泥砂浆找平 刷素水泥浆一道(内掺水重5%的建筑胶) 5厚1:3水泥砂浆打底扫毛或划出纹道 刷聚合物水泥浆一道 钢筋混凝土外墙

图 2-68 外墙做法

图 2-69　干挂石材外墙施工

屋面做法，防水附加层在透气管根部、出气管根部，均不低于面层厚度；设备基础根部、女儿墙根部泛水不低于完成面 250mm。设备基础、出气管等应成排成线设置，如图 2-70、图 2-71 所示。

<table>
<tr><td rowspan="2">屋面做法</td><td>屋1</td><td>倒置式上人屋面</td><td>160厚</td><td>10厚成品地面砖，细缝拼接，干水泥擦缝，每3000×3000
留10宽缝，内填1:2.5水泥砂浆
20厚1:3干硬性水泥砂浆，面撒素水泥
40厚C30细石混凝土保护层内配Φ4 钢筋双向@150
点粘一层350号石油沥青油毡
50厚酚醛树脂保温板
3.0+3.0厚自粘型高聚物改性沥青防水卷材
基层处理剂一遍
20厚1:2.5水泥砂浆找平
20厚1:8粉煤灰陶粒找2%坡
现浇钢筋混凝土楼板，表面清扫干净</td></tr>
<tr><td>屋2</td><td>种植屋面</td><td></td><td>种植基质，厚度由景观设计确定
聚脂无纺布滤水层（120g/m²），四周上翻100高，端部通长用粘结剂粘50高
10高塑料凸片排水板
4厚SBS改性沥青耐根穿刺防水卷材
3厚SBS改性沥青防水卷材
40厚C20细石混凝土保护层（内配双向Φ6中距150钢筋网），每6m设分格缝，
缝内填高分子密封膏
40厚酚醛树脂保温板
20厚1:3水泥砂浆找平
最薄40厚加气碎块混凝土找2%坡，厚度超过120时，先铺干加气碎块震压拍实，
再覆50厚加气碎块混凝土
现浇钢筋混凝土屋面板</td></tr>
</table>

图 2-70　屋面做法

图 2-71　屋面施工

种植屋面，需注意种植土厚度，如果厚度仅仅为 200～300mm，植物不易成活，如图 2-72 所示。

图 2-72　种植屋面

内墙做法，抹灰前应进行甩毛施工，如甩毛未做，墙面抹灰容易空鼓、开裂。墙面施工前，应先进行排版，对于需要裁切的材料集中加工，降低损耗率，如图 2-73～图 2-75 所示。吸声墙面使用加压条，不仅美观，还更坚固，如图 2-76 所示。

散水做法，散水施工应 6m 一道设置分隔缝，否则容易开裂，如图 2-77～图 2-80 所示。

房间用料表与工程做法表对照着看，偶尔会有矛盾的地方，房间用料表容易漏掉房间名称，如图 2-81 所示。

内墙做法	内墙2	乳胶漆墙面 (燃烧性能A级)	18厚	乳胶漆罩面 2厚耐水腻子分遍刮平 8厚1:3水泥砂浆罩面压光 8厚1:3水泥砂浆分两次打底扫毛或划出纹道 刷素水泥浆一道(内掺水重3%～5%的108胶) 墙体基层，不同材料交接处加钉钢板网
	内墙3	瓷砖墙面 (燃烧性能A级)	20厚	7厚釉面砖，白水泥擦缝，粘面上随贴随刷一道混凝土界面处理剂增强粘结力 5厚1:1水泥砂浆粘结层 8厚1:3水泥砂浆分两次打底扫毛或划出纹道 刷素水泥浆一道(混凝土墙面掺水重3%～5%的108胶) 墙体基层
	内墙4	吸声墙面 (燃烧性能A级)	60厚	铝装饰压条 穿孔铝板 玻璃丝布绷紧粘牢于轻钢龙骨表面 50厚玻璃棉毡固定于轻钢龙骨间空腔处 50×50C型轻钢龙骨与墙体用胀管螺钉固定，双向中距500 1.5厚聚合物水泥基防水涂料 8厚DP-MR砂浆打底找平 墙体基层

图 2-73　内墙做法

图 2-74　甩毛施工

图 2-75　内墙抹灰

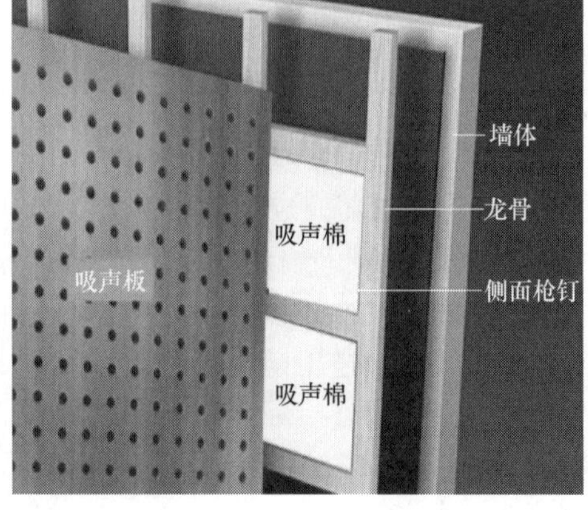

图 2-76　吸声墙面

散水做法	散1	种植散水		250～300厚回填土 60厚C20混凝土面层，撒1:1水泥砂子压实赶光 150厚5～32卵石灌M2.5混合砂浆，宽出面层100 素土夯实，向外找坡3%～5%
	散2	花岗石散水		20厚花岗岩板铺面，正、背面及四周满涂防腐剂，水泥浆灌缝 撒素水泥面（洒适量清水） 30厚1:3干硬性水泥砂浆粘结层 刷素水泥浆一道（内掺建筑胶） 60厚C15混凝土 150厚5～32卵石灌M2.5混合砂浆，宽出面层100 素土夯实，向外找坡3%～5%

图 2-77　散水做法

图 2-78　种植散水

图 2-79　花岗石散水

图 2-80　散水分隔缝

房间名称	楼地面	墙面	踢脚	顶棚	备注
地下三层					
汽车库	地1 耐磨环氧树脂地面	内墙2 乳胶漆墙面	踢1 水泥踢脚	棚1 板底刮腻子喷涂顶棚	地面、墙面、踢脚、顶棚均为A级
汽车坡道	地2 耐磨混凝土地面	内墙2 乳胶漆墙面	踢1 水泥踢脚	棚2 乳胶漆顶棚	
丁、戊类储藏室	地3 地砖地面	内墙2 乳胶漆墙面	踢2 地砖踢脚	棚1 板底刮腻子喷涂顶棚	
防化通讯值班室	地3 地砖地面	内墙2 乳胶漆墙面	踢2 地砖踢脚	棚1 板底刮腻子喷涂顶棚	
排风机房，进风机房	地4 水泥地面	内墙4 吸音墙面	踢1 水泥踢脚	棚1 板底刮腻子喷涂顶棚	
检查穿衣	地5 水泥地面(有防水层)	内墙1 刮腻子喷涂墙面	踢1 水泥踢脚	棚1 板底刮腻子喷涂顶棚	
淋浴	地5 水泥地面(有防水层)	内墙1 刮腻子喷涂墙面	踢1 水泥踢脚	棚1 板底刮腻子喷涂顶棚	
脱衣室	地5 水泥地面(有防水层)	内墙1 刮腻子喷涂墙面	踢1 水泥踢脚	棚1 板底刮腻子喷涂顶棚	
简易洗消间	地5 水泥地面(有防水层)	内墙1 刮腻子喷涂墙面	踢1 水泥踢脚	棚1 板底刮腻子喷涂顶棚	
滤毒室	地5 水泥地面(有防水层)	内墙1 刮腻子喷涂墙面	踢1 水泥踢脚	棚1 板底刮腻子喷涂顶棚	
第一防毒通道	地5 水泥地面(有防水层)	内墙1 刮腻子喷涂墙面	踢1 水泥踢脚	棚1 板底刮腻子喷涂顶棚	
第二防毒通道	地5 水泥地面(有防水层)	内墙1 刮腻子喷涂墙面	踢1 水泥踢脚	棚1 板底刮腻子喷涂顶棚	
密闭通道	地5 水泥地面(有防水层)	内墙1 刮腻子喷涂墙面	踢1 水泥踢脚	棚1 板底刮腻子喷涂顶棚	
电梯厅、走廊	地3 地砖地面	内墙2 乳胶漆墙面	踢2 地砖踢脚	棚1 板底刮腻子喷涂顶棚	
楼梯间	楼7 地砖楼面	内墙2 乳胶漆墙面	踢2 地砖踢脚	棚2 乳胶漆顶棚	

图 2-81 房间用料表

管综示意图，仅参考吊顶高度，具体需要重新自排管网，做样板，确定管网最终排布，如图 2-82 所示。管综施工排布图，如图 2-83 所示。

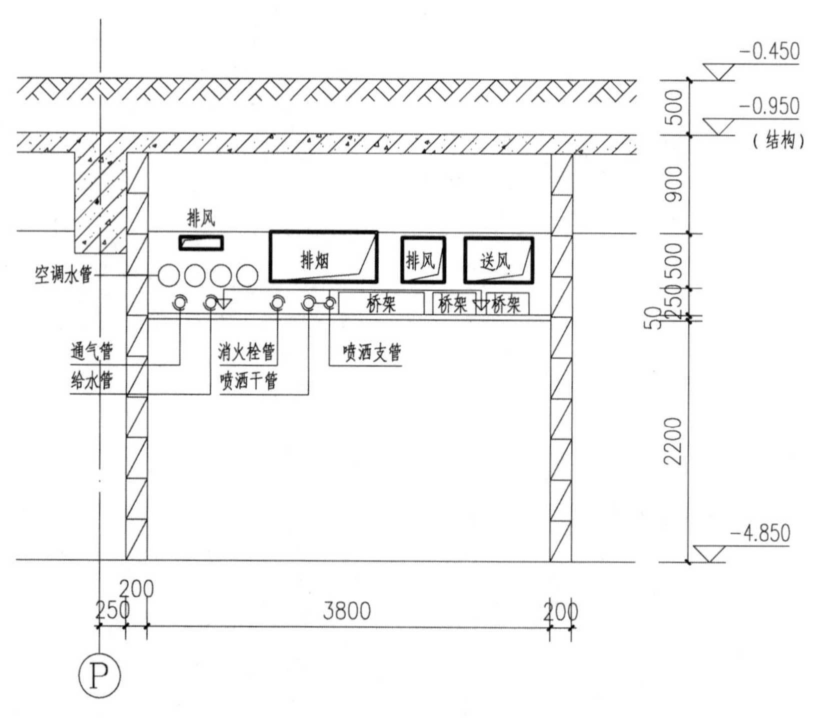

图 2-82 管综示意图

图 2-83 管综施工排布图

第 2 节 建筑平面图读图识图实例解析

1. 建筑平面图的形成

假想用一水平剖切平面经门、窗洞将房屋剖开，将剖切平面以下部分从上向下投射所得到的图形即是建筑平面图，如图 2-84 所示。

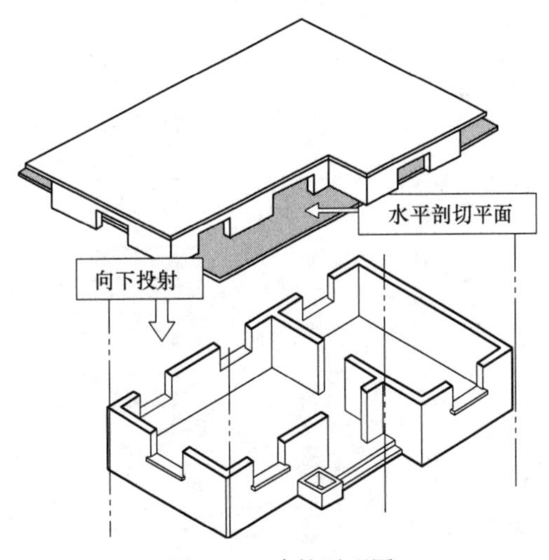

图 2-84 建筑平面图

建筑平面图反映房屋的平面形状、大小和房间的布置，墙或柱的位置、大小、厚度和材料，门窗的类型和位置等情况。

建筑物有几层就画几个平面图，楼层平面相同时，只画标准层平面图。

2. 图例、图示

指北针：圆的直径为 24mm，用细实线绘制；指针尾部宽度为 3mm，指针头部应注“北”或“N”字。需用较大直径绘制指北针时，指针尾部宽度为直径的 1/8，标有指北针的住宅，即可知道其朝向，如图 2-85 所示。

定位轴线：建筑物主要墙、柱等承重构件加上编号的轴线，如图 2-86、图 2-87 所示。

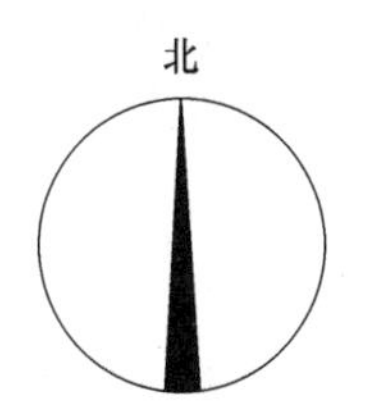

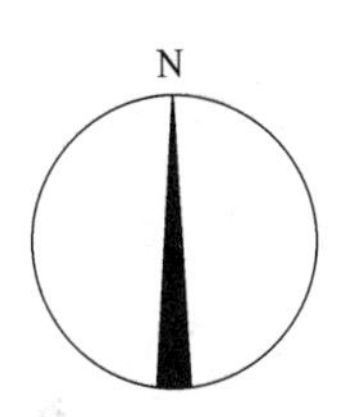

图 2-85 指北针

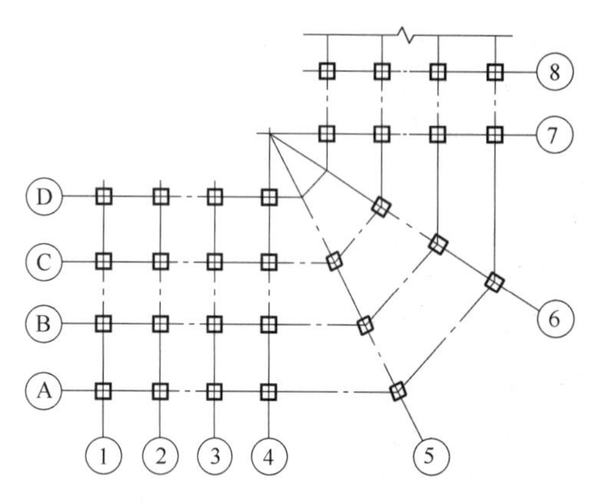

图 2-86　折线形平面定位轴线

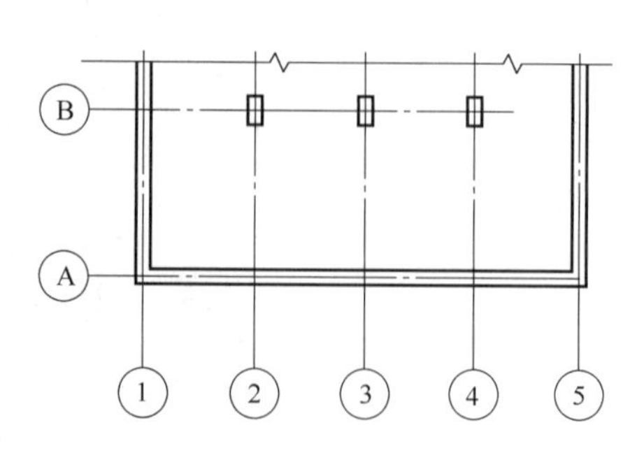

图 2-87　定位轴线

建筑图示及图例，是对一些平面图上的标注进行说明，可以清晰地知道图示、图例的具体含义，如图 2-88，表 2-1 所示。利用原有总平面图，画出现场总平面布置图，如图 2-89、图 2-90 所示。

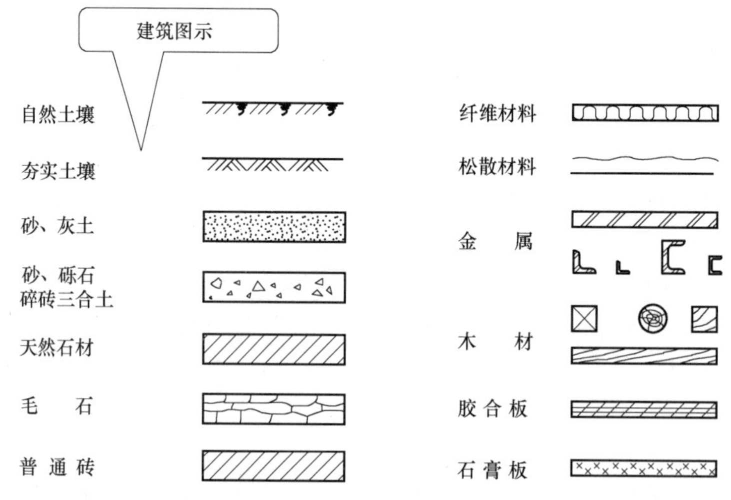

图 2-88　建筑图示

建筑图例　　**表 2-1**

序号	图例	名称	备注
1		新设计的建筑	1. 需要时用▲表示出入口，在图形内右上角用点数或数字表示建筑的层数。 2. 建筑物外形（一般以±0.00 高度处的外墙定位轴线或外墙面为准）用粗实线绘制，需要时地面以上建筑用中粗实线表示。地下建筑用细虚线表示
2		原有的建筑	用细实线表示
3		计划扩建的建筑或预留地	用中粗虚线表示

续表

序号	图例	名称	备注
4		拆除的建筑	用细实线表示
5		建筑物下面的通道	
6		其他露天堆场或露天作业场	必要时注明材料名称
7		散状材料露天堆场	
8		铺砌场地	
9		露天桥式起重机	+为柱子的位置
10		围墙及大门	砖石、混凝土或金属材料等实体性质的围墙，若仅表示围墙时不用画大门
11		围墙及大门	镀锌铁丝网、篱笆等通透性质的围墙，若仅表示围墙时不用画大门

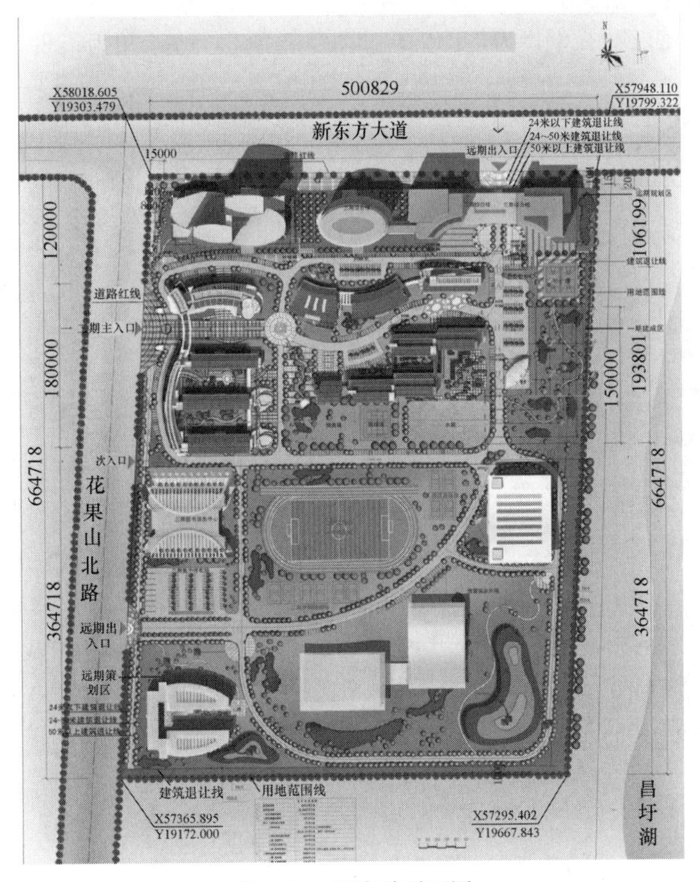

图 2-89　原有总平面图

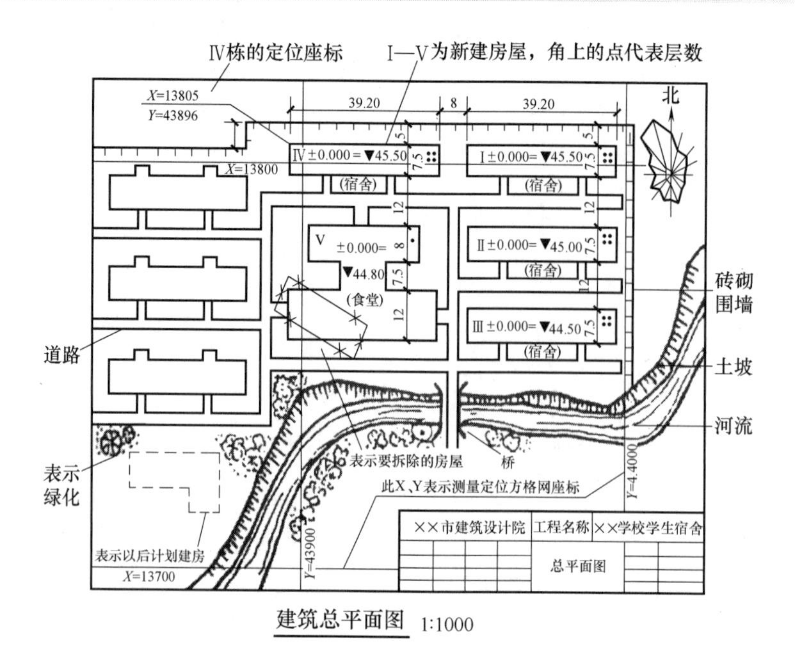

图 2-90　现场总平面布置图

3. 建筑平面图读图识图

首先看底层平面图，比例尺为 1∶100，如图 2-91 所示。左下角为指北针，可以确定建筑

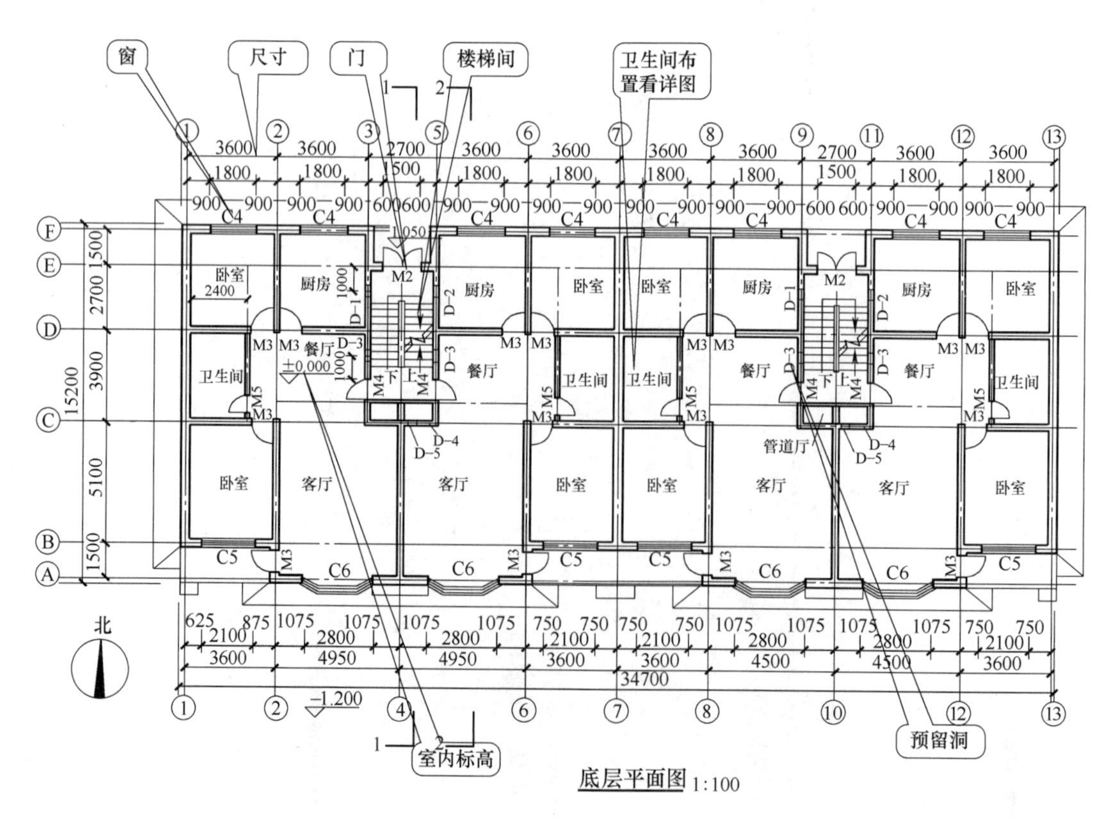

图 2-91　底层平面图

的方位。图中对定位轴线、轴线间的尺寸进行了详细标注，可以快速定位。室内标高为±0.000。该图为底层平面图，标注了各个房间的用途，对于窗、门、预留洞的位置也有标注。

已在底层平面图上表示过的内容，在标准层平面图和顶层平面图上不再表示。标准层平面图和顶层平面图重点应与底层平面图对照异同。标准层平面图，如图 2-92 所示。

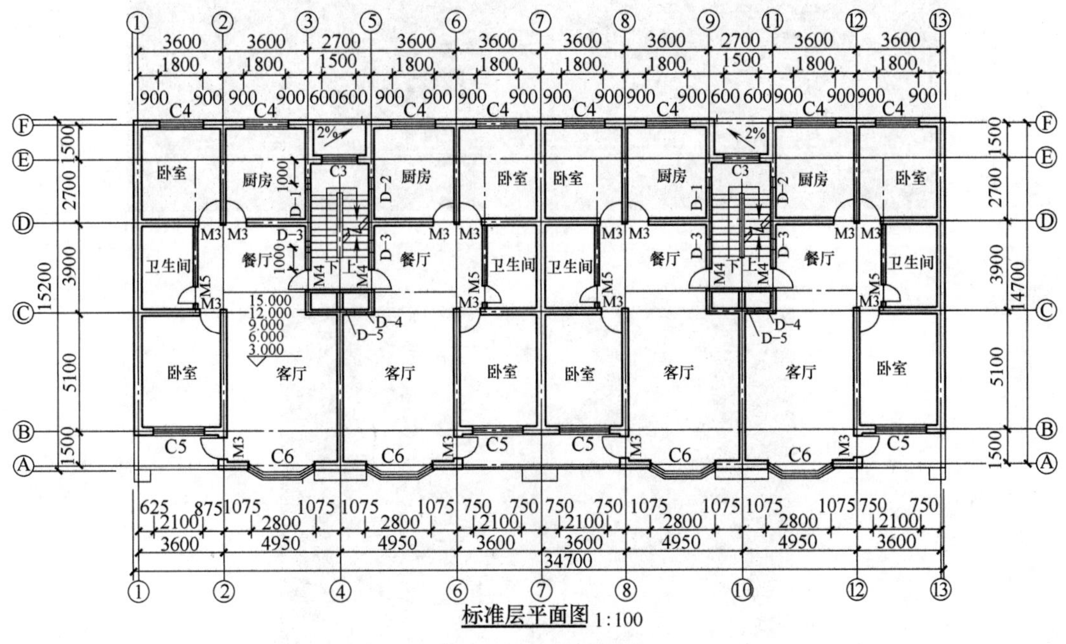

图 2-92　标准层平面图

屋顶平面图主要反映屋面上天窗、水箱、铁爬梯、通风道、女儿墙、变形缝等的位置以及采用标准图集的代号、屋面排水分区、排水方向、坡度、雨水口的位置、尺寸等内容，如图 2-93 所示。对于设计的屋面排水坡度，建议进行合理优化。平屋面排水坡度优化，如图 2-94、图 2-95 所示。

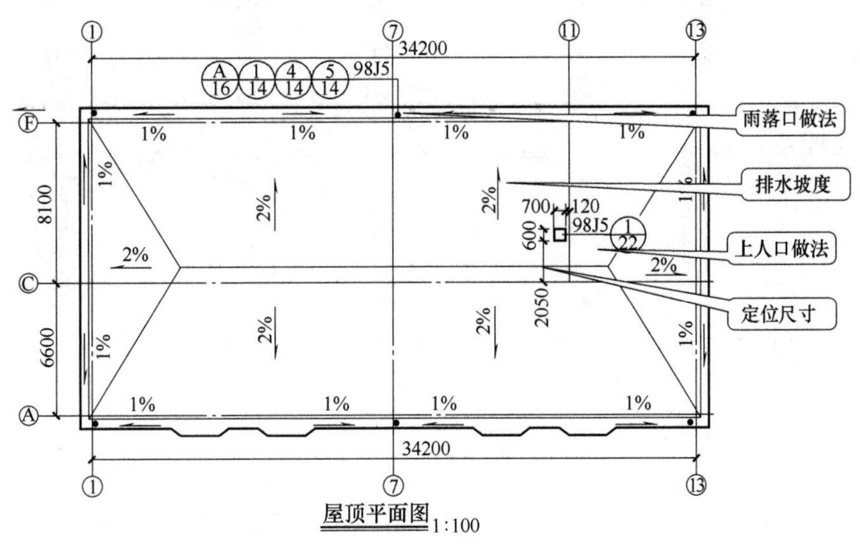

图 2-93　屋顶平面图

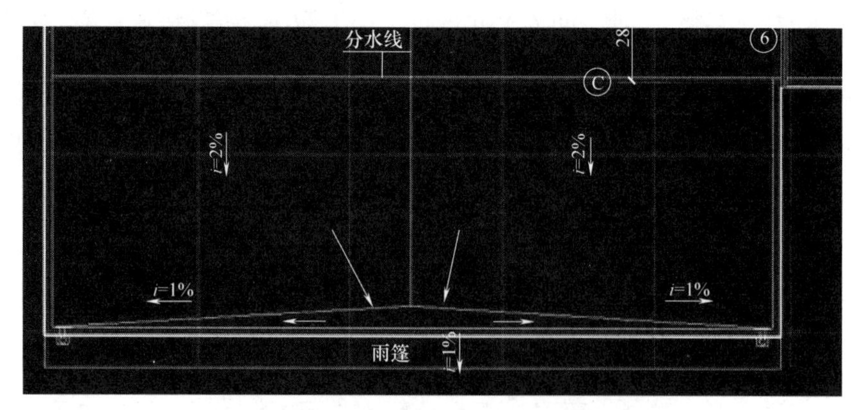

图 2-94　平屋面排水坡度优化

图 2-95　平屋面排水坡度优化实景

屋面有组织外排水形式分为檐沟外排水、女儿墙外排水、檐沟女儿墙外排水，如图 2-96 所示。

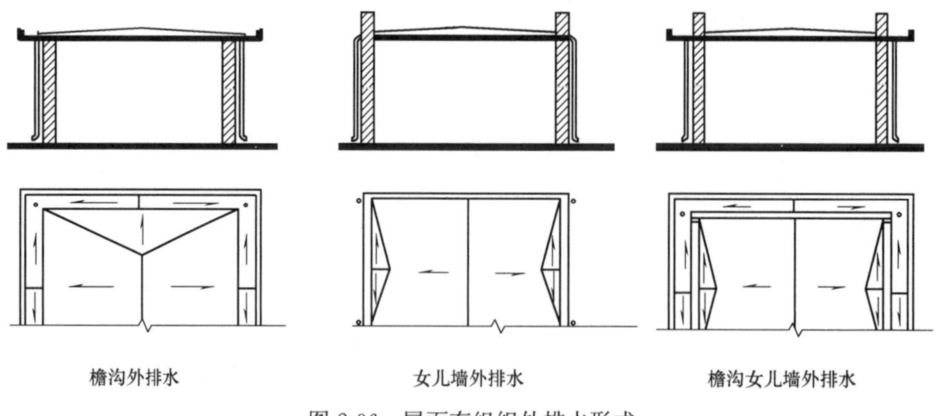

图 2-96　屋面有组织外排水形式

防火分区图，对每层的平面进行了防火分区，用不同的阴影图例表示不同的防火分区，如图 2-97 所示。在防火分区图上标注了防火门、防火墙的位置，如图 2-98 所示，具体防火门的洞口尺寸需结合门窗统计表，如表 2-2 所示。特别注意防火墙的位置，该部位做法不同于其他墙体。

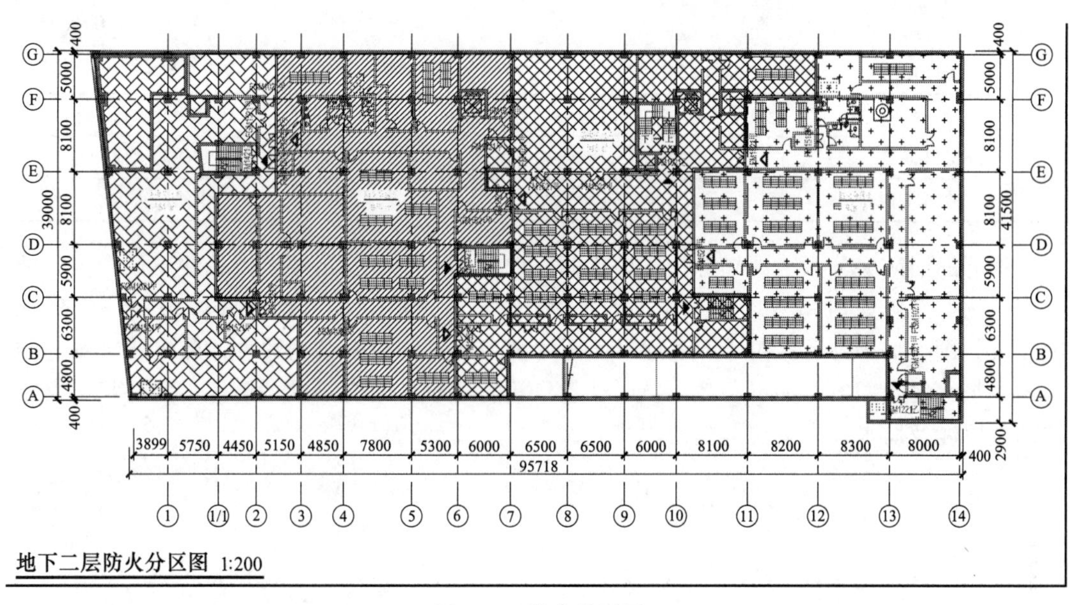

图 2-97 防火分区图

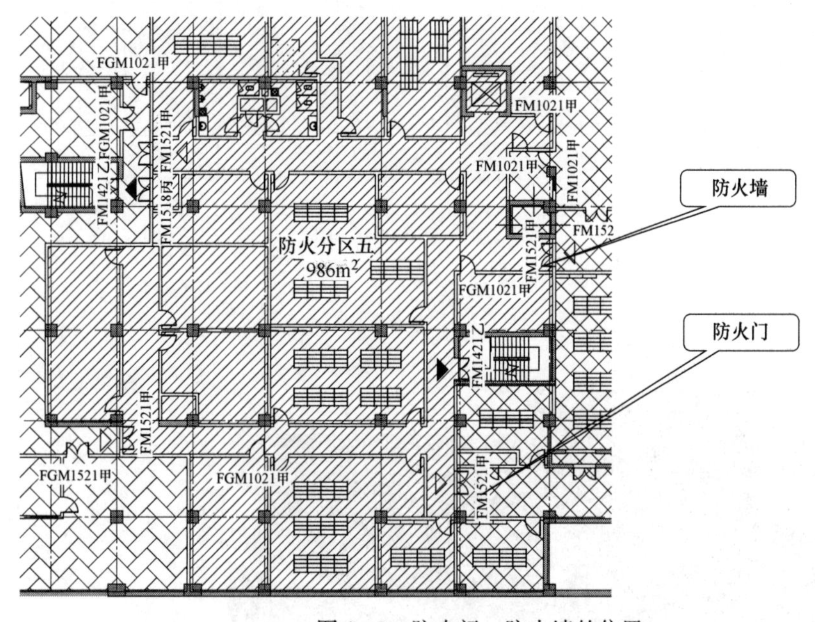

图 2-98 防火门、防火墙的位置

门窗统计表 **表 2-2**

门窗编号	洞口尺寸(宽×高)(mm)	个数	备注
FGM1021 甲	1000×2100	7	甲级防火隔声门
FGM1521 甲	1500×2100	5	甲级防火隔声门
FM1021 甲	1000×2100	7	甲级防火门
FM1521 甲	1500×2100	8	甲级防火门
FM1221 乙	1200×2100	2	乙级防火门

续表

门窗编号	洞口尺寸(宽×高)(mm)	个数	备注
FM1421 乙	1400×2100	2	乙级防火门
FM1521 乙	1500×2100	1	乙级防火门
FM0618 丙	600×1800	1	丙级防火门

地下三层防火分区，同样标注了防火门、防火墙的位置，需要重点关注不同防火门的区别，例如五级通风口双向受力双扇防护密闭门、5 级 1000 悬摆式防爆波活门等。如图 2-99、图 2-100 所示。在地下三层平面图中的集水坑需集合结构图看，确保建筑图与结构图集水坑位置一致，如不一致，及时让设计进行确认，避免后期的麻烦，因底板上集水坑的预留涉及防水，出现位置差错很难更改。

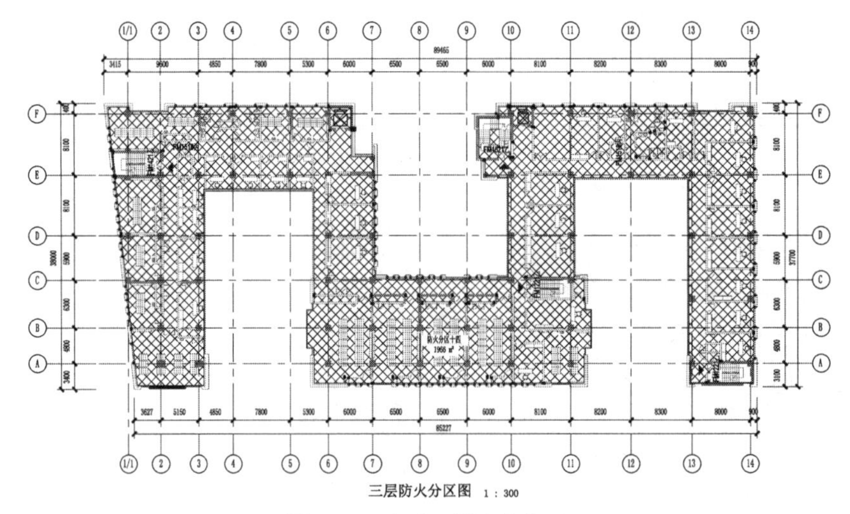

图 2-99　地下三层防火分区

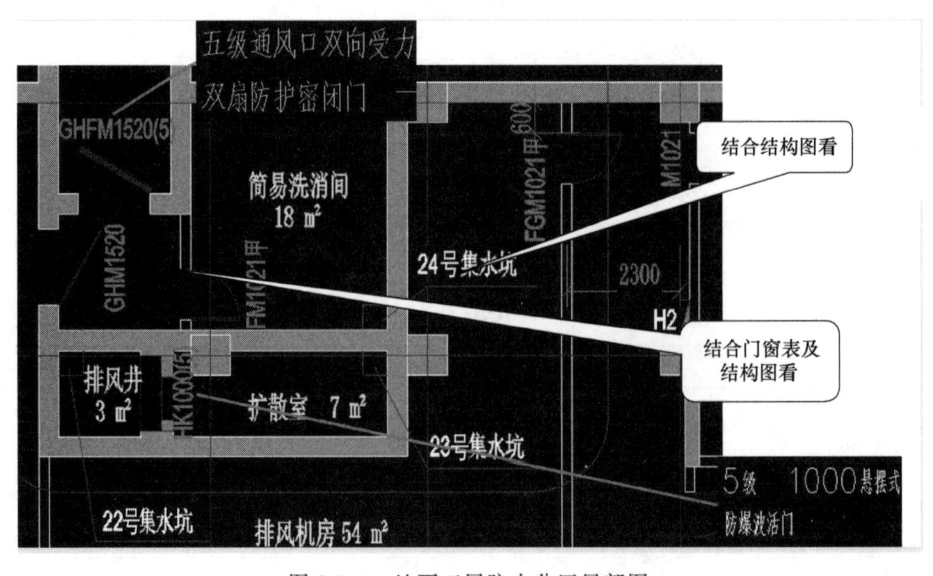

图 2-100　地下三层防火分区局部图

地下三层电梯井应对照电梯详图查看，注意电梯井道、洞口的尺寸，在施工初期，结合电梯厂家，对设计选用电梯型号和图纸的电梯井道尺寸进行确认。如施工完电梯井道后，发现电梯井尺寸不合适，如尺寸偏大，应进行加固，将产生加固费用，如尺寸偏小，只能进行电梯型号的更换，如图 2-101 所示。

建筑平面图上的楼梯，需集合楼梯详图查看，特别注意楼梯踏步数，避免后期施工出现差错，如图 2-102 所示。

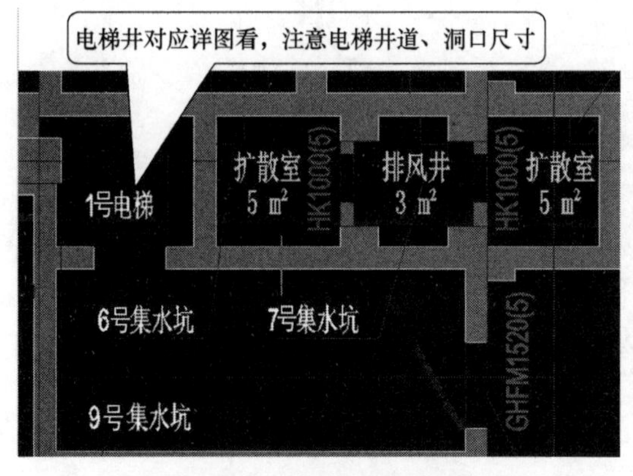

图 2-101　地下三层电梯井

图 2-102　建筑平面图上的楼梯

建筑平面图上的卫生间，需对照卫生间详图查看，当详图与平面图不一致时，按详图施工。同时需要注意卫生间详图布置的合理性。卫生间的标高一般与其他部位不同，需特别注意，如图 2-103、图 2-104 所示。

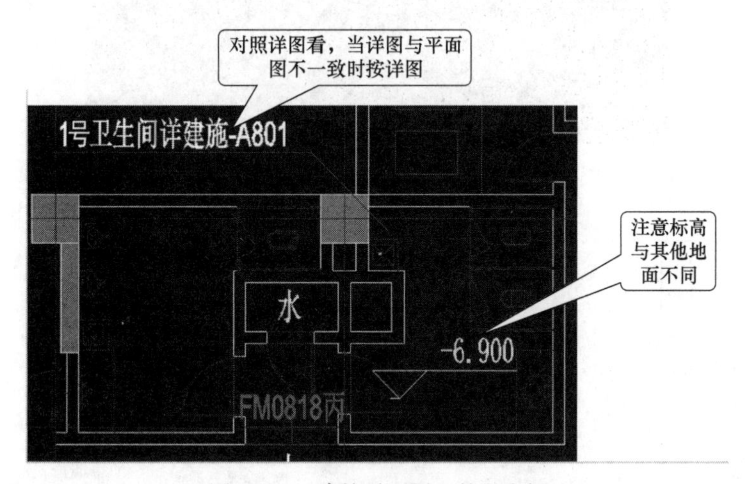

图 2-103　建筑平面图上的卫生间

关于门窗部位，可以结合平面图及门窗表进行查看，如图 2-105 所示，防火窗为 1800mm 宽、1500mm 高，如图 2-106 所示，外窗和幕墙同样结合门窗表进行查看，确定尺寸及开窗方式。

从窗位置的剖面图，可以看出窗台及窗檐的做法，以及窗栏杆做法，如图 2-107～图 2-109 所示。窗套做法需对照节点大样详图查看，如图 2-110 所示，窗套效果图如图 2-111 所示。

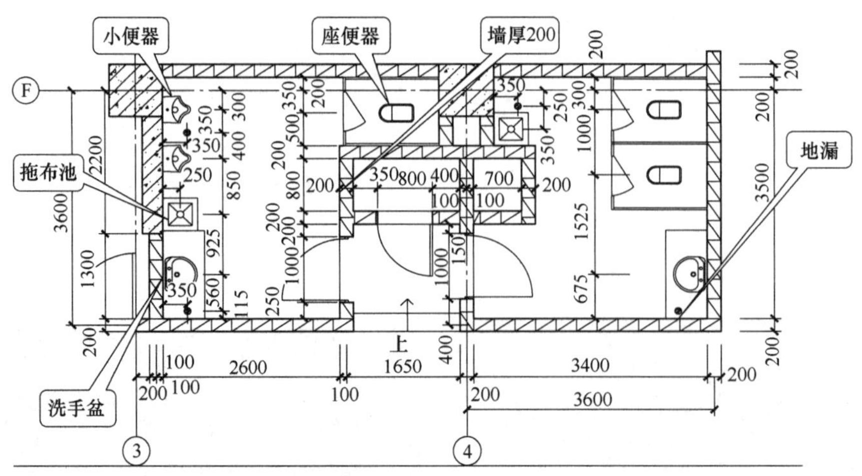

图 2-104 卫生间详图

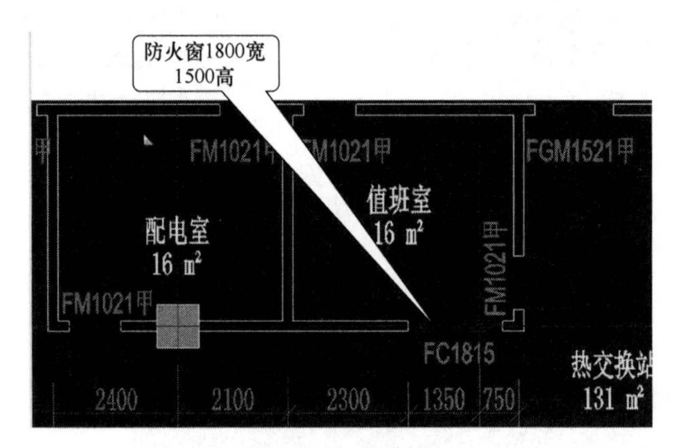

图 2-105 防火窗

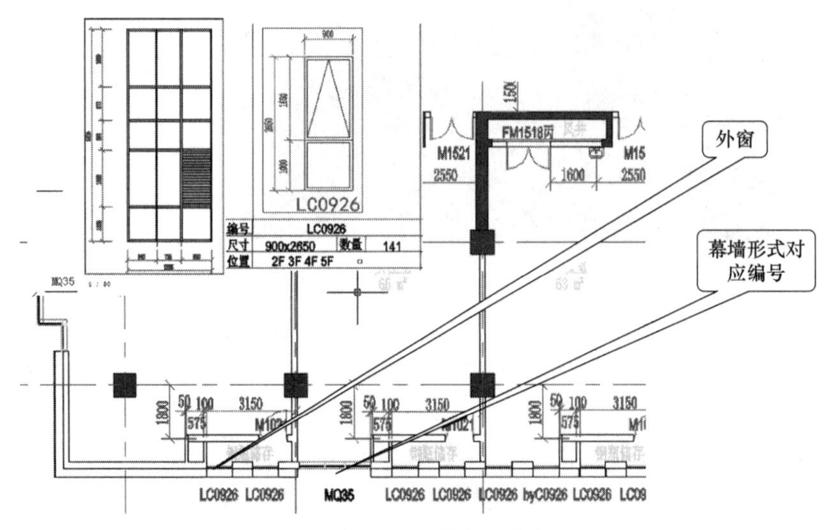

图 2-106 外窗和幕墙

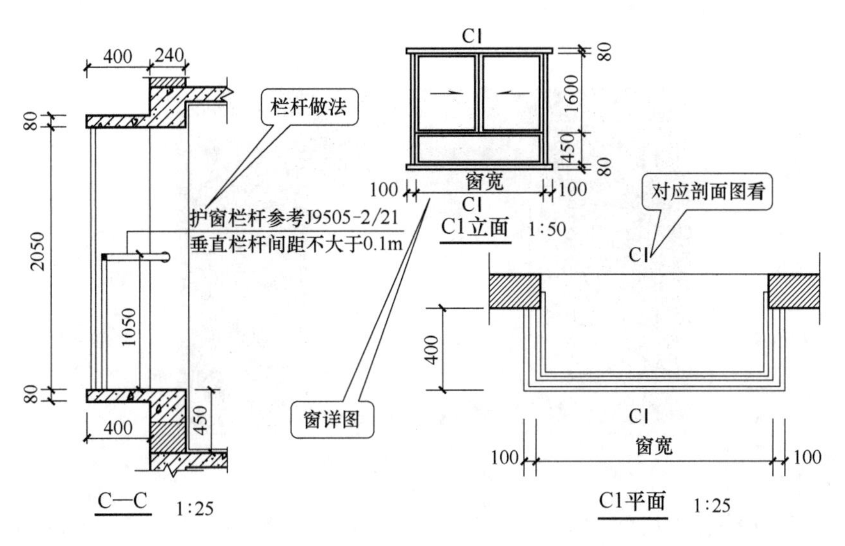

图 2-107 窗做法

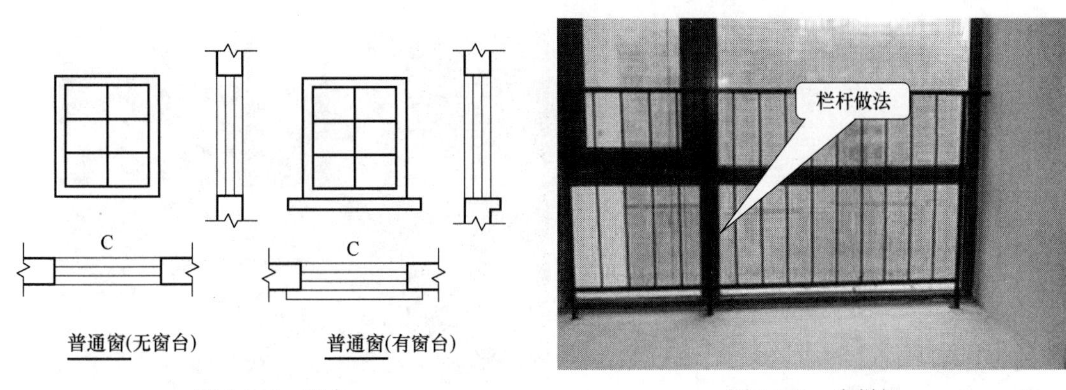

图 2-108 窗台

图 2-109 窗栏杆

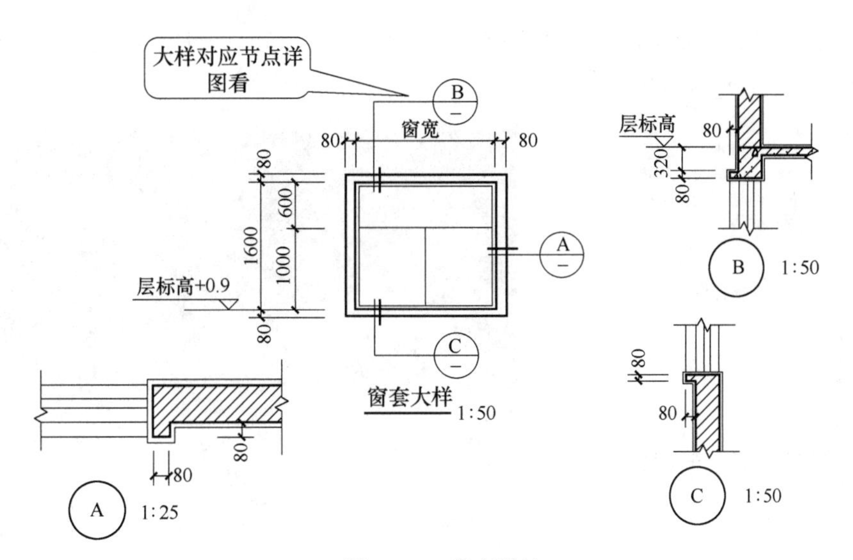

图 2-110 窗套做法

图 2-111　窗套效果图

卫生间、厨房等有水房间的地面，应注意标高，一般都会下沉，较无水房间地面低，如图 2-112 所示。

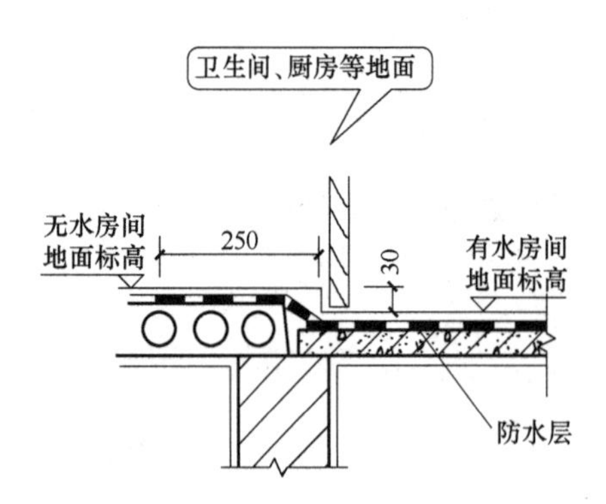

图 2-112　卫生间、厨房等有水房间的地面

室内有水房间，为便于排水，楼面应有一定的坡度，将积水引向地漏。排水坡度一般为 $i=1\%\sim1.5\%$，如图 2-113 所示。

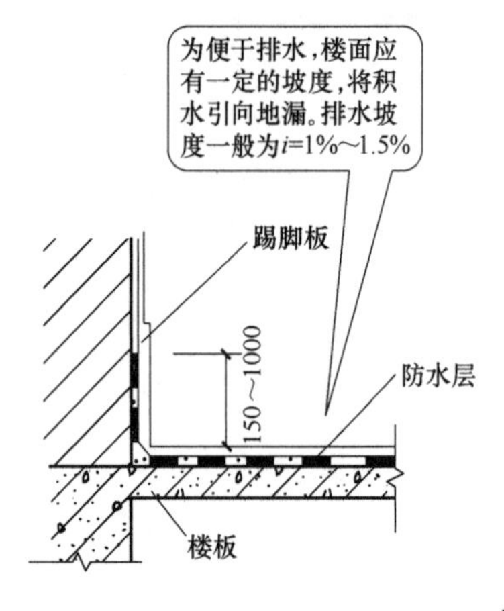

图 2-113　室内有水房间

一般立管穿越楼层，需要预埋套管，为确保实用性及美观，应在施工前统一要求标高，该标高为完成面后的高度，评奖项目需要提前策划，如图 2-114 所示。

图 2-114　一般立管穿越楼层，需要预埋套管

第 3 节　建筑立面图读图识图实例解析

将房屋向与其立面平行的投影面投影即得到建筑立面图。建筑立面图主要反映房屋的外貌和立面装修的一般做法。如图 2-115 所示。

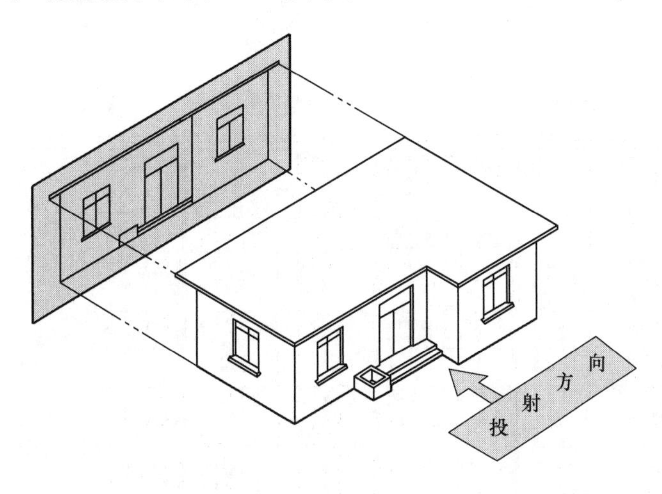

图 2-115　建筑立面图

立面图以粗实线画外轮廓线，以特粗线画地坪线，其余轮廓按层次用中、细实线画出。应标注竖向尺寸和有关部位的标高。立面图以立面两端的轴线命名或以朝向命名，如图 2-116、图 2-117 所示。

从正立面图上了解该建筑的外貌形状，并与平面图对照深入了解屋面、门窗、雨篷、台阶等细部形状及位置。从立面图上了解建筑的高度和外立面做法，如图 2-118 所示。

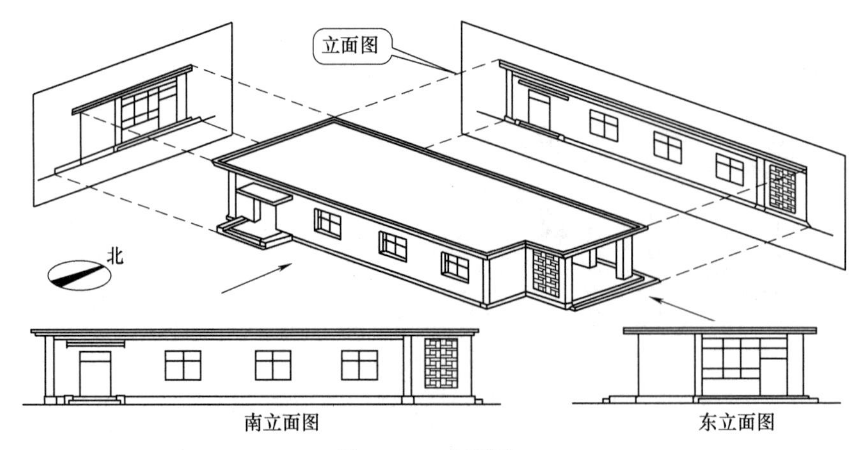

图 2-116 立面图 1

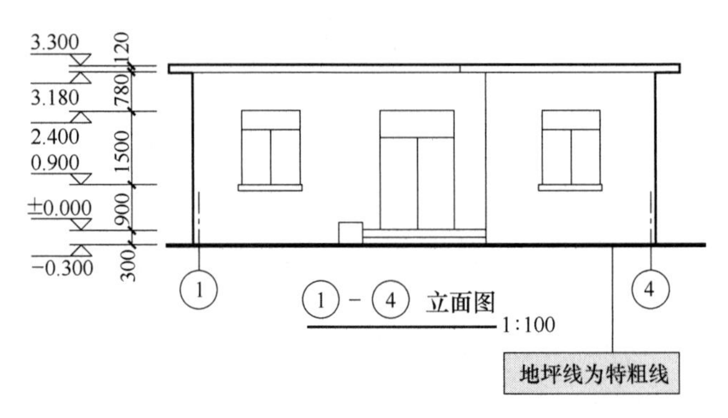

图 2-117 立面图 2

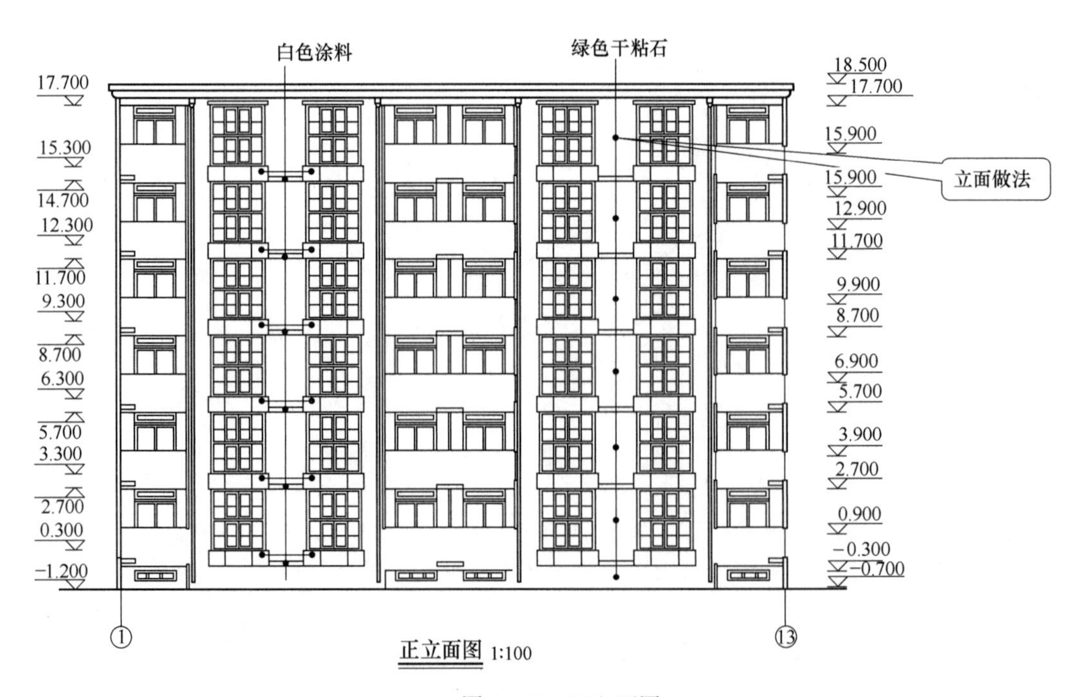

图 2-118 正立面图

第 4 节　建筑剖面图读图识图实例解析

剖面图是假想用一平行于某墙面的铅垂剖切平面将房屋从屋顶到基础全部剖开，把需表达的部分投射到与剖切平面平行的投影面上而成。剖面图表示房间内部的结构或构造形式、分层情况和各部位的联系、材料及其高度等，如图 2-119 所示。

剖切平面选择剖到房屋内部较复杂的部位，可横剖、纵剖或阶梯剖。剖切位置应在底层平面图中标注。断面后的可见轮廓为细实线，断面轮廓为粗实线。剖面图标注外墙的定位轴号、必要的尺寸和标高，如图 2-120 所示。

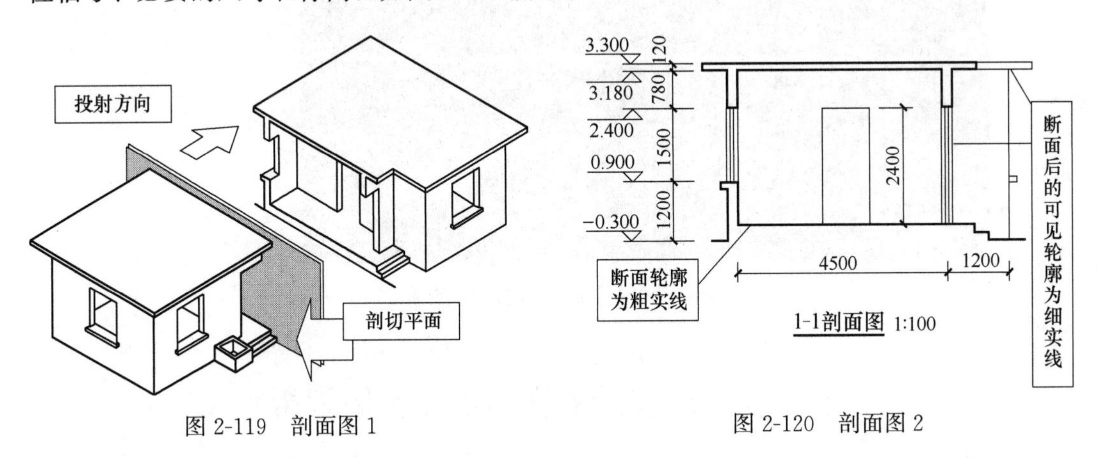

图 2-119　剖面图 1

图 2-120　剖面图 2

剖面图显示剖切位置与编号，需要注意剖面图上的尺寸标注，被剖切到的墙体、楼板和屋顶都会显示，对照平面图进行读图，了解各部位的做法，例如标高、厚度等，如图 2-121 所示。

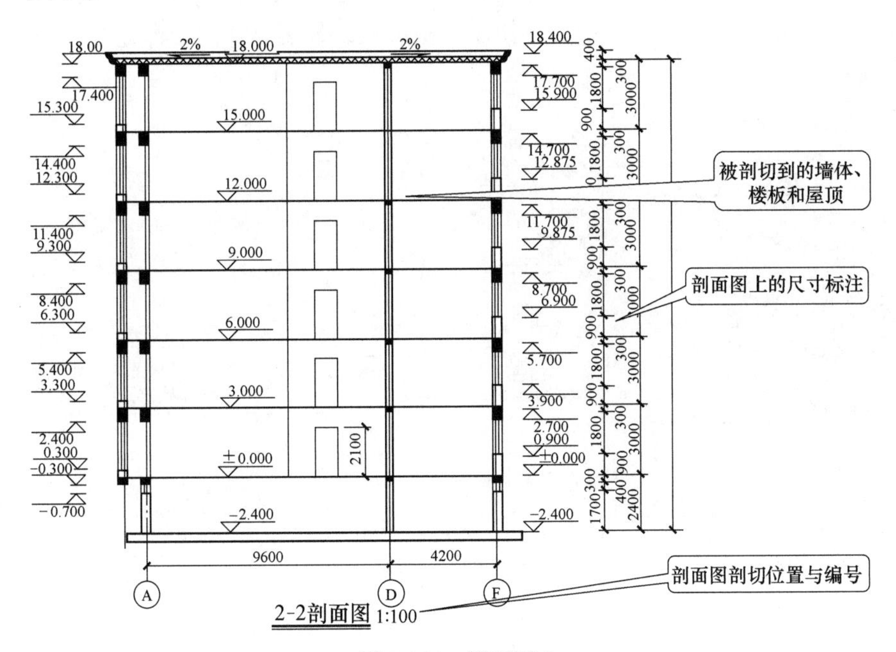

图 2-121　剖面图 3

剖面图可查吊顶标高，考虑内部空间是否便于管线的安装等，如图 2-122 所示。

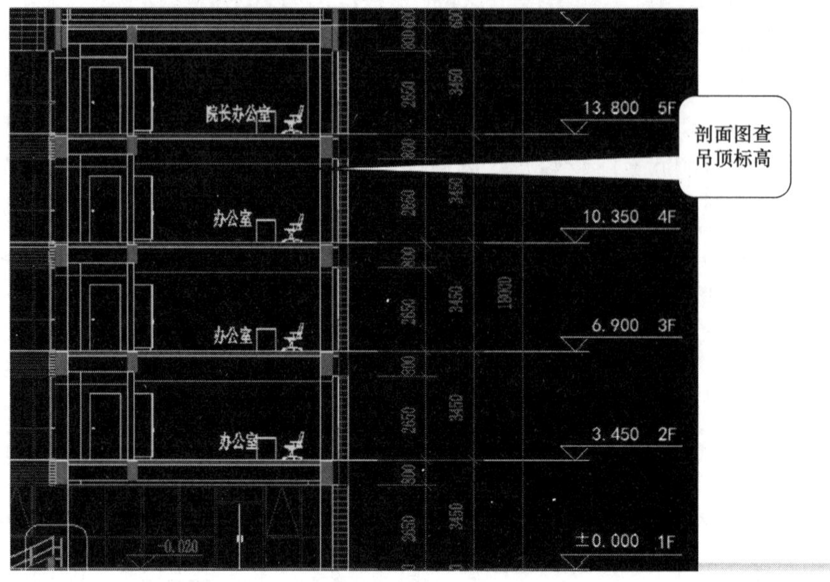

图 2-122　剖面图可查吊顶标高

第 5 节　建筑详图读图识图实例解析

1. 外墙身详图

查看建筑详图时，首先查看详图的编号及详图所在位置，对应后进行查看，便于快速查找细部的详细做法。当各层情况一样时，只画底层、顶层或加一个中间层表示。屋面、地面和楼面的构造，采用多层构造文字说明方法表示。外墙身详图，即建筑剖面图的局部放大图，如图 2-123 所示。

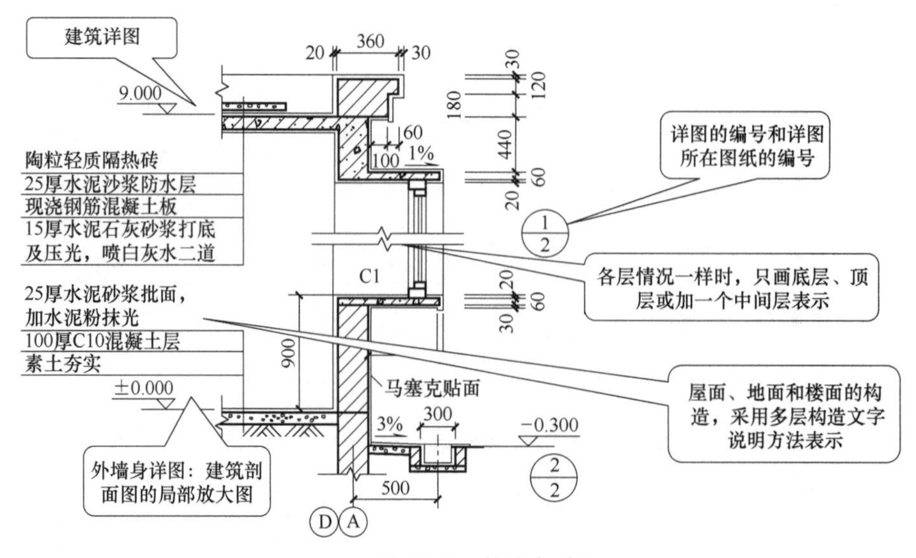

图 2-123　外墙身详图

如图 2-124 所示为外墙身剖切立体图。根据剖面图的编号 3-3，对照平面图上 3-3 剖切符号，可知该剖面图的剖切位置和投影方向。绘图所用的比例是 1∶20。图中注上轴线的两个编号，表示这个详图适用于两个轴线的墙身。也就是说，在横向轴线③至⑨的范围内，两轴线的任何地方（不局限在 3-3 剖面处）墙身各相应部分的构造情况都相同。

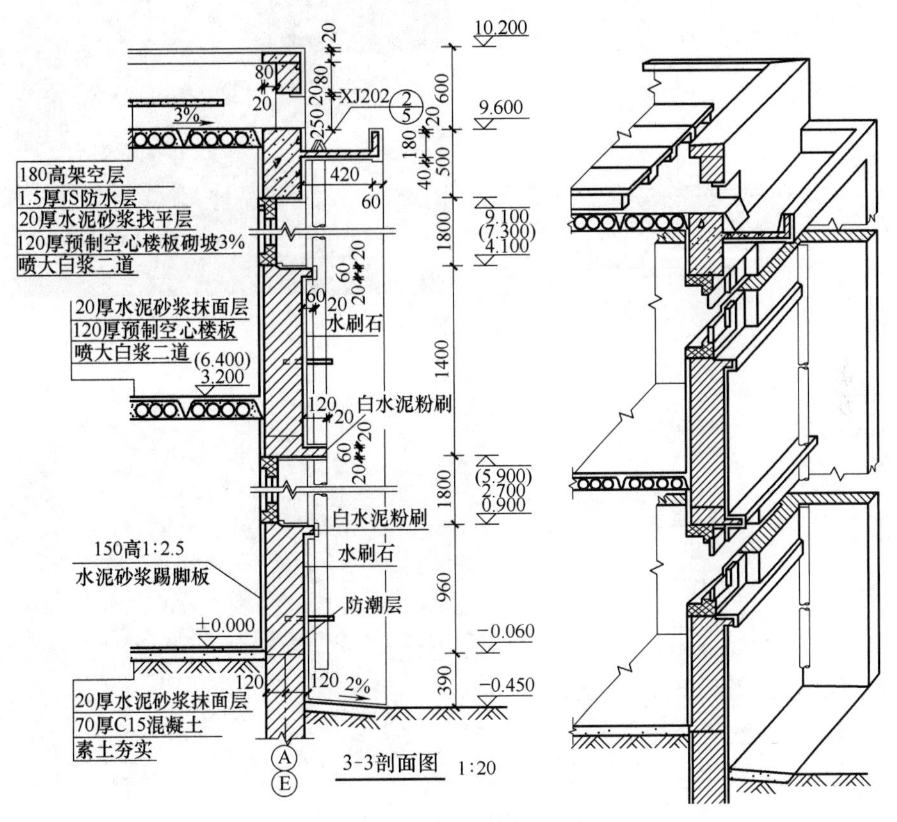

图 2-124 外墙身剖切立体图

从檐口部分，可知屋面的承重层是预制钢筋混凝土空心板，按 3%来砌坡，上面有 1.5 厚 JS 防水层和架空层，以加强屋面的隔热和防漏。檐口外侧做一天沟，并通过女儿墙所留孔洞（雨水口兼通风孔），使雨水沿雨水管集中流到地面。雨水管的位置和数量可从立面图或平面图中查阅。檐口详图，如图 2-125 所示。

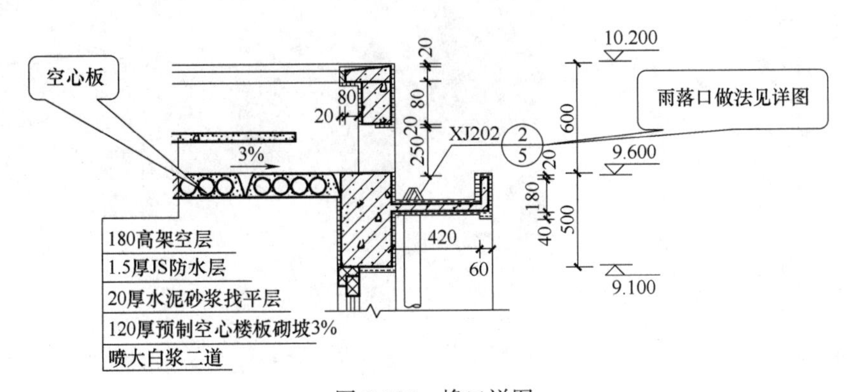

图 2-125 檐口详图

2. 屋面做法表示方法

屋面分为上人屋面、不上人屋面两种，做法各有不同，如图 2-126、图 2-127 所示。

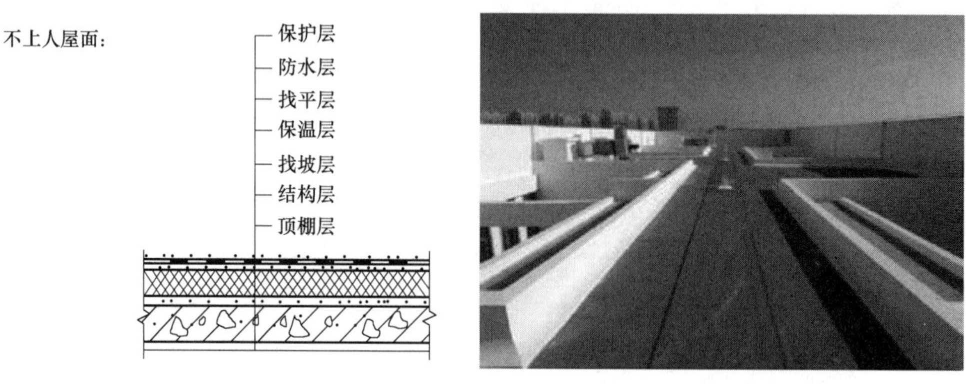

图 2-126　不上人屋面

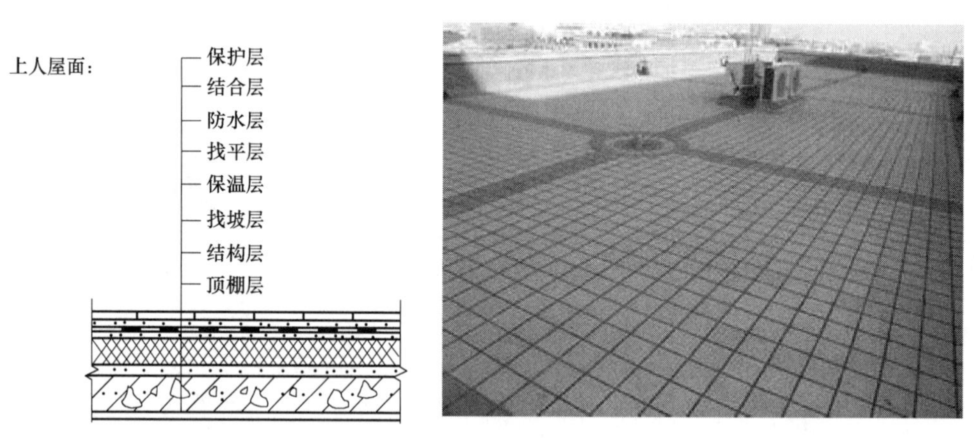

图 2-127　上人屋面

泛水构造：泛水指的是平屋面与垂直屋面的墙体交接阴角处。该部位做法较为重要，根据施工经验，该部位如施工不当，易造成防水开裂，屋面漏水，如图 2-128、图 2-129 所示。

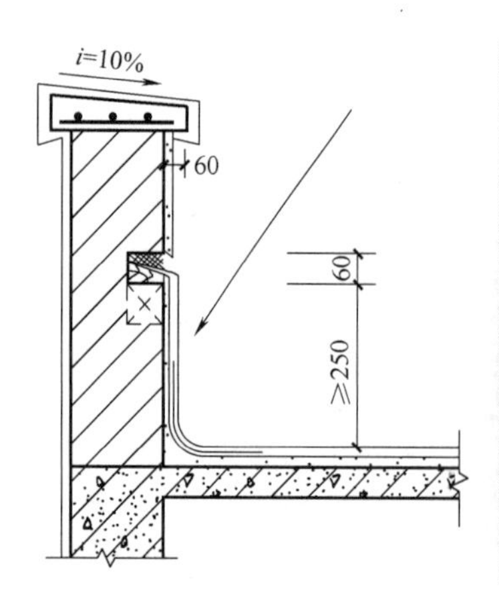

图 2-128　泛水构造 1

图 2-129 泛水构造 2

3. 窗位置做法

如图 2-130 所示，里窗台为黑灰水磨石面层，外窗台为白马赛克贴面。

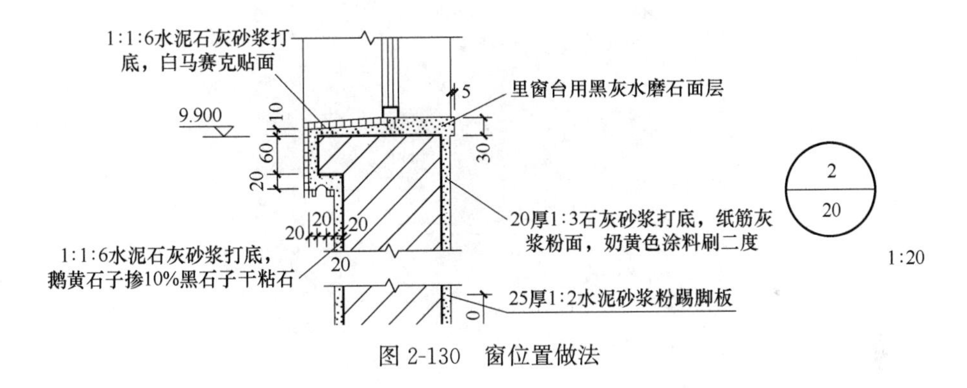

图 2-130 窗位置做法

如图 2-131 所示，窗上部为带窗套过梁。

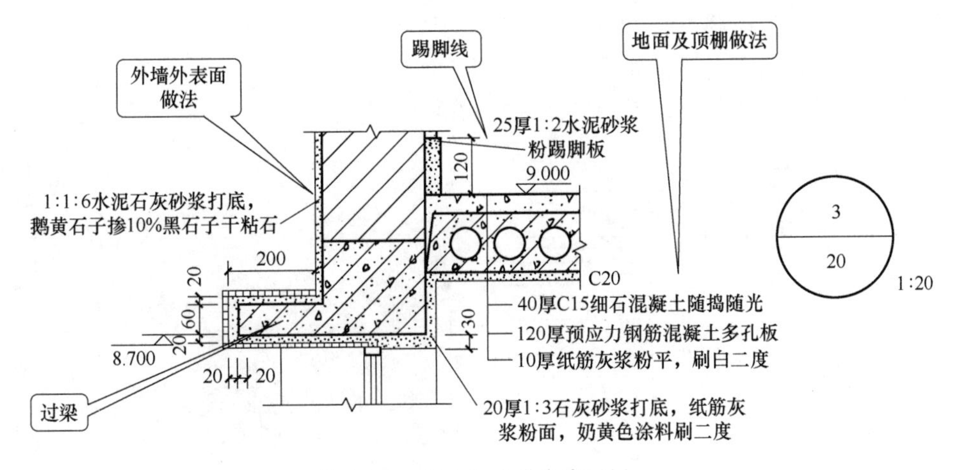

图 2-131 窗上部为带窗套过梁

窗过梁根据做法不同，有平墙过梁、带窗套过梁、带窗楣过梁等，如图 2-132 所示。带窗套的窗效果图如图 2-133 所示。

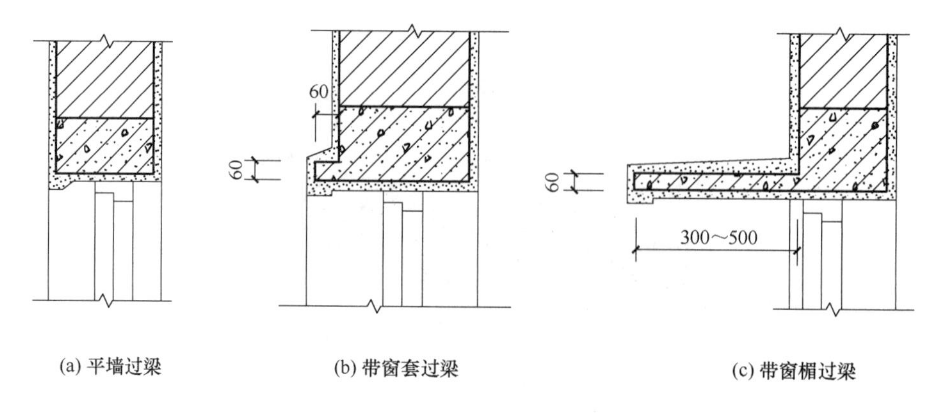

图 2-132　窗过梁

图 2-133　带窗套的窗效果图

当砖墙中开设门窗洞口时，为了支撑门窗洞口上方局部范围的砖墙重力，在门窗洞上沿设置横梁，称为门窗过梁，如图 2-134、图 2-135 所示。

钢筋砖过梁：在门窗洞口上的砌体中配以钢筋的过梁，如图 2-136、图 2-137 所示。

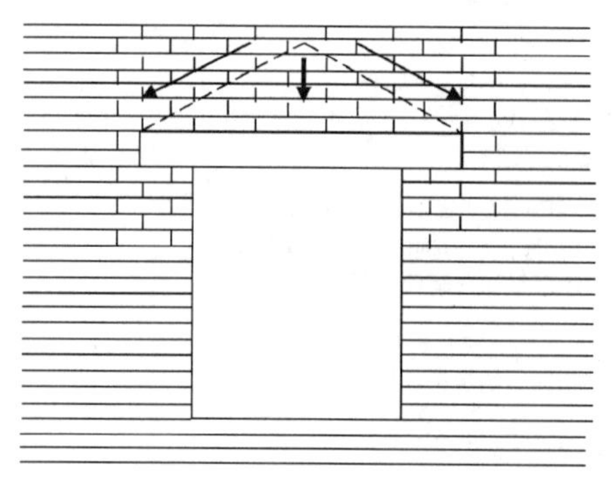

图 2-134　门窗过梁

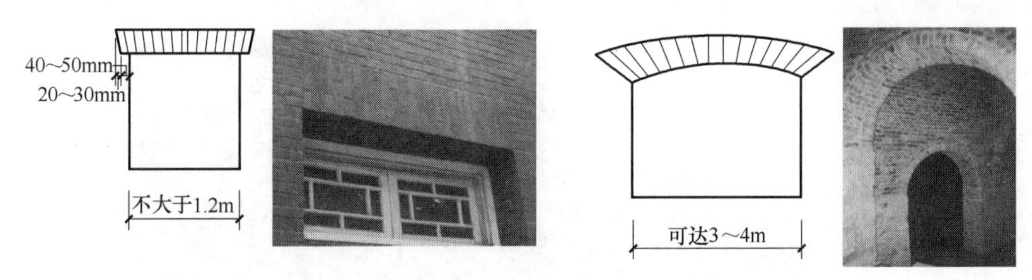

图 2-135　砖砌平拱、弧拱门窗过梁

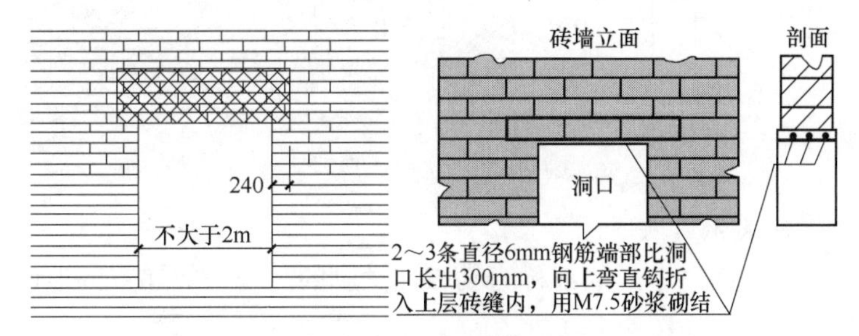

图 2-136　钢筋砖过梁

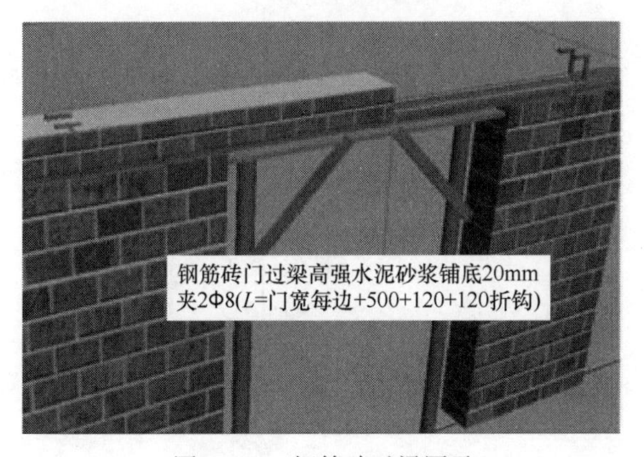

图 2-137　钢筋砖过梁图示

窗台的形式：悬挑窗台和不悬挑窗台，如图 2-138、图 2-139 所示。

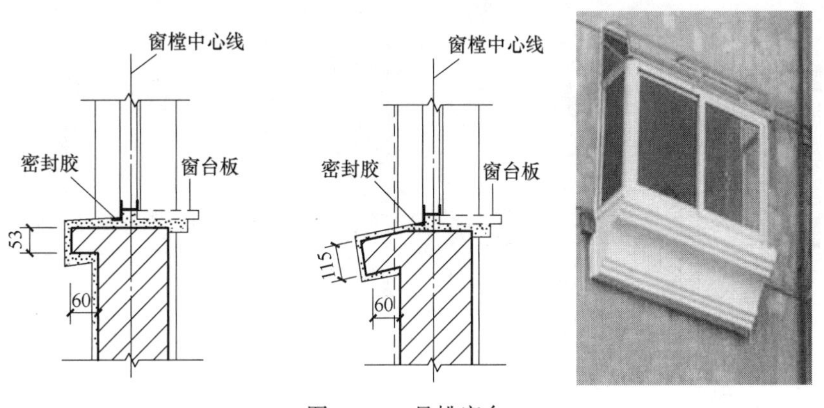

图 2-138　悬挑窗台

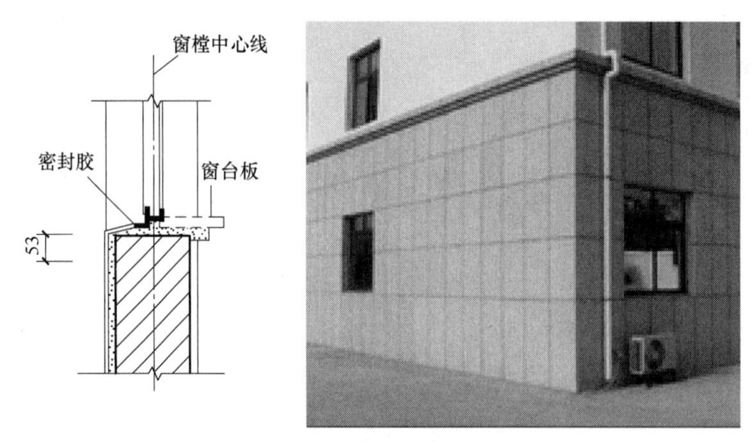

图 2-139　不悬挑窗台

4. 勒脚部位做法表示方法

建筑外墙在室外地面以上的局部称为勒脚，勒脚的高度一般在室外地面至室内地面标高或底层窗台标高之间，如图 2-140 所示。

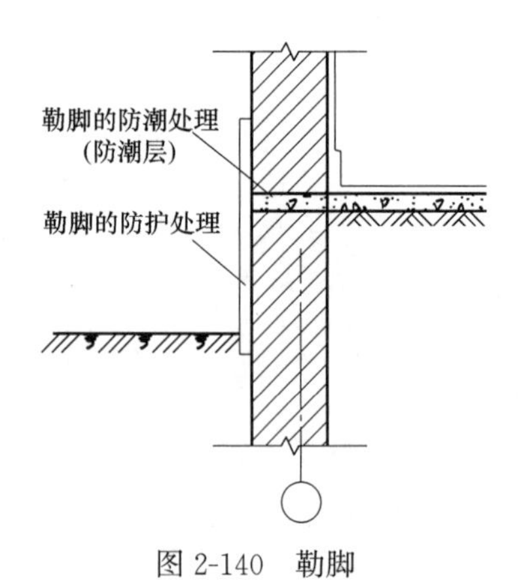

图 2-140　勒脚

勒脚防护处理的做法：①水泥砂浆抹面；②贴面类（面砖、天然石板、人造石板）；③石材砌筑该部分墙体成为石砌勒脚，如图 2-141～图 2-143 所示。

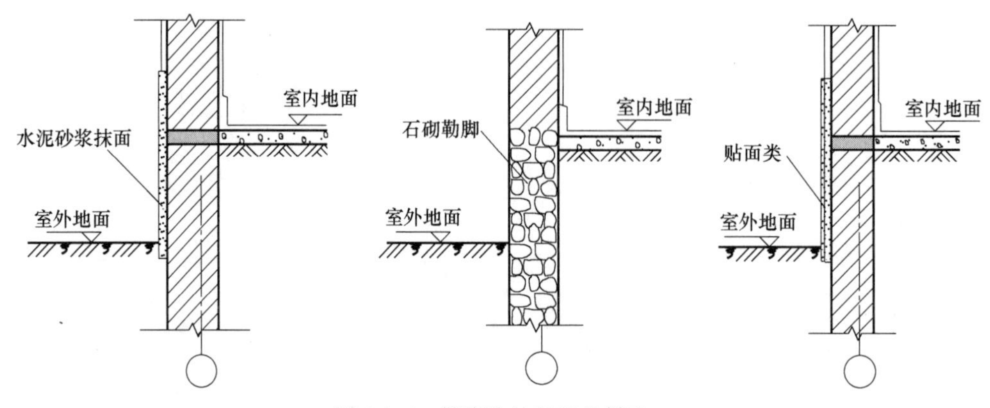

图 2-141　勒脚防护处理的做法

图 2-142 石砌勒脚

图 2-143 面砖勒脚

勒脚防潮原理：当地面构造层的基层为混凝土基层时，防潮层将设置于与混凝土基层的同一标高上，这一标高一般均在室内地面标高以下 60mm，如图 2-144 所示。

勒脚防潮层分为垂直防潮层与水平防潮层，如图 2-145、图 2-146 所示。

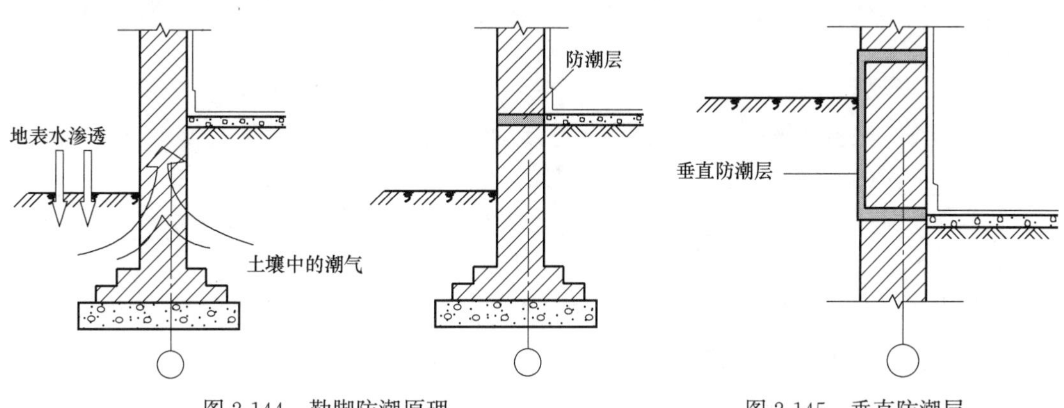

图 2-144 勒脚防潮原理

图 2-145 垂直防潮层

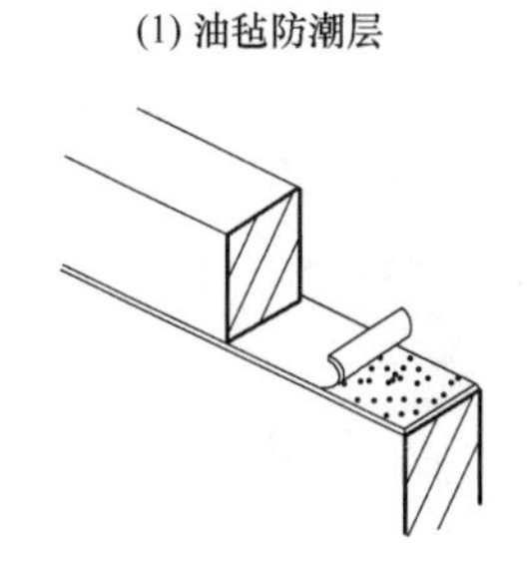

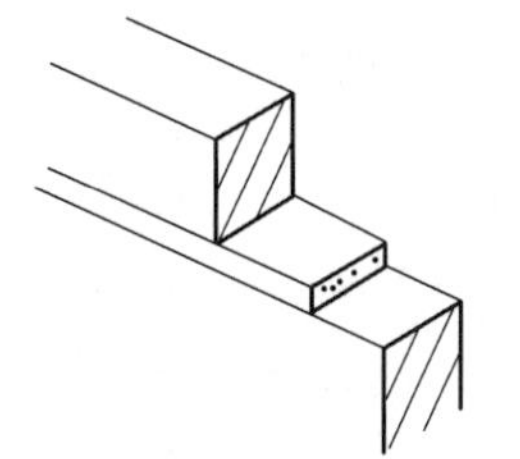

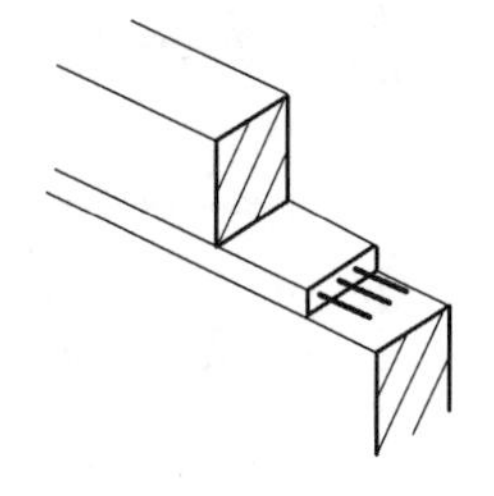

图 2-146 水平防潮层

散水作用：防止雨水对墙基的侵蚀，将勒脚和基础处的雨水排走。散水常见做法：砖铺散水、块石散水、三合土散水、混凝土散水，如图 2-147 所示。

从勒脚部分，可知房屋外墙的防潮、防水和排水的做法。外（内）墙身的防潮层，一般是在底层室内地面下 60mm 左右（指一般刚性地面）处，以防地下水侵蚀墙身。在外墙面，离室外地面 300～500mm 高度范围内（或窗台以下）用坚硬防水的材料做成勒脚。

在勒脚的外地面，用1∶2的水泥砂浆抹面，做出2%坡度的散水，以防雨水或地面水对墙基础的侵蚀。首层室内外做法详图如图2-148所示。

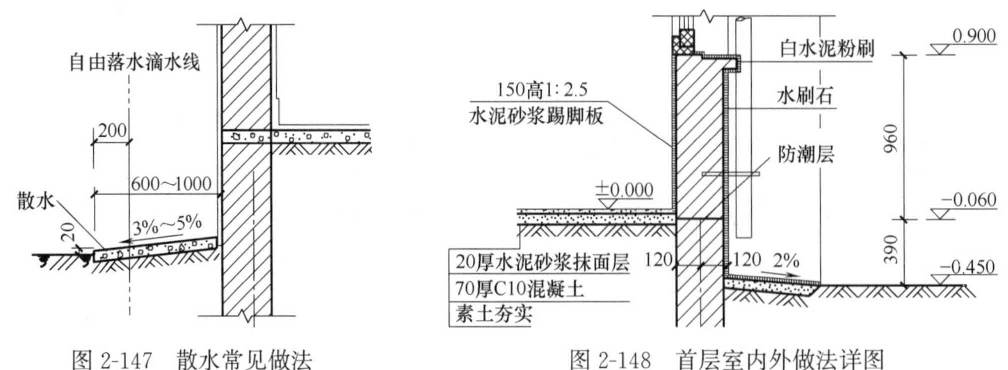

图2-147　散水常见做法　　　　图2-148　首层室内外做法详图

5. 楼梯部位做法表示方法

楼梯是上下交通的主要设施，要求满足行走方便安全、人流疏散畅通、坚固耐久。楼梯由楼梯段（简称梯段，包括踏步或斜梁）、平台（包括平台板和梁）和栏板（或栏杆）等组成。

楼梯详图主要表示楼梯的类型、结构形式、各部位的尺寸及装修做法。

楼梯详图一般包括平面图、剖面图及踏步、栏板详图等，并尽可能画在同一张图纸内。平、剖面图的比例要一致，以便对照看图。踏步、栏板详图比例要大些。

楼梯详图分建筑详图和结构详图，并分别绘制。较简单的现浇钢筋混凝土楼梯，可合并绘制。

楼梯由楼梯段（简称梯段，包括踏步或斜梁），平台（包括平台板和梁）和栏板（或栏杆）等组成。楼梯剖面图如图2-149所示。

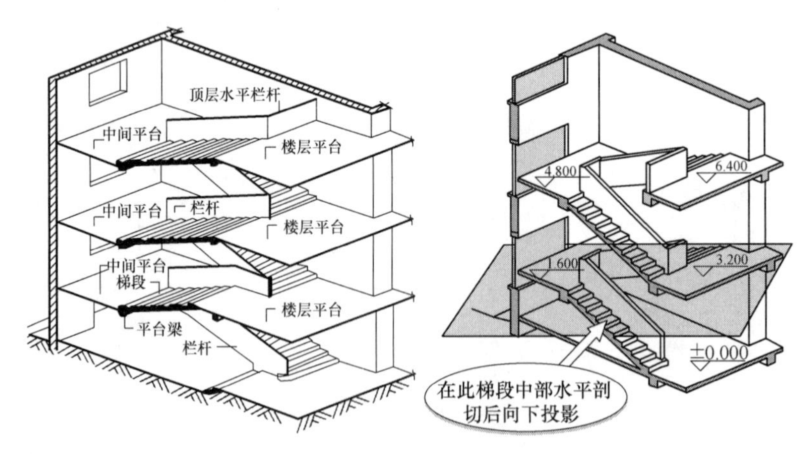

图2-149　楼梯剖面图

踢面高h、踏面宽b：$b+2h=600\sim620$mm；梯段宽度与平台宽度，前者不大于后者；栏杆扶手高度：1050mm；楼梯净空高度：≥2200mm（梯段净高）、≥2000mm（平台净高）。在楼梯设计中，为减少疲劳感和保证安全，每一梯段的步级数最多不能超过18步，最少不能少于3步。楼梯详图如图2-150、图2-151所示。

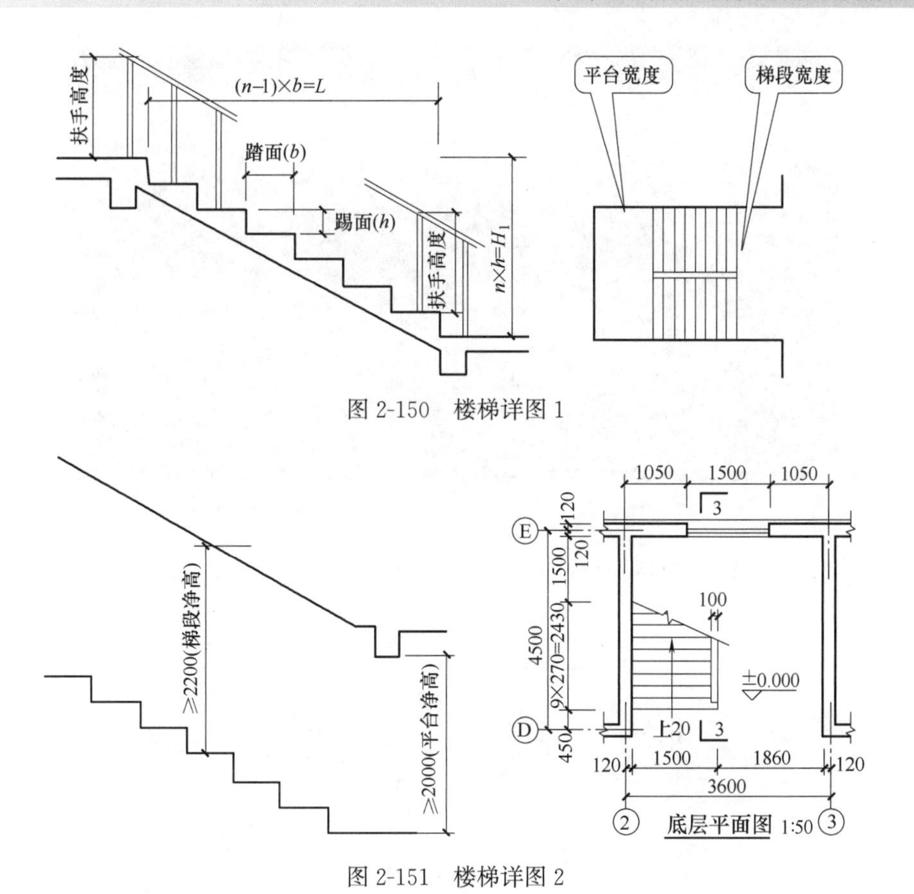

图 2-150 楼梯详图 1

图 2-151 楼梯详图 2

楼梯平面图，如图 2-152 所示，该图包含地下室楼梯平面图与一层楼梯平面图。可知踏步宽 270mm，共 13 步，故梯段全长为 3240mm。如图 2-153 所示，该图包含标准层楼梯平图与顶层楼梯平面图。可知踏步宽 280mm，共 9 步，故梯段全长为 2240mm，中间休息平台宽为 1440mm。

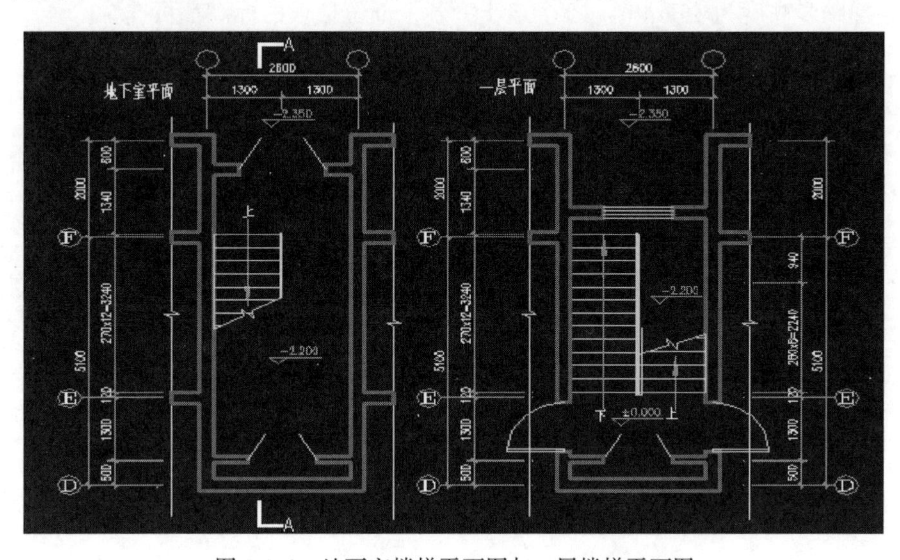

图 2-152 地下室楼梯平面图与一层楼梯平面图

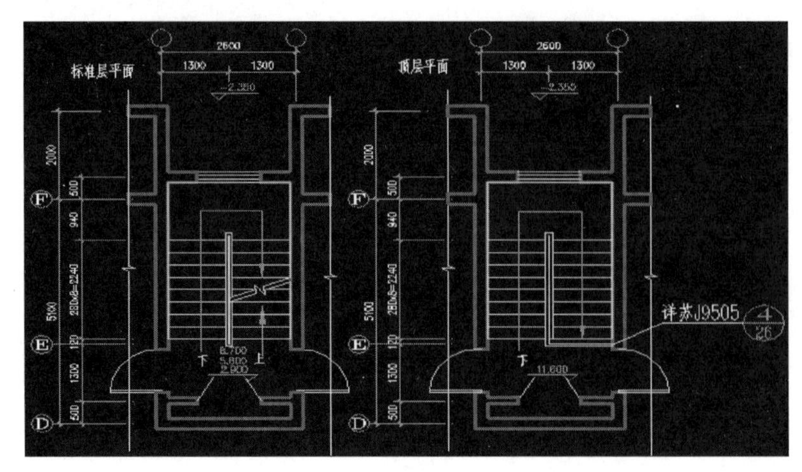

图 2-153　标准层楼梯平面图与顶层楼梯平面图

楼梯按受力分类，分为板式楼梯和梁板式楼梯两种结构形式，如图 2-154 所示。

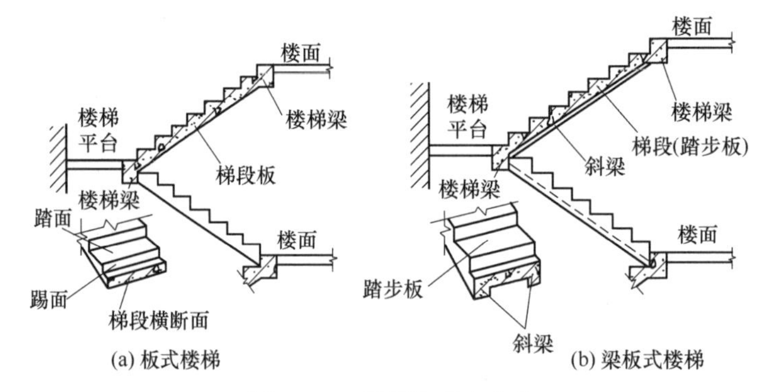

图 2-154　楼梯按受力分类

楼梯建筑剖面图，如图 2-155 所示。可查看楼梯护栏高度，具体做法详见护栏详图。可查看楼梯踏步高度为 167mm，12 个踏步。各个部位楼板的标高都可查看。

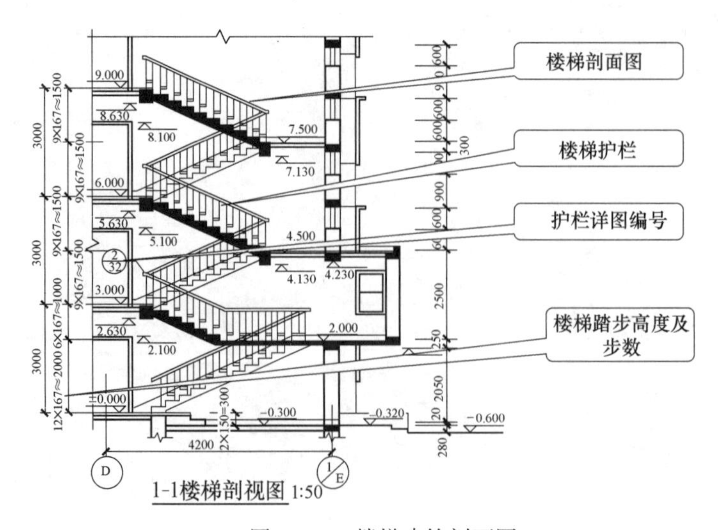

图 2-155　楼梯建筑剖面图

室外台阶做法与室内类似，须注意室外台阶下部夯实到位，否则容易造成台阶下沉开裂，影响使用，如图 2-156 所示。

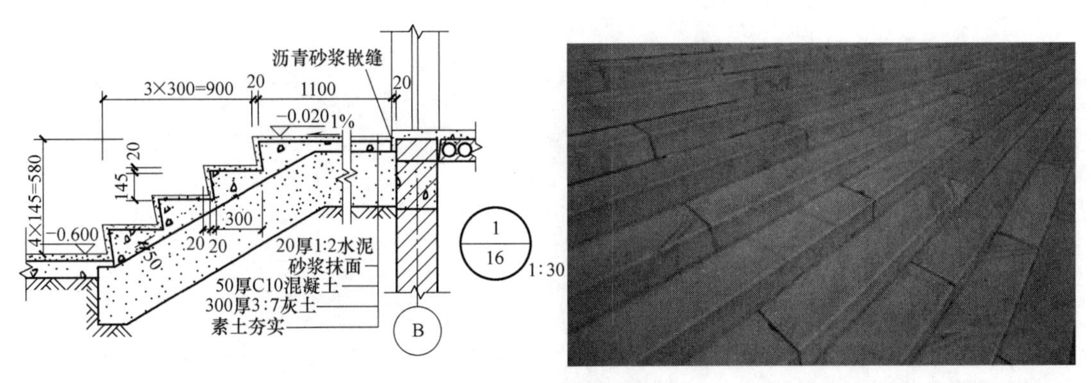

图 2-156　室外台阶

6. 其他部位做法表示方法

须注意图上的上空部位，并与结构图对照，如图 2-157 所示。

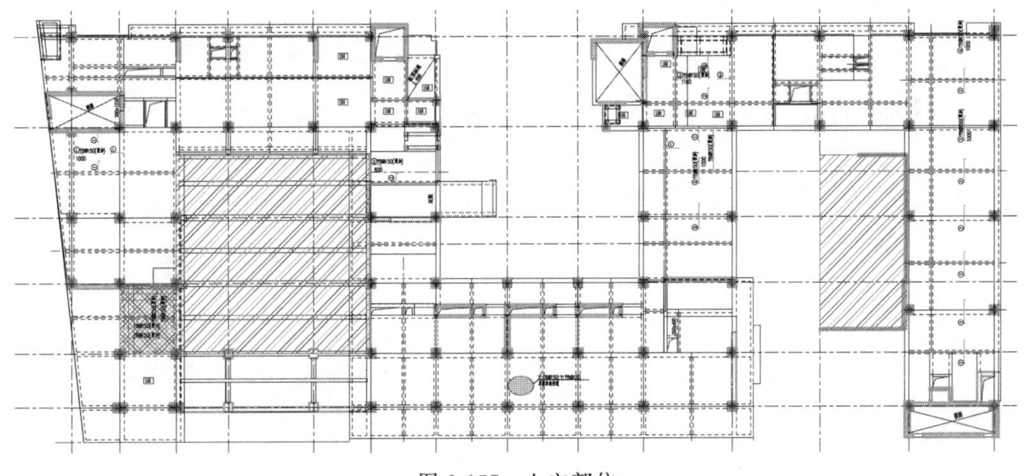

图 2-157　上空部位

排水沟位置是否合适，玻璃幕墙下是否考虑防水施工节点，坡屋面是否与结构图一致，内部空间是否够用，是否有采光窗需要，都需提前策划，在读图中考虑，如图 2-158 所示。

特殊部位与结构图对照，并注意起始层外装修做法，如图 2-159 所示。

在看图时，需注意室外护栏位置及总高度是否合适，如图 2-160 所示。

特殊线条代表意义弄清楚，与平面图其他线条相对照，如图 2-161 所示。

地面装修做法需要高度与结构图标高对照，避免标高不统一。门厅地面如图 2-162、图 2-163 所示。

不同装修做法交接部位是否有节点详图，容易有遗漏，如图 2-164 所示。

管道井防火门类型、尺寸，下口是否有台一定要注意，如图 2-165 所示。

幕墙上下口收口做法，应特别注意，如图 2-166 所示。往往在设计图纸中，该部位容易被忽略。

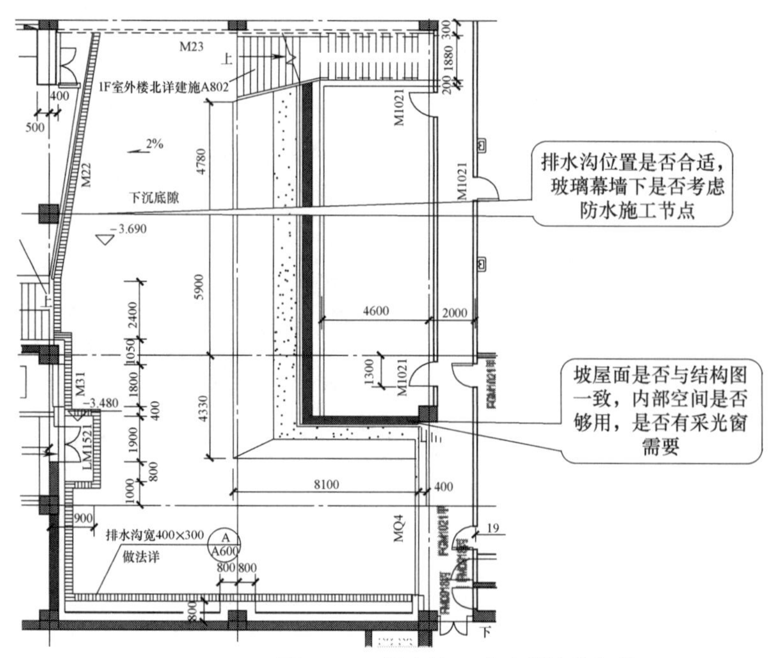

图 2-158　排水沟、玻璃幕墙等部位

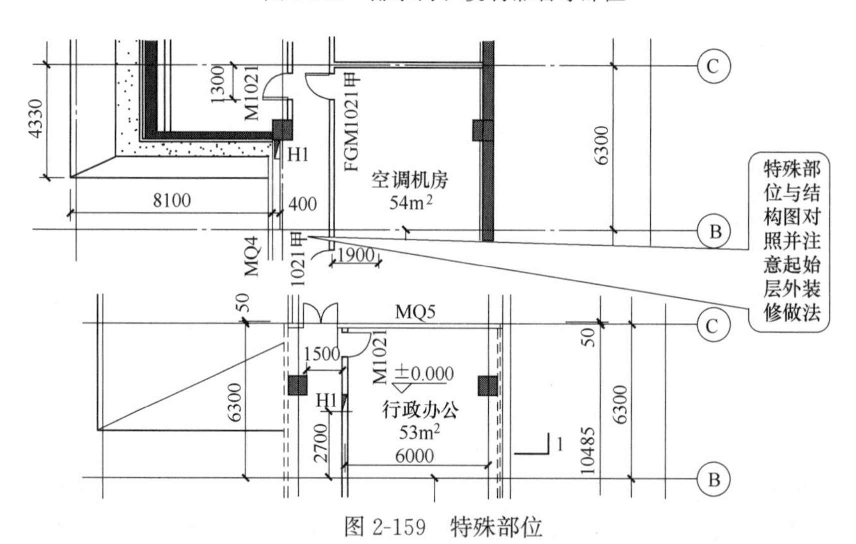

图 2-159　特殊部位

看护栏位置及总高度是否合适

玻璃栏板

参02J003

图 2-160　室外护栏

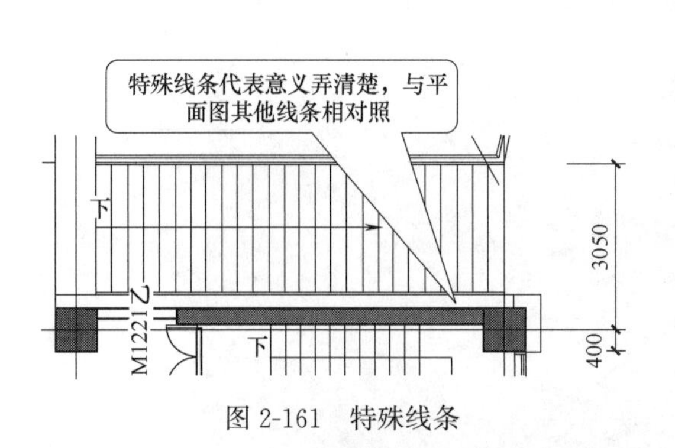

图 2-161　特殊线条

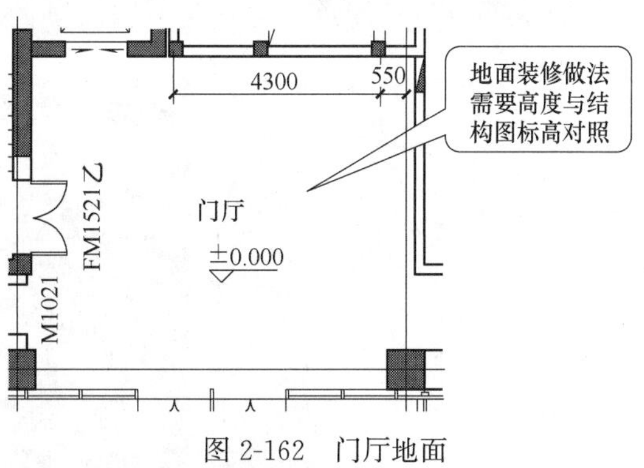

图 2-162　门厅地面

100厚

彩色釉面砖10厚，干水泥擦缝

1:3干硬性水泥砂浆结合层30厚，表面撒水泥粉

50厚C20细石混凝土保护层内配Ø4钢筋双向@150，随打随抹平

10厚酚醛树脂保温板

现浇钢筋混凝土楼板

图 2-163　门厅地面做法

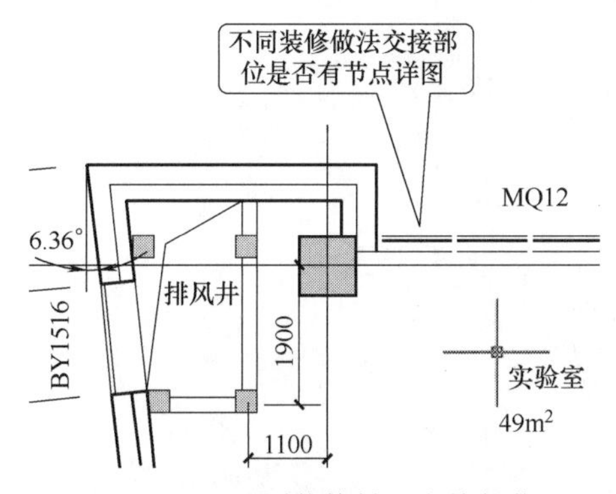

图 2-164　不同装修做法交接部位

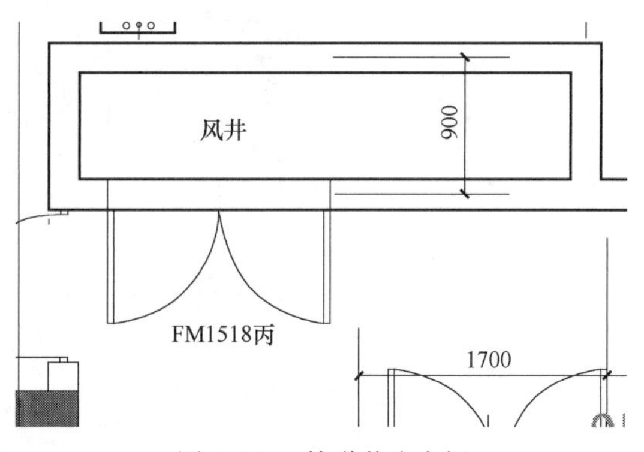

图 2-165　管道井防火门

图 2-166　幕墙上下口收口

特殊部位特别注意，尤其是面层做法、护栏高度、是否有防水等，如图 2-167 所示。

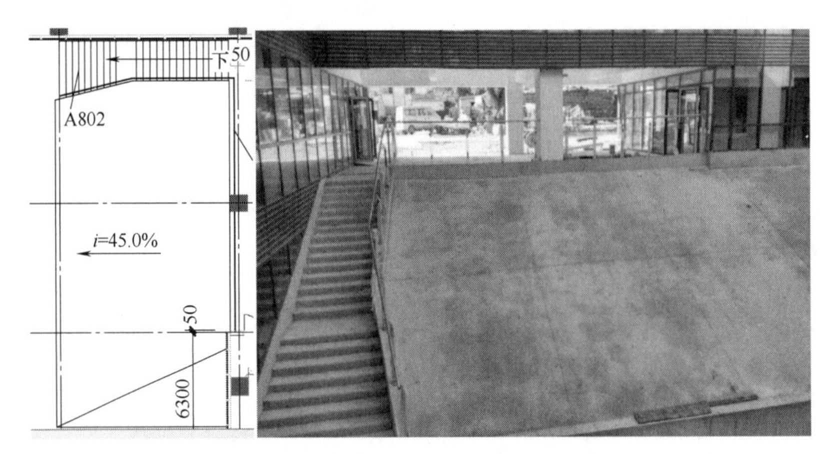

图 2-167 特殊部位

护栏位置、高度、防火封堵部位应特别注意，如图 2-168、图 2-169 所示。

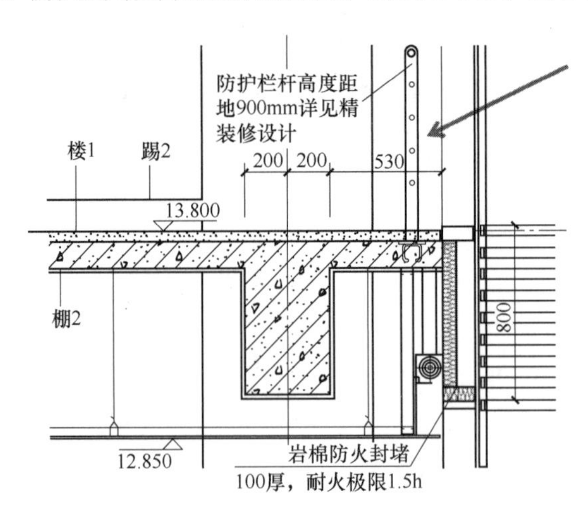

图 2-168 护栏位置、高度、防火封堵部位

图 2-169 护栏完成图

压顶尺寸、栏杆位置，应特别注意，如图 2-170、图 2-171 所示。

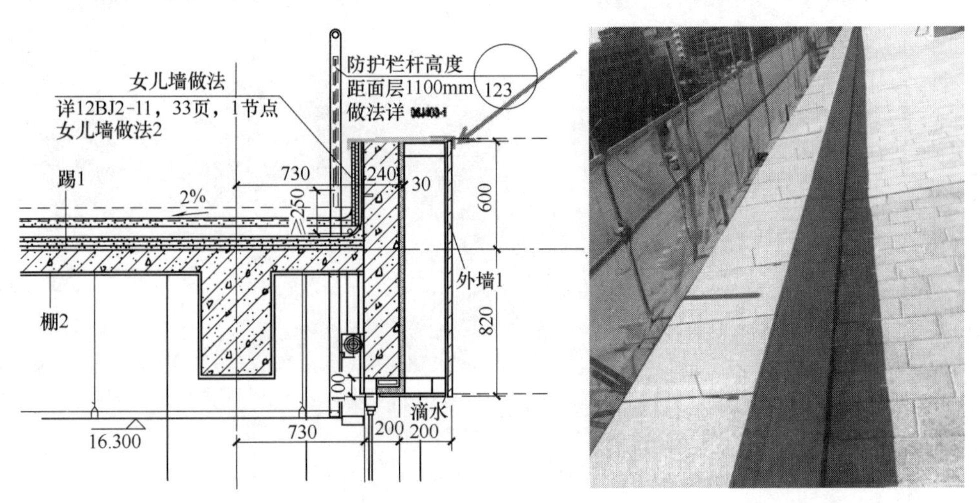

图 2-170　压顶尺寸、栏杆位置

图 2-171　压顶完成图

查看建筑图时，对于卫生间，要注意布局是否合理，便于施工等问题，如图 2-172 所示，拖布池布置不合理。如图 2-173 所示，洗脸盆布置不合理，后边的镜子，无法安装。

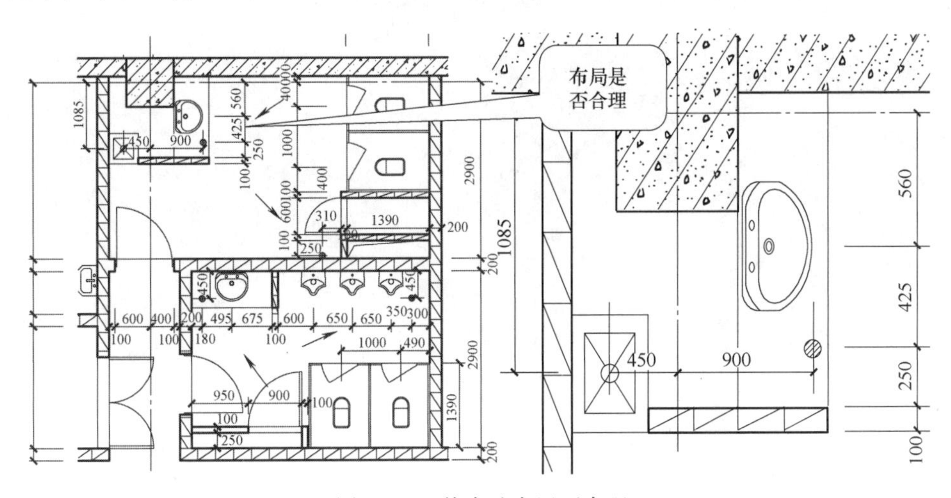

图 2-172　拖布池布置不合理

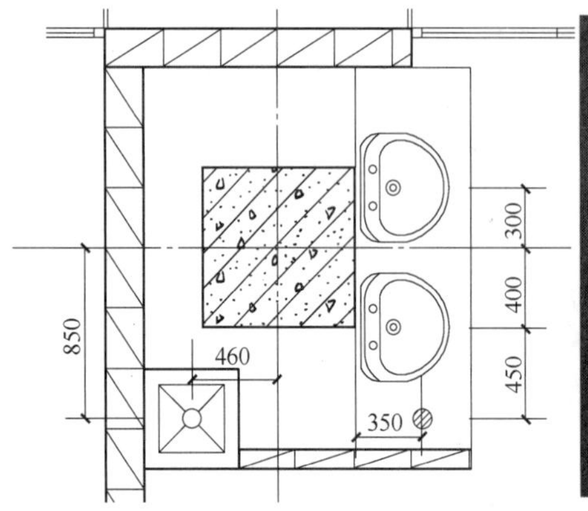

图 2-173　洗脸盆布置不合理

对于卫生间内设备设施，注意是否完善，如图 2-174 所示，小便池间缺少挡板。

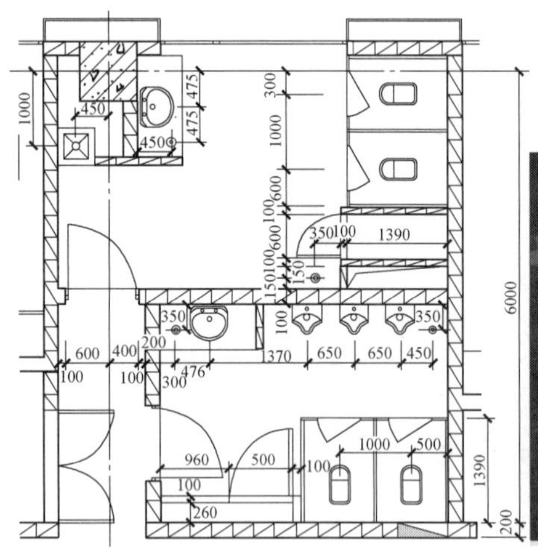

图 2-174　小便池间缺少挡板

芯柱，施工时需注意钢筋位置，应对角放置，如图 2-175 所示。

图 2-175　芯柱

干挂石材、铝板外墙等，应特别注意收口部位，如图 2-176～图 2-178 所示。

图 2-176　收口部位

图 2-177　下部收口 1

图 2-178　下部收口 2

查看效果图时，结合建筑图，察看窗户开启方向，如图 2-179 所示。

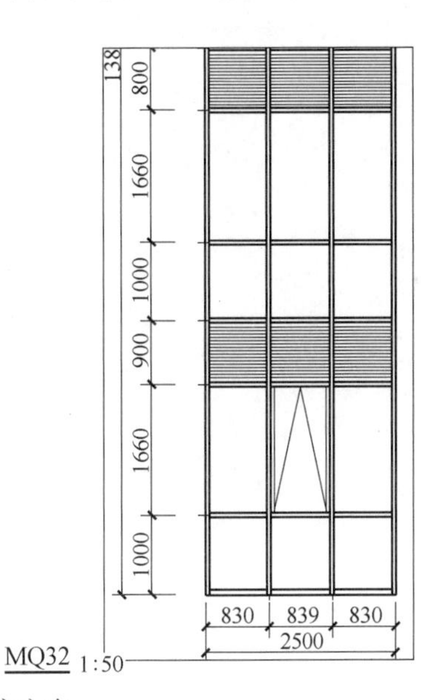

图 2-179　窗户开启方向

出屋面检修孔做法，参照图集施工，如图 2-180 所示。

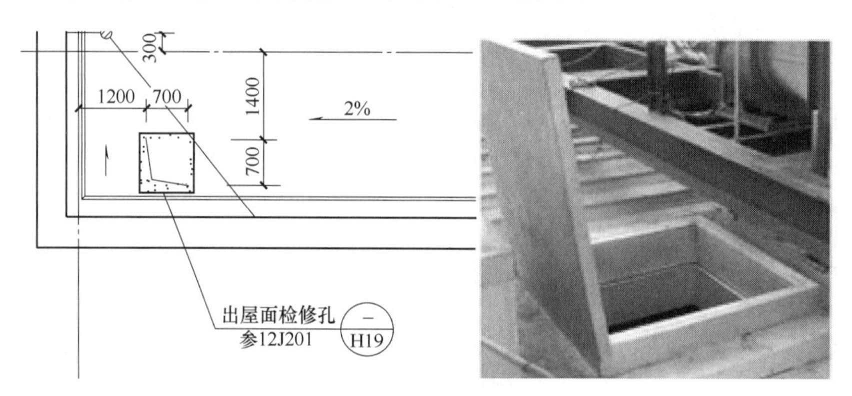

图 2-180　出屋面检修孔

第3章　结构施工图读图识图实例解析

第1节　结构设计说明读图识图实例解析

简称为结施图，反映建筑物承重结构的布置、构件类型、材料、尺寸和构造做法等。有结构设计说明、基础图、结构布置平面图和构件详图。

下面以砖混结构为例，对结构各部位进行简要说明。基础包括独立基础、条形基础等，在墙中设计防潮层，避免地下的潮气直接沿墙面上升，对结构产生影响，进而影响使用功能。主要受力结构包括楼板、次梁、主梁、柱等，力的传导方向为：楼板→次梁→主梁→柱→基础。结构各部位名称示意图如图 3-1 所示。

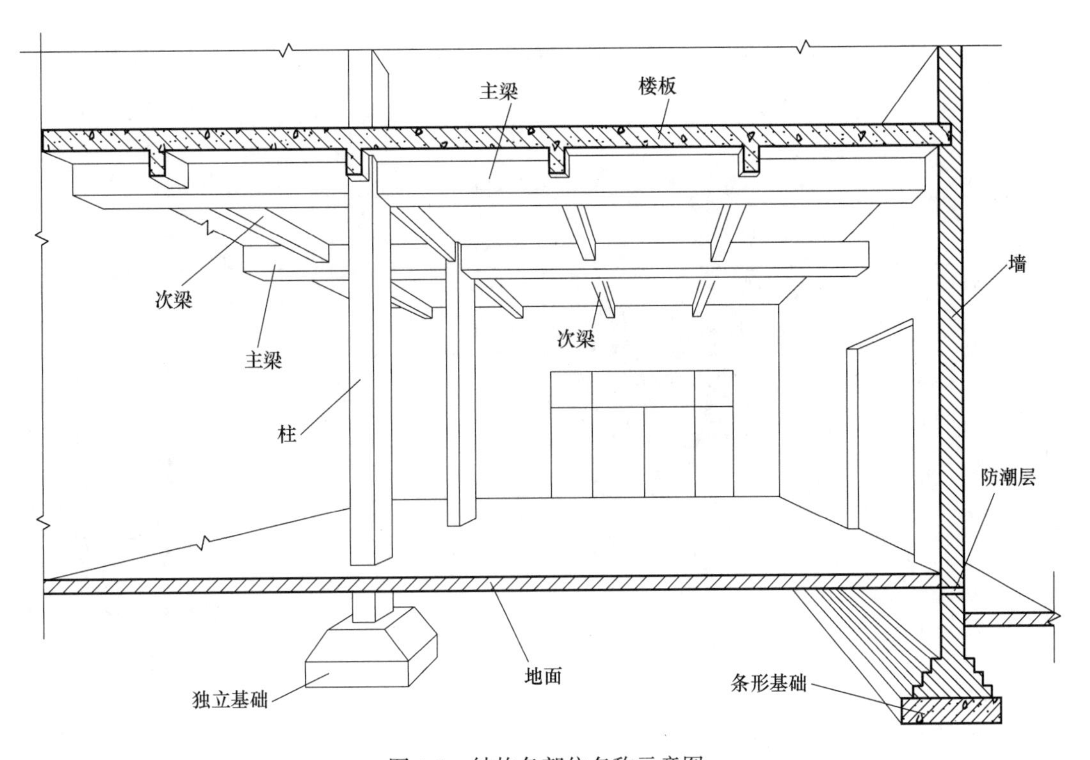

图 3-1　结构各部位名称示意图

常用构件主代号，如表 3-1 所示。

常用构件主代号 **表 3-1**

名称	代号	名称	代号	名称	代号
板	B	梁垫	LD	网架	KWJ
槽形板	CB	天窗端壁	TD	托架	TJ
吊车安全走道板	DB	梁	L	屋架	WJ
盖板	GB	吊车梁	DL	支架或柱基础	ZJ
空心板	KB	过梁	GL	梯	T
密肋板	MB	基础梁	JL	檩条	LT
墙板	QB	连系梁	LL	阳台	YT
楼梯板	TB	圈梁	QL	钢筋骨架	G
天沟板	TGB	楼梯梁	TL	桩	ZH
屋面板	WB	屋面梁	WL	门框	MK
檐口板或挡雨板	YB	基础	J	雨篷	YP
折板	ZB	设备基础	SJ	预埋件	M
垂直支撑	CC	天窗架	CJ	钢筋网	W
水平支撑	SC	刚架	GJ	柱	Z
柱间支撑	ZC	框架	KJ		

在建筑平面图上，可以查看拟建建筑物、周边建筑物情况，方便确定各施工方案。右上角有指北针与风玫瑰，可以知道建筑物方位及该地区的一年风向情况。根据拟建建筑物情况的坐标，定位放线，平面图上的高程标注确定各部位建筑标高，如图 3-2 所示。

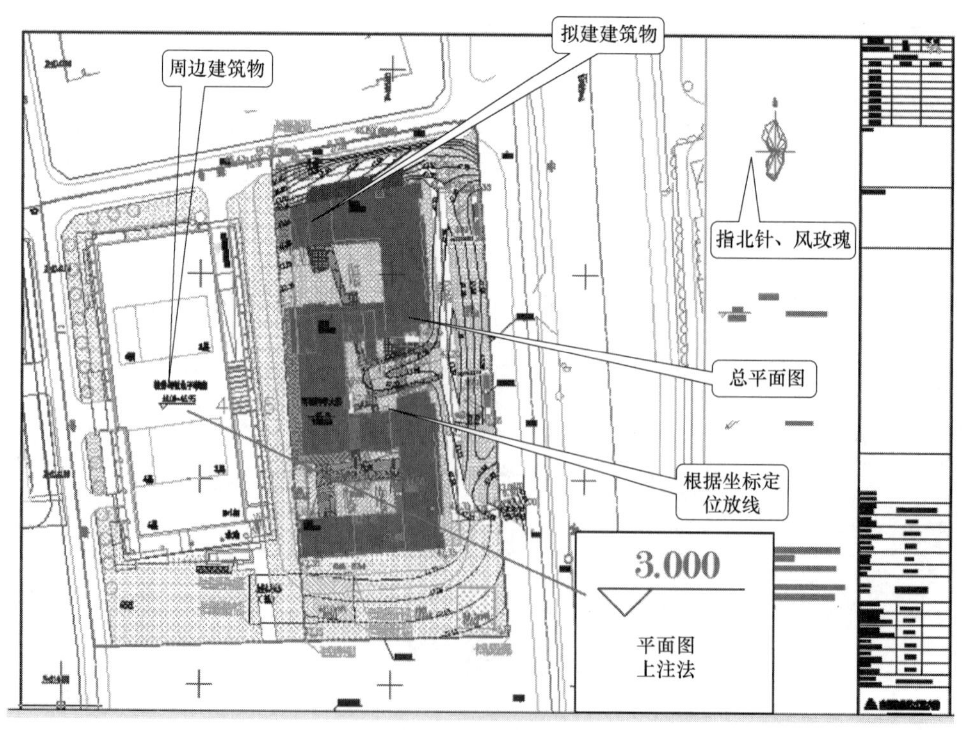

图 3-2 建筑平面图

建筑物施工前，需先进行标高抄测、定位放线、验线等工作，如图 3-3 所示。

图 3-3　标高抄测、定位放线、验线

风玫瑰图：是风向频率玫瑰图的简称，是总平面图上用来表示该地区常年风向频率的标志。它根据某地区多年平均统计的各个方向吹风次数的百分数值按一定比例绘制。图上所表示的风的吹向，是从外吹向该地区中心的。实线为全年风向，虚线为夏季风向。我国北京、上海的风向频率玫瑰图，如图 3-4 所示。

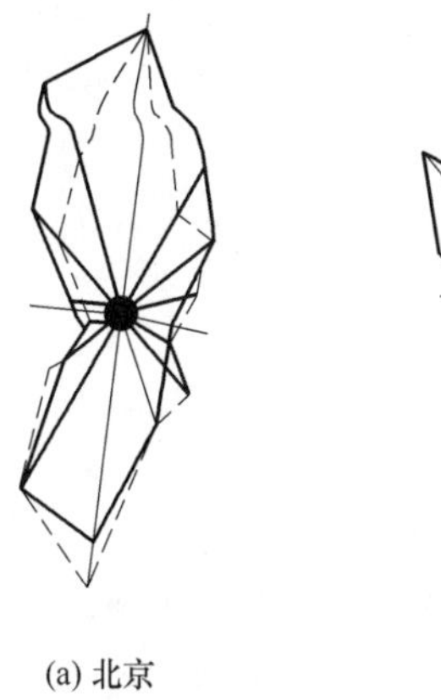

(a) 北京

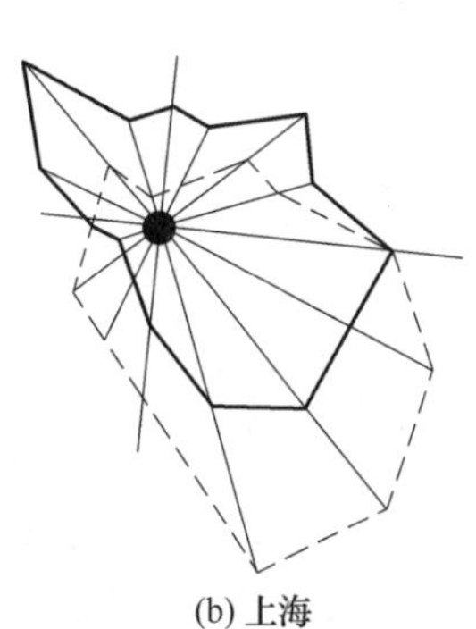

(b) 上海

图 3-4　风向频率玫瑰图

总平面图图例，从中可以查看常用的图例表示内容，方便进行读图识图，如表 3-2 所示。

总平面图图例　　**表 3-2**

序号	图例	名称	备注
1	▭	新设计的建筑	1. 需要时用▲表示出入口，在图形内右上角用点数或数字表示建筑的层数。 2. 建筑物外形(一般以±0.00 高度处的外墙定位轴线或外墙面为准)用粗实线绘制，需要时地面以上建筑用中粗实线表示，地下建筑用细虚线表示

续表

序号	图例	名称	备注
2		原有的建筑	用细实线表示
3		计划扩建的建筑或预留地	用中粗虚线表示
4		拆除的建筑	用细实线表示
5		建筑物下面的通道	
6		其他露天堆场或露天作业场	必要时注明材料名称
7		散状材料露天堆场	
8		铺砌场地	
9		露天桥式起重机	+为柱子的位置
10		围墙及大门	砖石、混凝土或金属材料等实体性质的围墙，若仅表示围墙时不用画大门
11		围墙及大门	镀锌铁丝网、篱笆等通透性质的围墙，若仅表示围墙时不用画大门

建筑总平面图的识读，了解工程性质、用地范围、地形地貌和周围环境情况；了解建筑的朝向和风向；了解新建建筑的大概位置；了解图名、比例，如图 3-5 所示。根据这些信息进行，可以提前进行场地规划，例如：办公区、生活区、施工区、材料加工区、材料堆放区、便道、大门位置等。

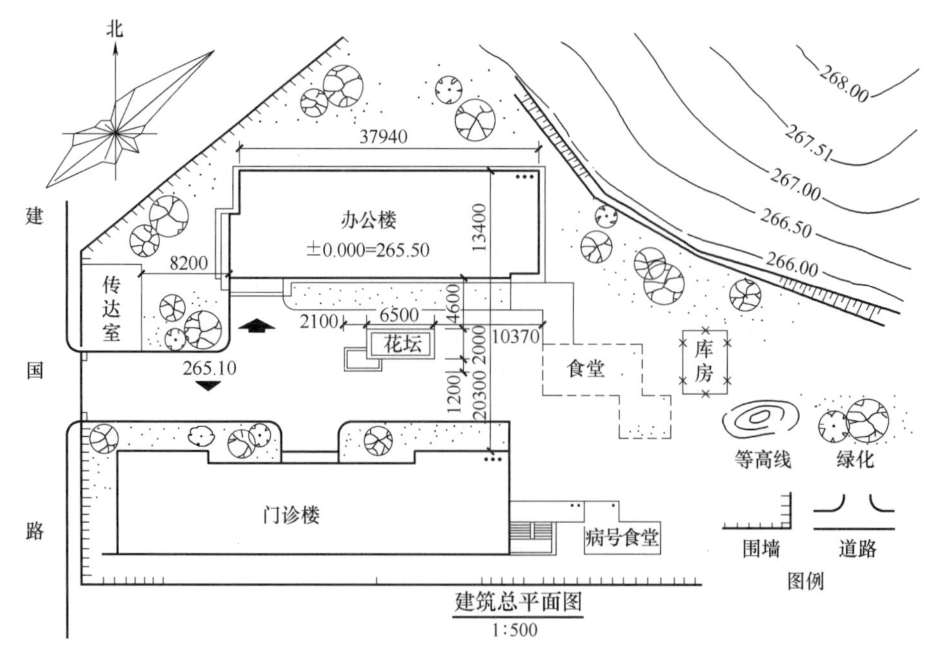

图 3-5　建筑总平面图

进行结构图纸读图时，应先查看结构图纸目录，方便进行各部位图纸的查找，了解该结构图都包含哪些部位的图纸。首先看各类图纸总说明，由于建筑工程的实际现状，结构设计总说明与建筑设计总说明至少先熟悉两遍，对照是否有矛盾的地方，避免后期影响施工，造成损失，如图 3-6 所示。

结构设计总说明会交代工程概况、钢筋型号、混凝土标号等内容，注意建筑面积、层数、建筑高度、结构形式、基础形式等基本信息。可以了解，具体地上几层、地下几层，方便后期进行逐层了解结构情况，避免遗漏。如北京大学环境科学与工程学院工程，查看结构设计总说明，可以了解该工程为地上 5 层，地下 3 层，预测后期涉及地下工程深基坑施工，须提前策划。该工程为框架-剪力墙结构，基础为变厚度筏板基础，故需在进行筏板基础施工时，注意该部位的厚度变化。人防范围在地下三层，需要提前进行人防施工策划，了解当地的要求。地基基础设计等级为甲级，应进行沉降观测，在施工时需注意，如图 3-7 所示。

结施-01 结构图纸目录 结构设计总说明...	2013-09-03 10:03	AutoCAD 图形	115 KB
结施-02 结构设计总说明（二）.dwg	2013-09-03 10:03	AutoCAD 图形	175 KB
结施-03 抗拔桩平面布置图.dwg	2013-09-03 10:03	AutoCAD 图形	190 KB
结施-04 基础底板平面图.dwg	2013-09-03 10:03	AutoCAD 图形	267 KB
结施-05 基础配筋平面图.dwg	2013-09-03 10:03	AutoCAD 图形	171 KB
结施-06 基础详图.dwg	2013-09-03 10:03	AutoCAD 图形	117 KB
结施-07 人防口部详图（一）.dwg	2013-09-03 10:03	AutoCAD 图形	177 KB
结施-08 人防口部详图（二）.dwg	2013-09-03 10:03	AutoCAD 图形	174 KB
结施-09 人防口部详图（三）.dwg	2013-09-03 10:03	AutoCAD 图形	151 KB
结施-10：1#楼梯详图.dwg	2013-09-03 10:03	AutoCAD 图形	262 KB
结施-11：3#楼梯详图.dwg	2013-09-03 10:03	AutoCAD 图形	263 KB
结施-12-地下二层模板图.dwg	2013-09-03 10:03	AutoCAD 图形	356 KB
结施-13-地下二层板配筋图.dwg	2013-09-03 10:03	AutoCAD 图形	400 KB
结施-14-地下二层梁配筋图.dwg	2013-09-03 10:03	AutoCAD 图形	304 KB
结施-15-地下一层模板平面图.dwg	2013-09-03 10:03	AutoCAD 图形	402 KB
结施-16：地下一层板配筋平面图.dwg	2013-09-03 10:03	AutoCAD 图形	597 KB
结施-17-地下一层梁配筋.dwg	2013-09-03 10:03	AutoCAD 图形	336 KB
结施-18-一层模板平面图.dwg	2013-09-03 10:03	AutoCAD 图形	421 KB
结施-19：一层板配筋平面图.dwg	2013-09-03 10:03	AutoCAD 图形	636 KB
结施-20-一层梁配筋图.dwg	2013-09-03 10:03	AutoCAD 图形	360 KB
结施-21-二层模板平面图.dwg	2013-09-03 10:03	AutoCAD 图形	350 KB
结施-22：二层板配筋平面图.dwg	2013-09-03 10:03	AutoCAD 图形	571 KB
结施-23-二层梁配筋图.dwg	2013-09-03 10:03	AutoCAD 图形	322 KB

图 3-6　结构图纸

一、工程概况：

北京大学环境科学与工程学院位于北京大学校园内，位于北京大学规划大本上的CF-W-05地块，占地面积6521m²，东临中关村北大街，北、西、南侧均为北大校内道路。北京大学环境科学与工程学院大楼是集教学、研究、实践、展览、行政及学术会议于一体的现代综合性学院建筑，总建筑面积：20357m²，地上5层，地下3层，檐口高17.250m，为框架剪力墙结构。

工程概况见下表：

建筑高度(m)	17.250	人防范围	地下三层
建筑层数(地上/地下)	5/3	人防防护类别	甲类
结构形式	框架-剪力墙	人防抗力级别	核5级/常5级
基础形式	变厚度筏板		

二、建筑结构的安全等级及设计使用年限：

设计使用年限	50年	建筑结构的安全等级	二级
设计基准期	50年	地下室防水等级	一级
地基基础设计等级	甲级(应进行沉降观测)	建筑抗震设防类别	丙类

图 3-7　结构设计总说明 1

在混凝土结构的环境类别中，环境类别与混凝土保护层厚度息息相关，需特别注意。在场地的工程地质条件中，注意地质条件和地面标高，对于后期土方工程施工及成本，有很大影响，如图 3-8 所示。

1. 混凝土结构的环境类别

与土直接接触的基础底板底面、外墙迎土面、地下车库顶板顶面等为二b类，室内潮湿环境（卫生间等）为二a类，其余为一类。

2. 场地的工程地质条件

（1）本工程根据北京京岩工程有限公司勘查单位2010年12月17日编制，且经审查通过的《北京大学环境科学大楼岩土工程勘察报告》（工程编号：2010—1061）进行设计。

（2）拟建场地地貌单元上位于海淀台地与清河故道的交界部位。场区现况地形基本平坦，地面标高一般为47.73～48.62m（仅南侧路旁孔口标高为46.52m），该标高比周围道路高约为1.00～2.00m。

（3）当地震烈度达到8度且地下水位按历史最高水位考虑时，拟建场地内天然沉积的地基土不会产生地震液化。

（4）场区自上而下土层分布及主要地质参数如下：

图 3-8　结构设计总说明 2

土层分布及参数结合勘察报告内容，是确定土方、降水及护坡施工的依据，如图 3-9 所示。

层号	岩性	层厚(m)	E_S(MPa)	f(kPa)	q_{sik}(kPa)	备注
①	杂填土	1.70~4.10				
②	粉质黏土—粘质黏土	标高44.51~46.53	8.2	120	45	
②1	粘质黏土—砂质黏土		15.2	140	50	
②2	粉砂—细砂		15	140	55	
②3	泥炭质黏土—泥炭质重粉质黏土		4.9	80	45	
③	粉质黏土—粘质黏土	标高37.21~45.94	9.4	160	50	
③1	粘质黏土—砂质黏土		16.6	180	50	
③2	黏土—重粉质黏土		13.4	160	50	
③3	粉质黏土—粘质黏土		9.6	180	50	
④	粘质黏土—粉质黏土	标高36.41~37.73	12.2	180	55	
④1	粘质黏土—砂质黏土		19	200	55	持力层
④2	重粉质黏土—黏土		9.3	180	50	
⑤	粉质黏土—粘质黏土	标高32.87~34.12	11.5	200	55	
⑤1	粘质黏土—粉质黏土		19.7	220	55	
⑤2	黏土—重粉质黏土		10.3	200	50	
⑥	卵石—圆砾	标高24.98~26.17	85	350	120	

图 3-9　土层分布及参数

在场地地下水文条件中，是否有抗浮要求，如有抗浮要求就会有抗拔桩。特别注意场地地下水是否对钢筋混凝土结构中的钢筋有腐蚀性，如有则需要采取措施，由设计进行确定。对于工程设计的规范、标准等，在结构设计总说明中给出的，有无过期需审查，通过工标网进行查询，如图 3-10 所示。

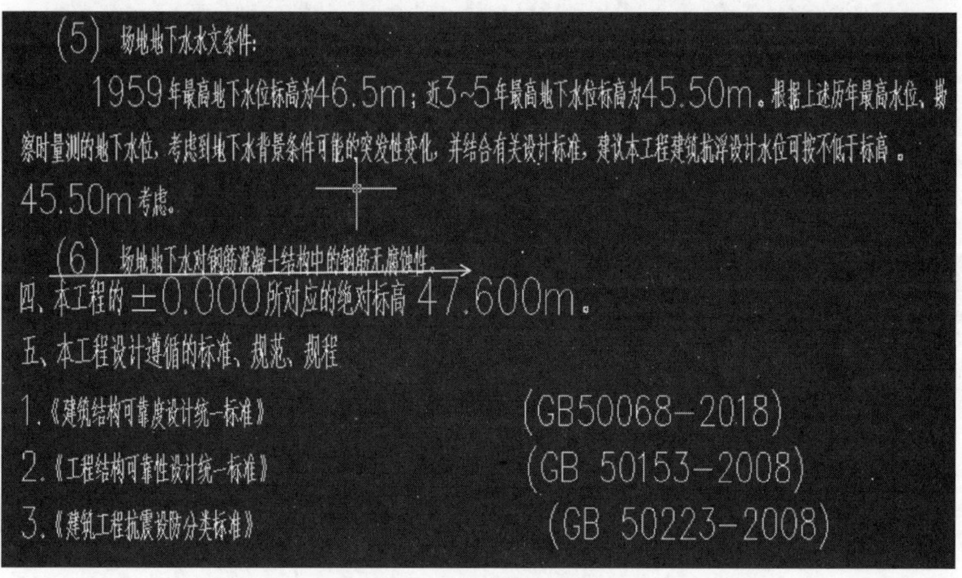
(5) 场地地下水水文条件：

1959年最高地下水位标高为46.5m；近3~5年最高地下水位标高为45.50m。根据上述历年最高水位，勘察时量测的地下水位，考虑到地下水背景条件可能的突发性变化，并结合有关设计标准，建议本工程建筑抗浮设计水位可按不低于标高 45.50m考虑。

(6) 场地地下水对钢筋混凝土结构中的钢筋无腐蚀性。

四、本工程的±0.000所对应的绝对标高47.600m。

五、本工程设计遵循的标准、规范、规程

1.《建筑结构可靠度设计统一标准》 (GB50068-2018)

2.《工程结构可靠性设计统一标准》 (GB 50153-2008)

3.《建筑工程抗震设防分类标准》 (GB 50223-2008)

图 3-10　结构设计总说明 3

荷载值对于装修施工非常重要，参见楼屋面均布活荷载标准值，如图 3-11 所示。避免由于堆放材料过多，造成楼板开裂、渗水等问题。

1、楼屋面均布活荷载标准值

	部位	活荷载标准值 (kN/m^2)
屋面	上人屋面	2.0
	不上人屋面	0.5
楼面	办公室	2.0
	实验室、会议室	2.0
	大会议室	2.5
	楼梯、走道、电梯厅	3.5
	卫生间	2.5
	储藏间、库房	5.0
	空调机房、电梯机房、消防控制室、冷冻机房	7.0
	消防水泵房、生活水泵房、变配电室	10.0
	车库	4.0
	首层地面堆载	5.0

图 3-11　楼屋面均布活荷载标准值

对于地基基础的持力层情况及基础设计，在施工组织设计中会用到。在基坑开挖及回填做法中，必须注意回填要求，是投标报价和实际施工依据，如图 3-12 所示。

八、地基基础

1. 基础方案

本工程基础采用钢筋混凝筏板基础。持力层为第四纪沉积的黏质粉土、粉质黏土④，黏质粉土、砂质粉土④1 层，综合考虑的地基承载力标准值（fka）为180kPa。

2. 基坑开挖及回填做法

（1）基坑开挖应采取有效的护坡措施，保证基坑开挖安全及与本工程相邻的已有建筑物的安全，施工期间应采取有效的排水、降水措施。

（2）基坑开挖时，如遇坟坑、枯井、人防工事、软弱地基等异常情况应通知勘察与设计单位处理。

（3）基坑开挖可采用机械挖掘至基底标高以上300mm处，再采用人工挖掘至设计标高；基坑开挖完毕，由建设单位会同勘察、设计、监理单位验槽。验槽合格后应及时进行下道工序。

（4）地下部分施工完毕后，应及时进行基坑回填。挡土墙外500以内可以采用2：8灰土回填；墙外500以外范围可采用素土夯实，回填过程中分层夯实，压实系数不小于0.94。建筑有特殊要求时，见建筑专业图纸。

（5）房心回填土有机物含量不大于5%。回填过程中分层夯实，压实系数不小于0.94。

（6）本工程应进行沉降观测，沉降观测应按相应的规范标准执行。沉降观测应由有相应资质的单位承担。

图 3-12 地基基础

在主要结构材料中，钢筋型号要做到心中有数，并且焊条型号必须与所用钢筋匹配，如图 3-13 所示。有些项目，不重视焊条型号，拿来就用，很难保证焊接的质量。

九、主要结构材料：

1. 钢筋：

本工程所采用的钢筋及手工焊匹配的焊条				
钢筋级别	HPB300	HRB335	HRB400	HRB500
符　　号	Ⅰ	Ⅱ	Ⅲ	Ⅳ
强度设计值（N/mm^2）	270	300	360	435
焊　　条	E43型	E50型	E50型	E55型
不同等级钢筋焊接用较低等级焊条。				

注：（1）HRB500级钢筋用作受剪、受扭、受冲切承载力计算时，其强度设计值不得大于360N/mm^2。

（1）各类构件的受力钢筋采用HRB400（⏀）级钢筋；

图 3-13 钢筋型号

采用 HPB300 级钢筋的各部位要注意，现在由于国家规范的更新，基本不再使用该型号的钢筋。在本工程中抗震钢筋的应用部位也要注意，如图 3-14 所示。根据施工经验，现在工程往往均使用抗震钢筋，以提高建筑的整体抗震性能。

(2)以下部位的钢筋采用HPB300级(ϕ)(d≤8mm):

①分布钢筋;

②构造柱和圈梁的钢筋。

(3)吊环应采用HPB300级热轧光圆钢筋制作，受力预埋件的锚筋不得采用冷加工钢筋。

(4)钢筋的强度标准值应具有不小于95%的保证率。

(5)抗震等级为一、二、三级的框架和斜撑构件(含梯段)宜优先采用带E编号的抗震钢筋，如HRB400E。

图 3-14 采用 HPB300 级钢筋

本工程各部位混凝土强度等级，需特别注意抗渗混凝土应用部位及等级要求。抗渗混凝土往往适用于地下工程。混凝土强度等级和抗渗等级如图 3-15 所示。

2) 混凝土强度等级和抗渗等级

区域	部位	强度等级	抗渗等级
基础	基础垫层	C15	
	筏板(粉煤灰混凝土，采用60天龄期)	C40	P8
墙柱	地下三层外墙	C40	P8
	地下一、二层外墙	C40	P6
	剪力墙、框架柱	C40	
梁板	各层	C40	
	屋面	C40	
本工程其他部位	楼梯、坡道	C40	
	圈梁、构造柱、过梁	C20	
	消防水池	C40	P6
人防构件	顶板	C40	P6

图 3-15 混凝土强度等级和抗渗等级

二次结构用料，各部位情况如图 3-16 所示。

部位	砌体	砂浆
外填充墙	轻集料混凝土空心砌块 强度等级≥MU5	混合砂浆 强度等级 ≥Mb5
内隔墙	轻集料混凝土空心砌块 强度等级≥MU3.5	混合砂浆 强度等级 ≥Mb5
与土接触的墙体	普通烧结砖或 普通混凝土砌块 强度等级≥MU10	水泥砂浆 强度等级 ≥M7.5
备注 砌块容重: ≤8kN/m³		

图 3-16 二次结构用料

抗震等级与钢筋锚固长度息息相关，不同抗震等级，钢筋锚固长度要求不同，如图 3-17 所示。

1. 本工程混凝土结构的抗震等级及剪力墙底部加强部位见下表：

部位	楼层	抗震等级	
		抗震墙	框架
主体	地下一层～屋面	二级	二级
	地下二层	二级	二级
	地下三层	三级	三级

部位	底部加强区	约束边缘构件	构造边缘构件
层数	地下二层～二层		地下三层～屋面

图 3-17　抗震等级

混凝土保护层厚度是选择垫块的依据，不同保护层厚度的构件，所用垫块型号不同，如图 3-18 所示。

2. 最外层钢筋的混凝土保护层厚度（mm）应满足下列要求，且不应小于受力钢筋的公称直径：

基础迎土面	40	剪力墙	15
基础顶面	15	柱	20
地下车库顶板迎土面	25	梁	20
地下室顶板底面	15	楼板	15
挡土墙迎土面	40	水池迎水面	25
挡土墙非迎土面	15	水池背水面	15

图 3-18　混凝土保护层厚度

钢筋接头方式，包括机械连接、绑扎搭接、焊接等，在说明中对不同受力情况的不同型号钢筋的接头形式进行了详细说明，这是选择钢筋接头施工方式的依据，如图 3-19 所示。

3. 钢筋的接头形式及要求：

（1）纵向受力钢筋直径≥20mm 的纵筋应采用等强机械连接接头，接头应50%错开；接头性能等级不低于Ⅱ级。

（2）当采用搭接时，搭接长度范围内应配置箍筋，箍筋间距不应大于搭接钢筋较小直径的5倍，且不应大于100mm。

4. 钢筋锚固长度和搭接长度见图集22G101 53、55页。纵向钢筋当采用HPB300级时，端部另加弯钩。

图 3-19　钢筋接头方式

钢筋机械连接接头检查，可以用不同颜色的油漆进行标注，以表示施工单位完成自检、监理单位完成验收等，如图 3-20 所示。对机械连接接头进行抽检送样试验的，应在已完成的钢筋作业面上进行截取送样，如图 3-21 所示，并对截取完成后的部位进行及时处理。

图 3-20　钢筋机械连接接头检查

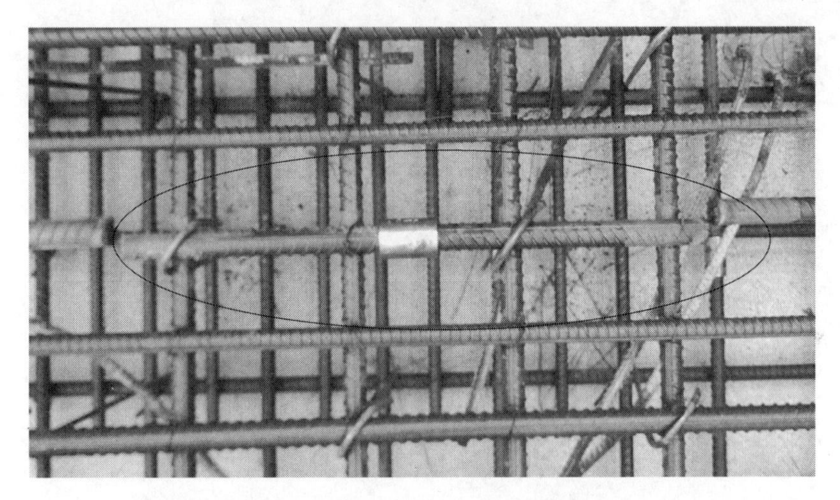

图 3-21　机械连接接头截取送样试验

如果工程涉及后浇带，应注意浇筑时间，如图 3-22 所示，要求后浇带混凝土提高一个强度等级且为无收缩混凝土，浇筑时间为两侧混凝土浇筑完成 2 个月后。垫层一般不做后浇带。

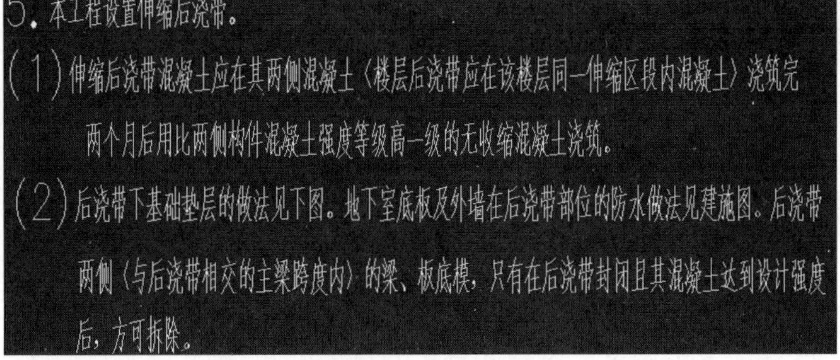

5. 本工程设置伸缩后浇带。

(1) 伸缩后浇带混凝土应在其两侧混凝土〈楼层后浇带应在该楼层同一伸缩区段内混凝土〉浇筑完两个月后用比两侧构件混凝土强度等级高一级的无收缩混凝土浇筑。

(2) 后浇带下基础垫层的做法见下图。地下室底板及外墙在后浇带部位的防水做法见建施图。后浇带两侧〈与后浇带相交的主梁跨度内〉的梁、板底模，只有在后浇带封闭且其混凝土达到设计强度后，方可拆除。

图 3-22　后浇带

基础底板后浇带、外墙后浇带均应设置遇水膨胀止水条，如图 3-23、图 3-24 所示。筏板基础后浇带位置应设置止水钢板，墙体后浇带位置钢筋加密，如图 3-25 所示。

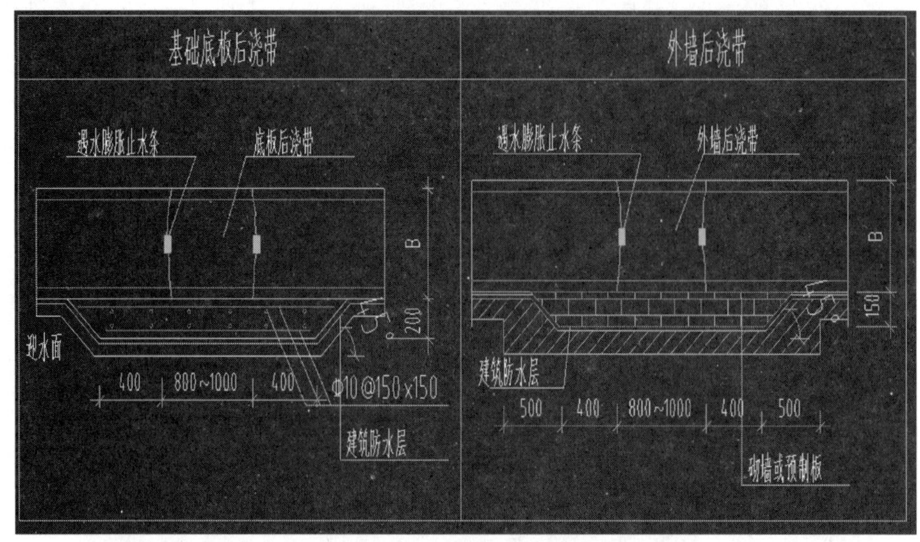

图 3-23　基础底板后浇带外墙后浇带施工图

图 3-24　基础底板后浇带

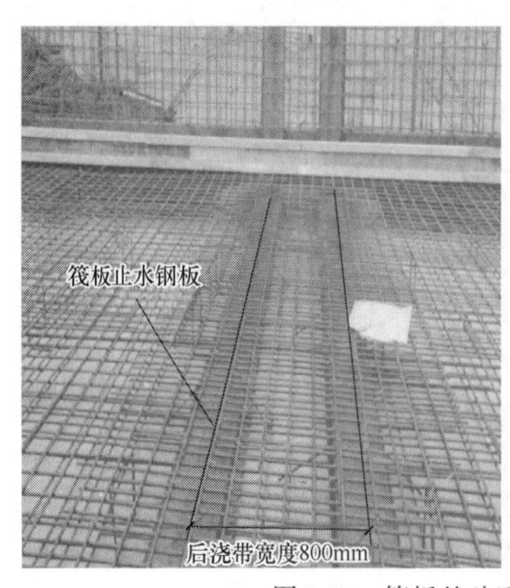

图 3-25　筏板基础后浇带及墙体后浇带

查看某部位结构图，应从图纸目录查看所找结构图的图号，再到相关图号的图纸进行查找具体部位，如图 3-26 所示。

图纸目录

序号	图号	图纸名称	规格	备注
1	结施-01	结构图纸目录　结构设计总说明（一）	A1+	
2	结施-02	结构设计总说明（二）	A1+	
3	结施-03	抗拔桩平面布置图	A1+	
4	结施-04	基础底板平面图	A1+	
5	结施-05	基础配筋平面图	A1+	
6	结施-06	基础详图	A1	
7	结施-07	人防口部详图（一）	A1	
8	结施-08	人防口部详图（二）	A1	
9	结施-09	人防口部详图（三）	A1	
10	结施-10	1#楼梯详图（人防楼梯）	A1+	
11	结施-11	3#楼梯详图（人防楼梯）	A1+	
12	结施-12	地下二层楼板平面图	A1+	

图 3-26　图纸目录

板预留孔洞加筋做法，对于不同孔洞尺寸，要求不同，如图 3-27 所示。应特别注意洞口尺寸与钢筋锚固长度，如图 3-28、图 3-29 所示。例如对于洞口尺寸大于 300mm 时，需提前预留，不得后凿。在施工前，对于预留孔洞事宜，应召开专项会议，严格要求各施工队伍，提前预留，杜绝即使未预留也可以后凿的思想。

（5）板上孔洞应预留，结构平面图中只表示出洞口尺寸>300mm的孔洞，施工时各工种必须根据各专业图纸配合土建预留全部孔洞，不得后凿。当孔洞尺寸≤300mm时，洞边不再另加钢筋，板内钢筋由洞边绕过，不得截断。当洞口尺寸>300mm时，应按平面图要求加设洞边附加钢筋或梁。当平面图未交待时，应按下图要求加设洞边板底附加钢筋，每侧加筋面积不小于被截断钢筋面积的一半。加筋的长度为单向板受力方向或双向板的两个方向沿跨度通长，并锚入支座>5d，且应伸至到支座中心线。单向板非受力方向的洞口加筋长度为洞口宽加两侧各40d，且应放置在受力钢筋之上。

图 3-27　板预留孔洞加筋做法

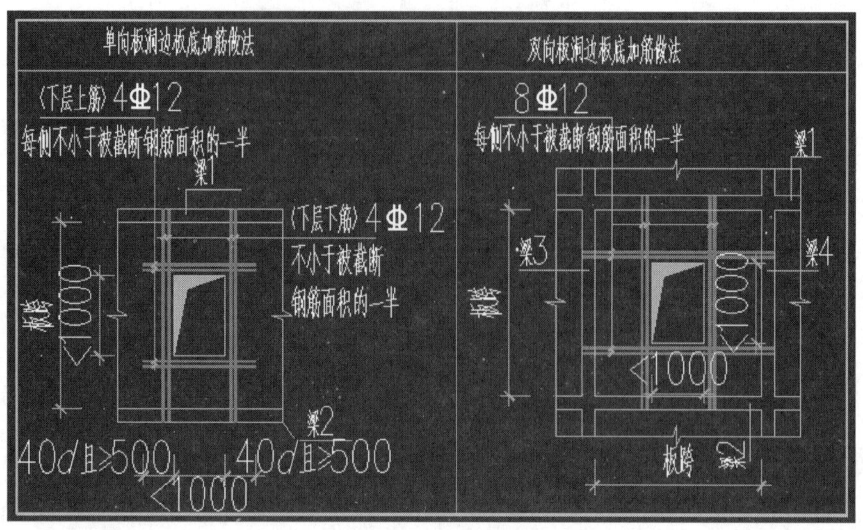

图 3-28 板洞边板底加筋图

图 3-29 洞口周边加筋做法图

楼板阳角附加筋，应注意钢筋根数和锚固长度，如图 3-30、图 3-31 所示。例如图 3-30 的阳角附加筋为 7 根。

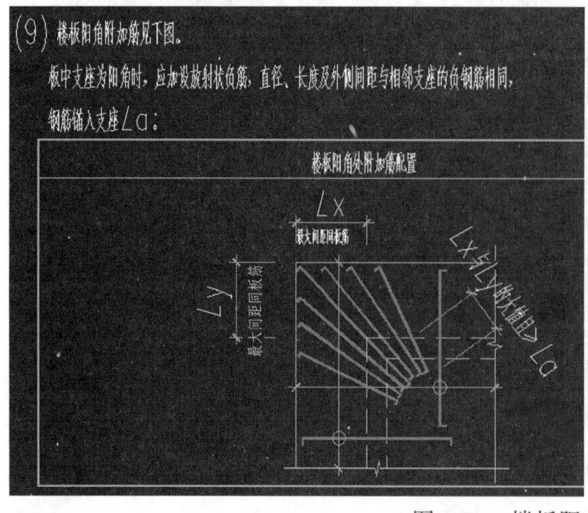

图 3-30 楼板阳角附加筋 1

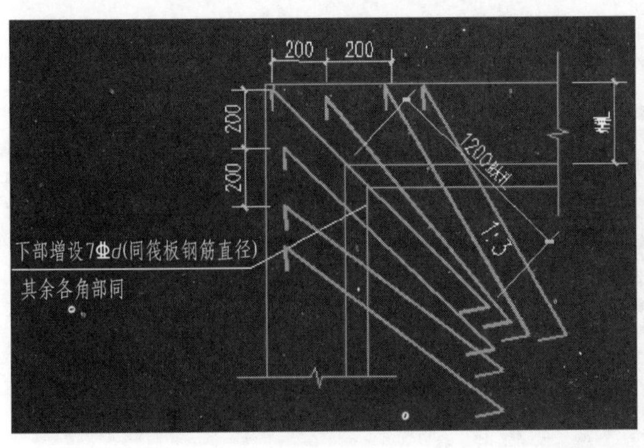

图 3-31 楼板阳角附加筋 2

注意主次梁箍筋加密设置部位，吊筋设置注意角度及锚固长度。该部位需特别注意，在检查验收时，多次发现该部位未进行加密，如图 3-32、图 3-33 所示。

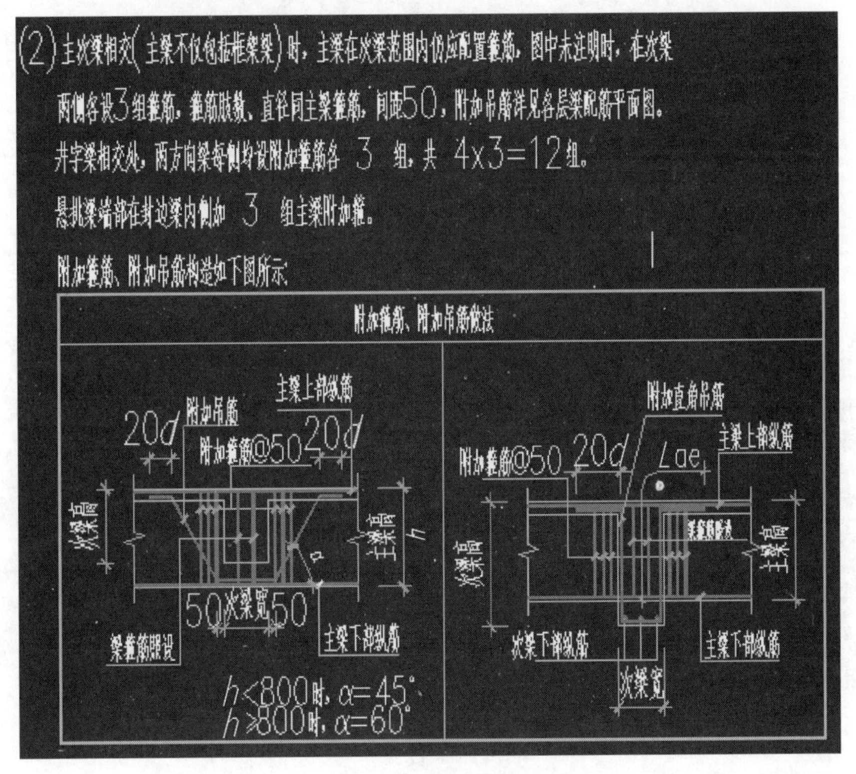

图 3-32 主次梁箍筋加密设置

附加箍筋、侧部拉筋、吊筋设置方式。须提前进行绑扎，在验收时发现未绑扎设置的，由于操作空间有限，很难再加上。需在绑扎过程中，提前交底，并随时检查，避免未加上此部位钢筋，进行大量返工，如图 3-34～图 3-36 所示。

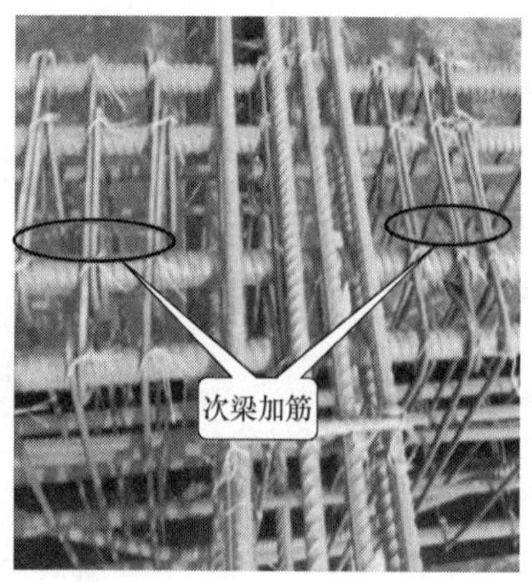

图 3-33　主次梁箍筋加密实景

图 3-34　附加箍筋

图 3-35　侧部拉筋

图 3-36　吊筋

梁（底同标高）相交处纵筋注意钢筋位置及锚固长度，错位梁注意锚固长度。关于此位置，应提前进行读图，进行重点标注，避免遗漏。梁筋做法如图 3-37 所示。

钢筋接头位置要求应与规范要求一致，即底部钢筋接头应设置在靠支座 1/3 跨度范围内，上部钢筋接头应设在跨中 1/3 跨度范围内，如图 3-38 所示。

架立筋施工，注意架立筋设置长度，如图 3-39 所示。

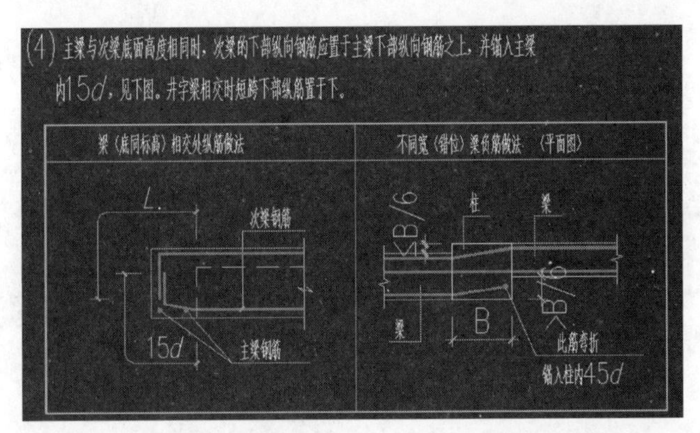

图 3-37 梁筋做法

(5) 当支座两边梁宽不等（或错位）时负筋做法见上图。

(6) 梁的纵向钢筋接头，底部钢筋接头应设在靠支座1/3跨度范围内，上部钢筋接头应设在跨中1/3跨度范围内。同一接头区段内的接头面积百分率不应超过50%。

(7) 梁纵筋应均匀对称地布置在梁截面中心线两侧。当梁的架立钢筋与其左（或右）支座负筋直径相同时，该筋应与左（或右）负筋通长设置。

(8) 梁支座两侧的纵筋尽可能拉通。梁边与柱（或混凝土墙）边平齐时，梁纵筋弯折后伸入柱（混凝土墙）内，同时增设架立筋，见下图。

图 3-38 钢筋接头位置要求

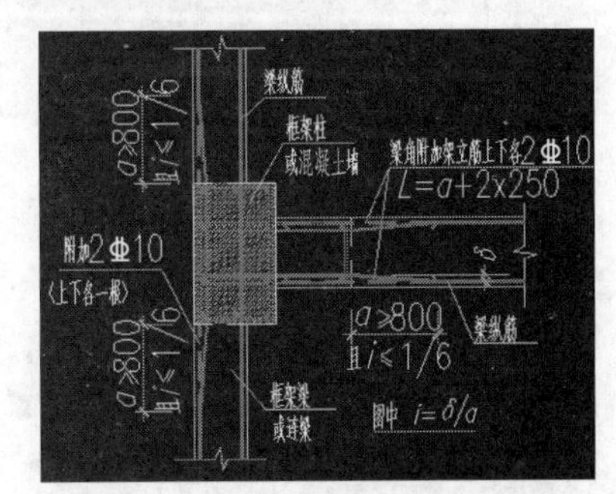

图 3-39 架立筋施工

支模时注意起拱高度，不同跨度，起拱高度不同，如图 3-40 所示。

梁上预留套管周边加筋 4 根，须注意加筋角度和锚固长度，如图 3-41 所示。

现场进行梁上预留套管周边加筋验收时，应查验附加筋角度和锚固长度是否与图纸相符，如图 3-42 所示。

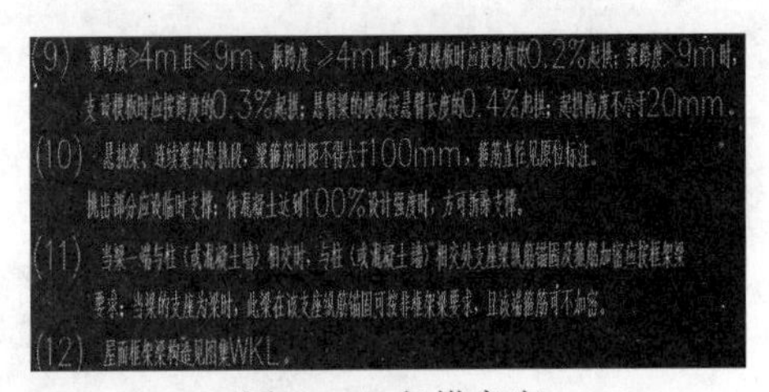

图 3-40 起拱高度

注意梁上方洞与圆洞加筋区别，注意留洞位置。梁上方洞加筋如图 3-43 所示。

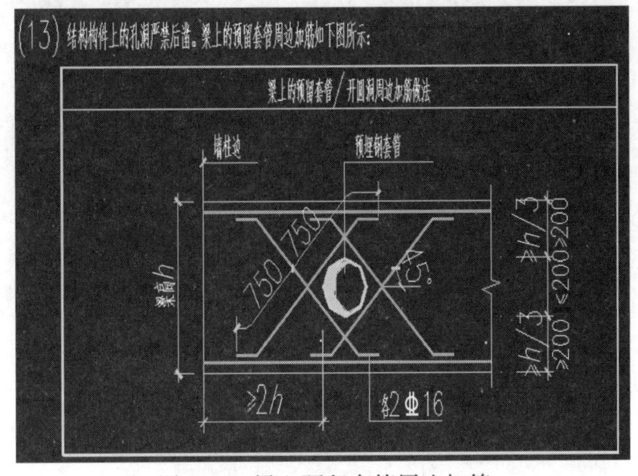

图 3-41 梁上预留套管周边加筋

图 3-42　梁上预留套管周边加筋验收

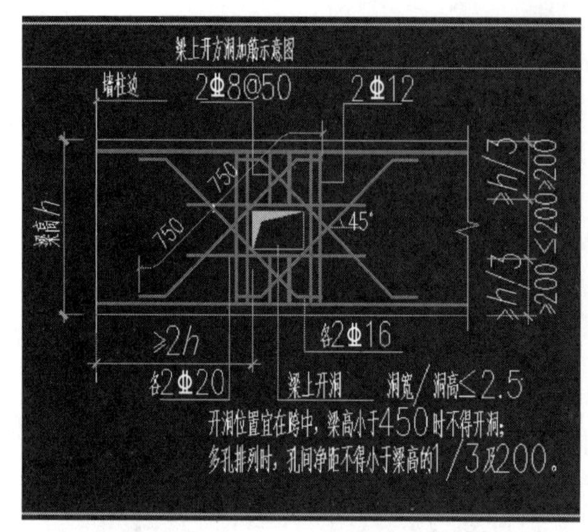

图 3-43　梁上方洞加筋

变截面梁配筋，应注意箍筋加密区及加强筋锚固长度，如图 3-44 所示。

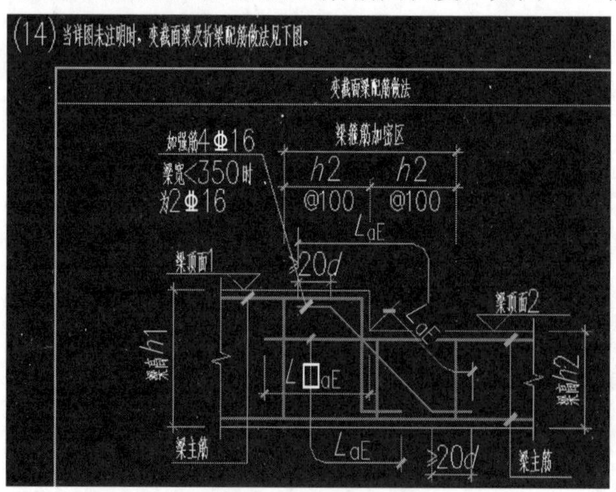

图 3-44　变截面梁配筋

钢筋混凝土柱在填充墙部位应预留拉结筋，拉结筋应通长设置，竖向间距 500mm，特别注意钢筋锚入柱中的锚固长度。在施工中发现，钢筋锚入柱中的锚固长度不够，不足 200mm。柱与填充墙拉结示意图如图 3-45、图 3-46 所示。

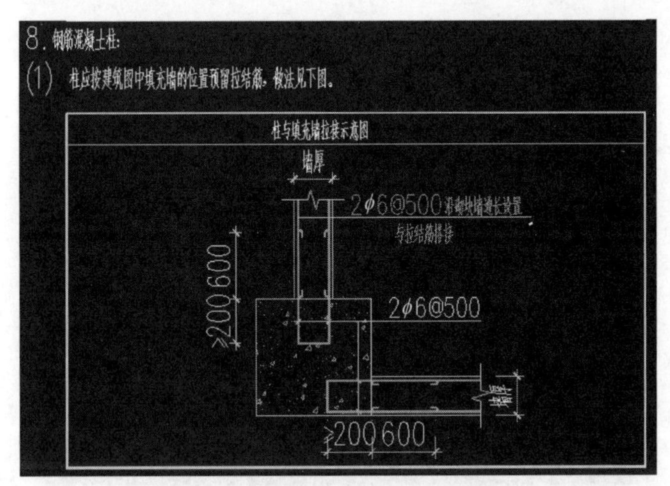

图 3-45　柱与填充墙拉结示意图

图 3-46　预留拉结筋

注意过梁与主梁留洞加筋区别及箍筋加密根数。连梁洞边加筋做法如图 3-47 所示，预埋套管如图 3-48 所示。

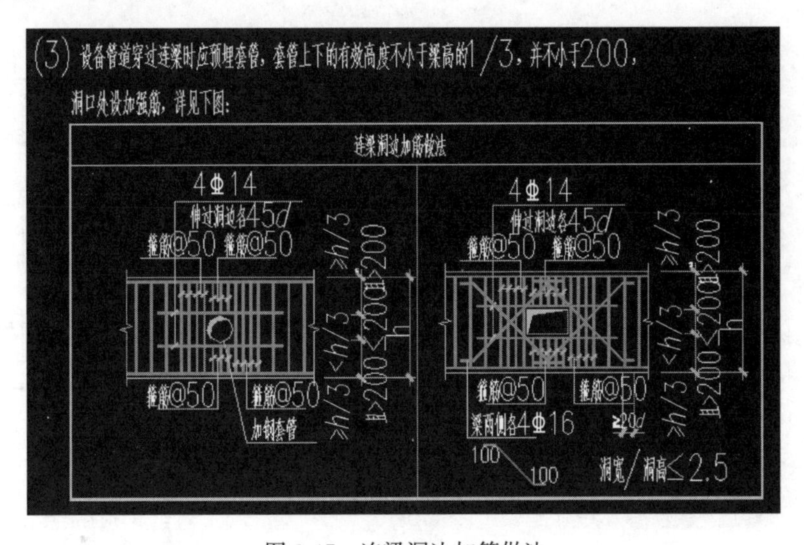

图 3-47　连梁洞边加筋做法

图 3-48 预埋套管

构造柱配筋如图 3-49 所示，建议与设计沟通争取把构造柱改成芯柱，芯柱具有一定的延伸性和抗震性，如图 3-50、图 3-51 所示。

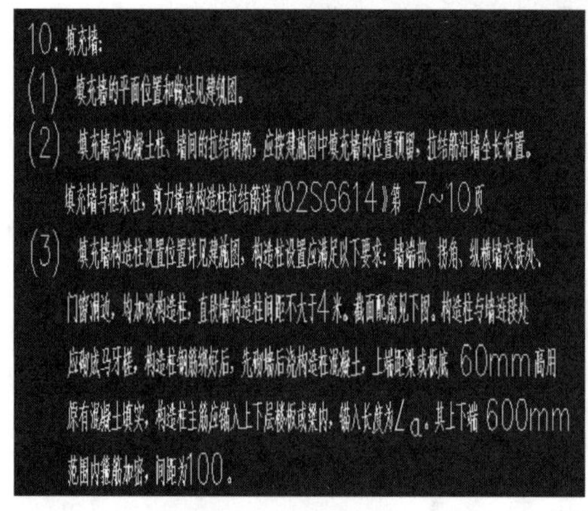

10. 填充墙：

(1) 填充墙的平面位置和做法见建筑图。

(2) 填充墙与混凝土柱、墙间的拉结钢筋，应按建施图中填充墙的位置预留，拉结筋沿墙全长布置。填充墙与框架柱，剪力墙或构造柱拉结筋详《02SG614》第 7~10页

(3) 填充墙构造柱设置位置详见建施图，构造柱设置应满足以下要求：墙端部、拐角、纵横墙交接处、门窗洞边，均加设构造柱，直段墙构造柱间距不大于4米。截面配筋见下图。构造柱与墙连接处应砌成马牙槎，构造柱钢筋绑好后，先砌墙后浇构造柱混凝土，上端距梁或板底 60mm 高用原有混凝土填实，构造柱主筋应锚入上下层楼板或梁内，锚入长度为L_a。其上下端 600mm 范围内箍筋加密，间距为100。

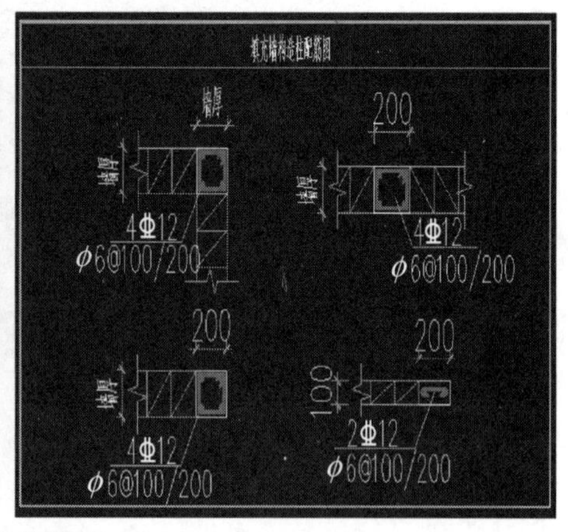

图 3-49 构造柱配筋

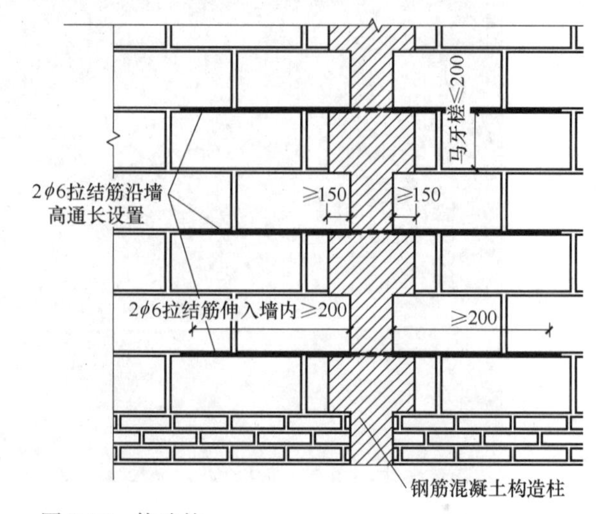

图 3-50 构造柱

填充墙中拉筋应注意竖向间距，不同厚度的墙配筋不同，如图 3-52 所示。

图 3-51　芯柱

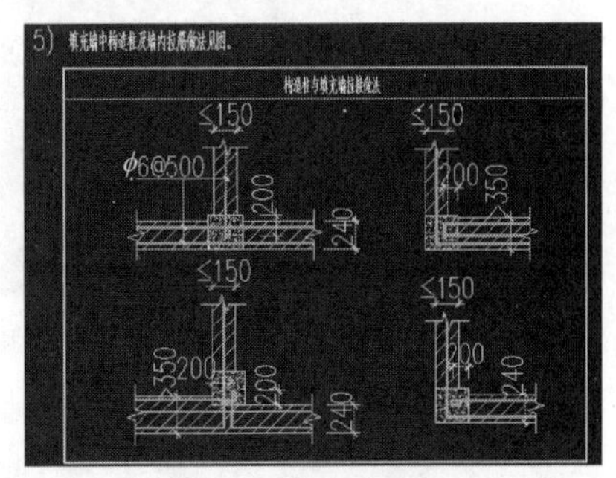

图 3-52　填充墙中拉筋

土方开挖与回填，在外围护墙位置必须留出装修做法。有些项目，未考虑装修做法，造成施工操作空间不足，影响质量。墙基础做法如图 3-53 所示。

门窗洞顶过梁需注意过梁长度，每边进入墙体 240mm，如图 3-54、图 3-55 所示。

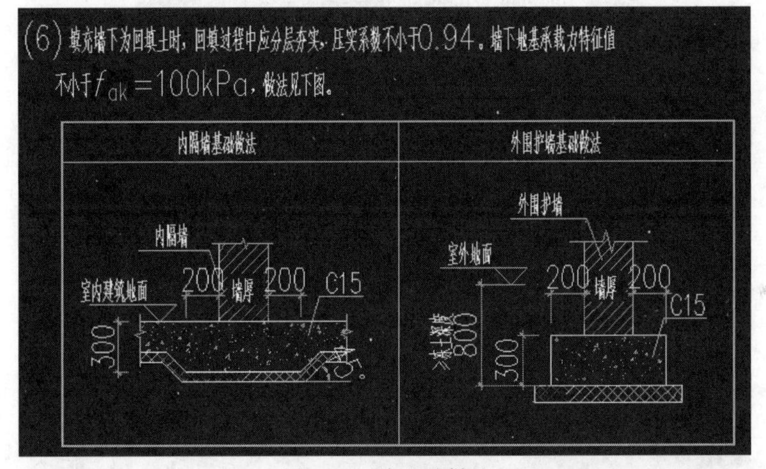

图 3-53　墙基础做法

11. 门窗洞顶过梁做法：

(1) 在各层门窗洞顶标高处，凡无梁(KL或L)时，均应设圈梁一道，圈梁断面为墙厚×150，圈梁与柱、构造柱及剪力墙交圈。圈梁兼作过梁时，其断面及配筋均取圈梁及过梁之大值。过梁配筋见下表：

配筋示意	门、窗洞宽B	B≤1200		1200<B≤2400		2400<B≤4000	
	梁　高h	h=200		h=200		h=400	
	梁宽b=墙厚	b≤200	b>200	b≤200	b>200	b≤200	b>200
	① 号筋	2φ10	3φ10	2φ12	3φ12	2φ14	3φ14
	② 号筋	2φ12	3φ12	2φ14	3φ14	2φ16	3φ16
	③ 号筋	φ6@100		φ6@100		φ8@200	

注：现浇过梁的长度= 门、窗的洞口宽度B+2X240。

图 3-54　门窗洞顶过梁

图 3-55　门窗洞顶过梁及预埋混凝土

第 2 节　基础图读图识图实例解析

在结构图中，各构件均用代号表示，具体构件代号，如图 3-56 所示。

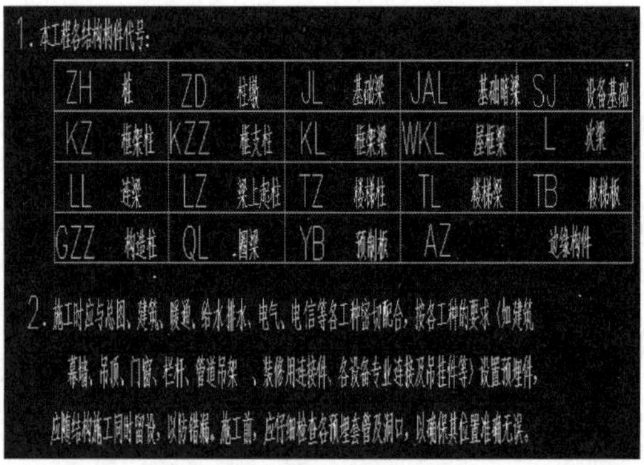

1. 本工程各结构构件代号：

ZH	桩	ZD	桩墩	JL	基础梁	JAL	基础暗梁	SJ	设备基础
KZ	框架柱	KZZ	框支柱	KL	框架梁	WKL	屋框梁	L	次梁
LL	连梁	LZ	梁上起柱	TZ	楼梯柱	TL	楼梯梁	TB	楼梯板
GZZ	构造柱	QL	圈梁	YB	预制板	AZ		边缘构件	

2. 施工时应与总图、建筑、暖通、给水排水、电气、电信等各工种密切配合，按各工种的要求（如建筑幕墙、吊顶、门窗、栏杆、管道吊架、装修用连接件、各设备专业连接及吊挂件等）设置预埋件，应随结构施工同时留设，以防错漏。施工前，应仔细检查各预埋套管及洞口，以确保其位置准确无误。

图 3-56　构件代号

在结构中，需要注意各构件施工细节，如图 3-57 所示。

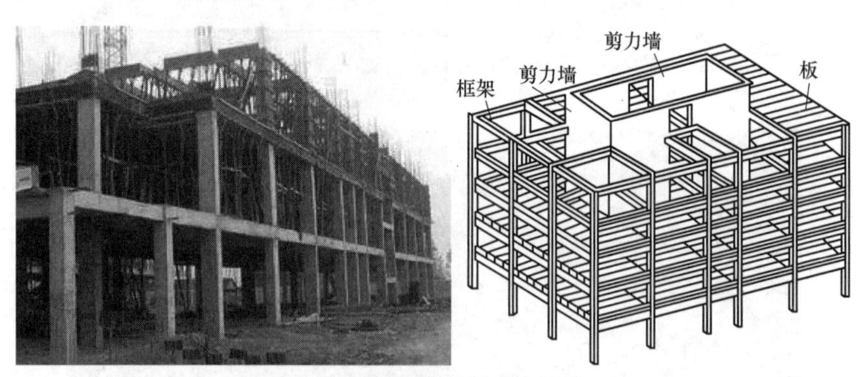

图 3-57　注意各构件施工细节

在结构图中，平面图上定位轴线横向编号应用阿拉伯数字，从左至右顺序编写；竖向编号应用大写拉丁字母（I、O、Z 除外）自下而上顺序编写，1/1 表示 1 号轴线后附加的第一根轴线，在桩基平面图上需注意定位轴线是否齐全，如图 3-58 所示。

桩基类型多种多样，常用的有钻孔灌注桩、预制桩等，如图 3-59 所示，为钻孔灌注桩配筋图，需特别注意柱顶标高及甩筋长度，试验桩与原桩配筋不同。灌注桩截面图如图 3-60 所示。

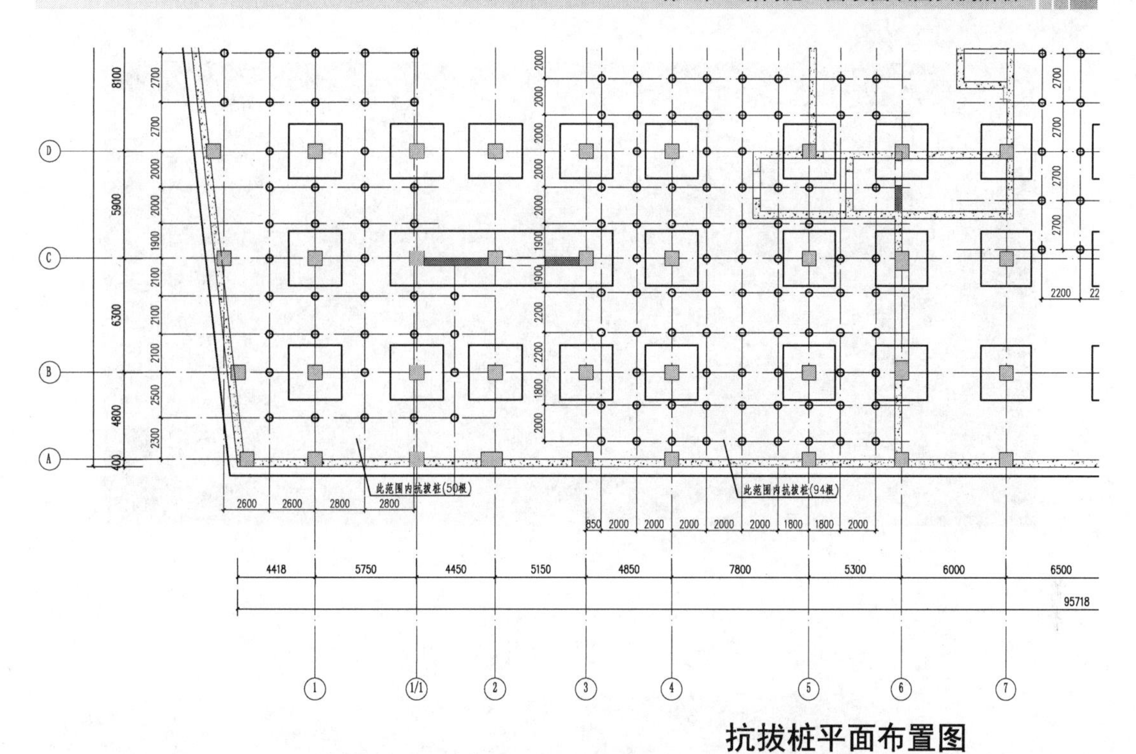

图 3-58 桩基平面图

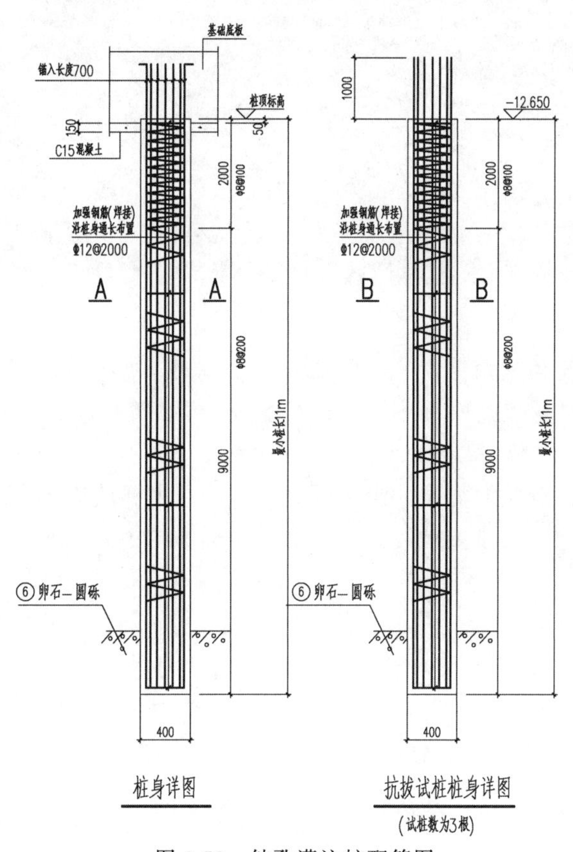

图 3-59 钻孔灌注桩配筋图

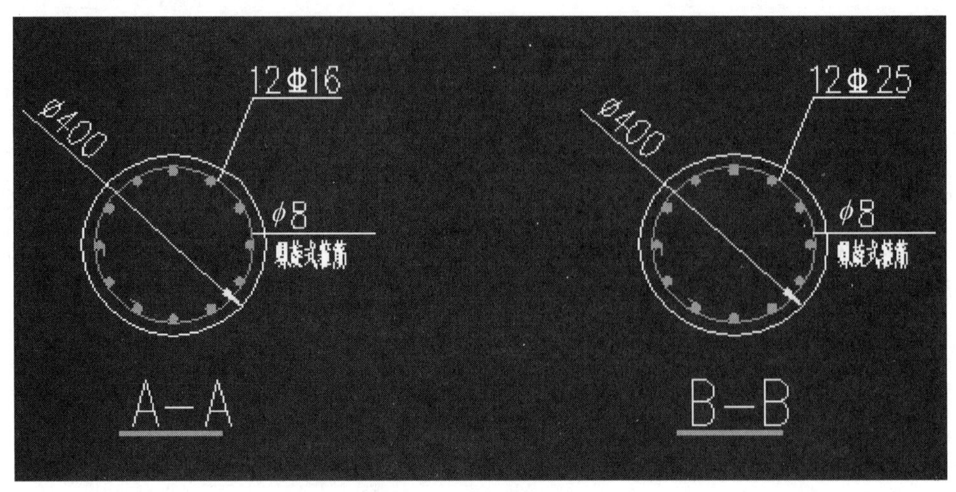

图 3-60　灌注桩截面图

灌注桩钢筋笼焊接，首先焊接加强箍筋，然后焊接螺旋箍筋。对于焊接质量应严格要求，在验收时，往往发现焊点质量差，甚至仅为点焊，如图 3-61 所示。

图 3-61　灌注桩钢筋笼焊接

标高符号为等腰直角三角形，三角形高 3mm，以细实线绘制。标高数值以米为单位，一般注至小数点后三位数（总平面图中为两位数）。标高符号应整齐有序、对齐画出，如图 3-62 所示。

绝对标高为青岛某处黄海海平面定为标高零点，总平面图中的室外地面标高即为绝对标高；相对标高以底层室内主要地坪标高定为相对标高的零点。

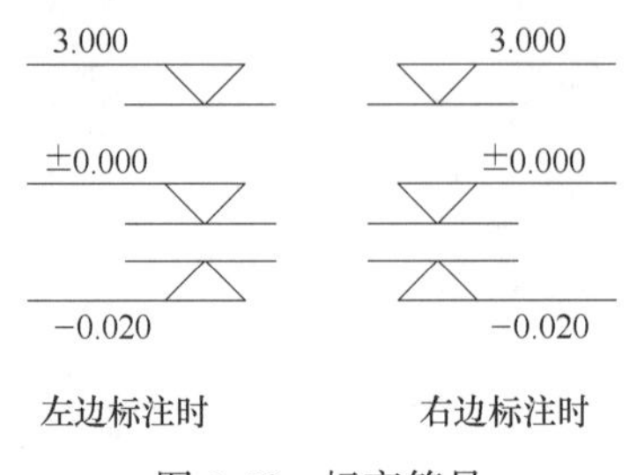

图 3-62　标高符号

基础底板平面图，包括柱帽、墙、后浇带、集水坑、筏板厚度等，如图 3-63 所示。

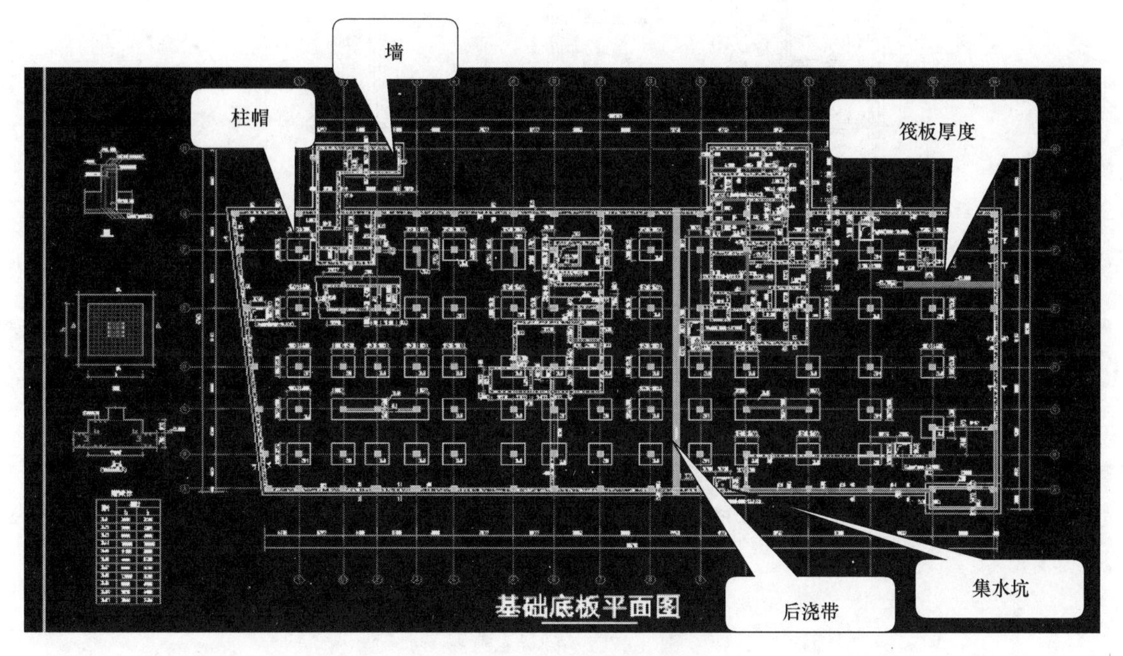

图 3-63　基础底板平面图

后浇带需确定其类型及定位，如图 3-64 所示，为伸缩后浇带。后浇带施工，如图 3-65 所示。后浇带混凝土浇筑前，需对该部位进行细致清理。

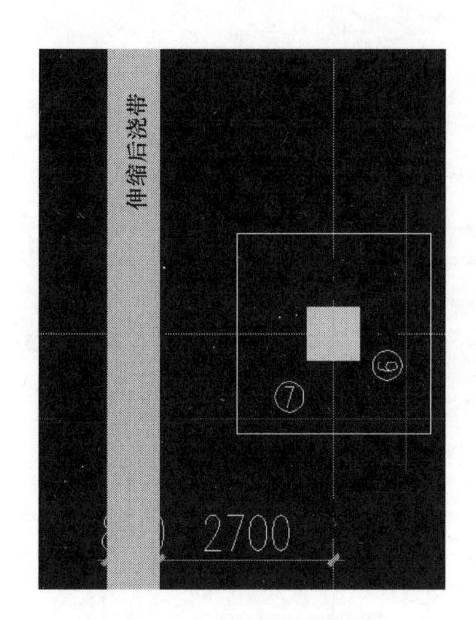

图 3-64　伸缩后浇带

图 3-65　后浇带施工

如图 3-66 所示，基础平面布置图可以查看基础、基础梁、柱基础的位置。基础梁示意图，如图 3-67 所示。

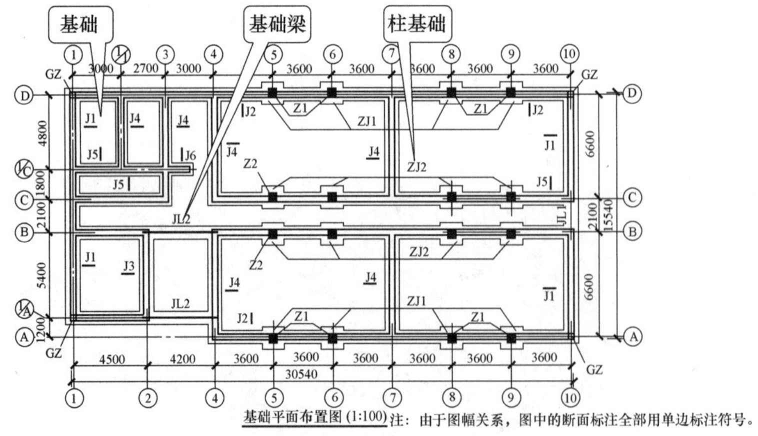

图 3-66　基础平面布置图

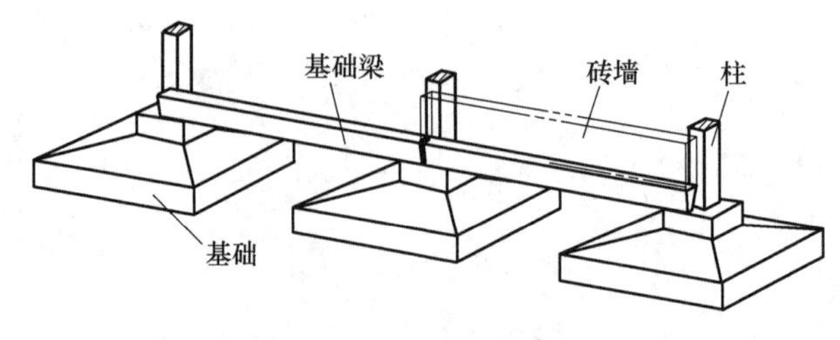

图 3-67　基础梁示意图

第 3 节　结构平面布置图读图识图实例解析

如图 3-68 所示，结构平面图中，包含预应力空心板，施工时需注意，应提前进行采购，并对预制多孔楼板代号意义进行明确，如图 3-69 所示。

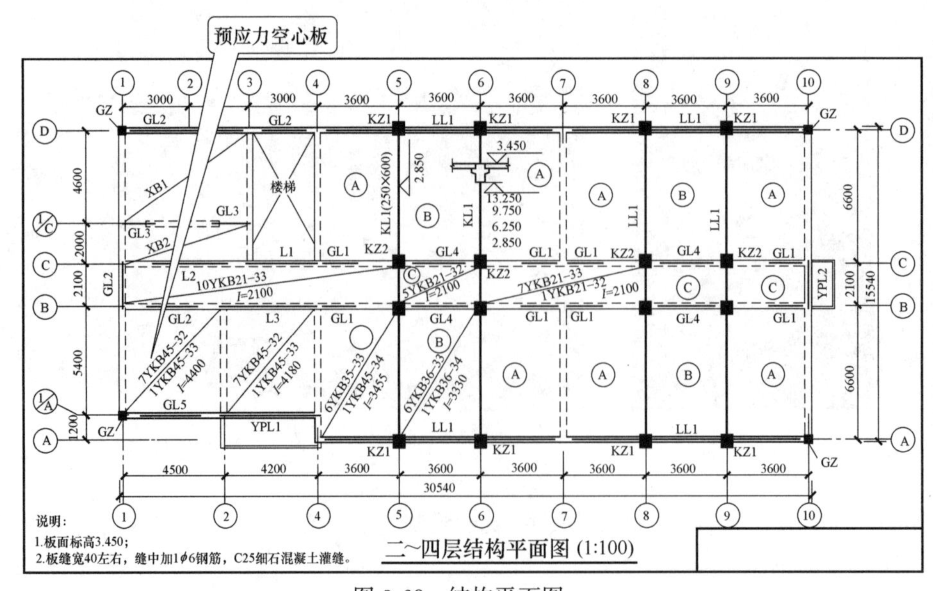

图 3-68　结构平面图

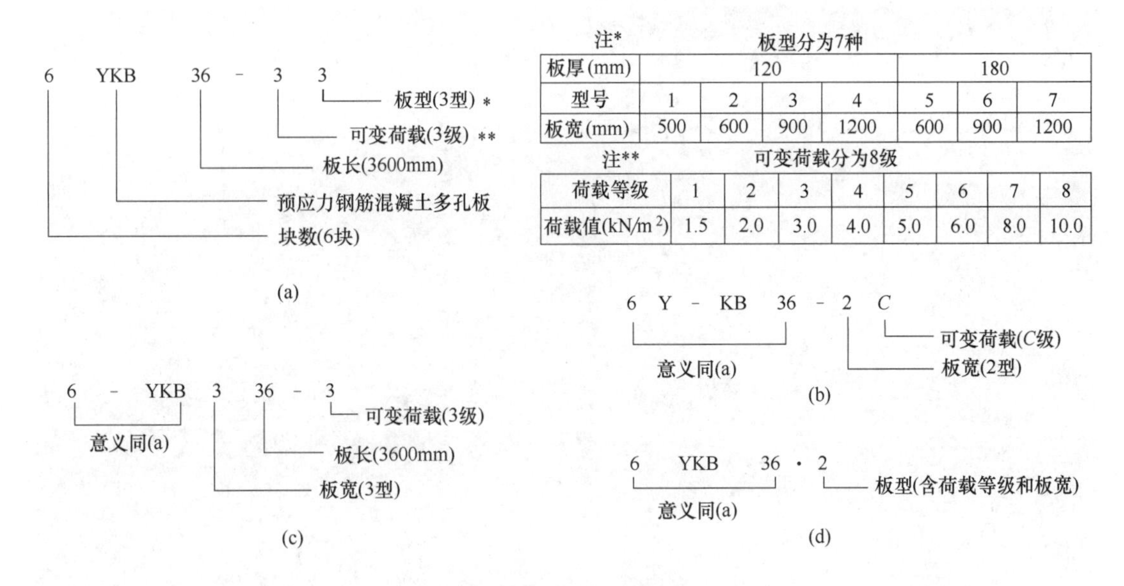

注*　板型分为7种

板厚(mm)	120				180		
型号	1	2	3	4	5	6	7
板宽(mm)	500	600	900	1200	600	900	1200

注**　可变荷载分为8级

荷载等级	1	2	3	4	5	6	7	8
荷载值(kN/m^2)	1.5	2.0	3.0	4.0	5.0	6.0	8.0	10.0

图 3-69　预制多孔楼板代号意义

如图 3-70 所示，对于结构平面图中包含的人防门框，应及时对照门窗表进行尺寸确定。关于墙体的配筋，对应墙的编号查看详图，涉及柱帽需注意。现场结构平面施工图，如图 3-71 所示。

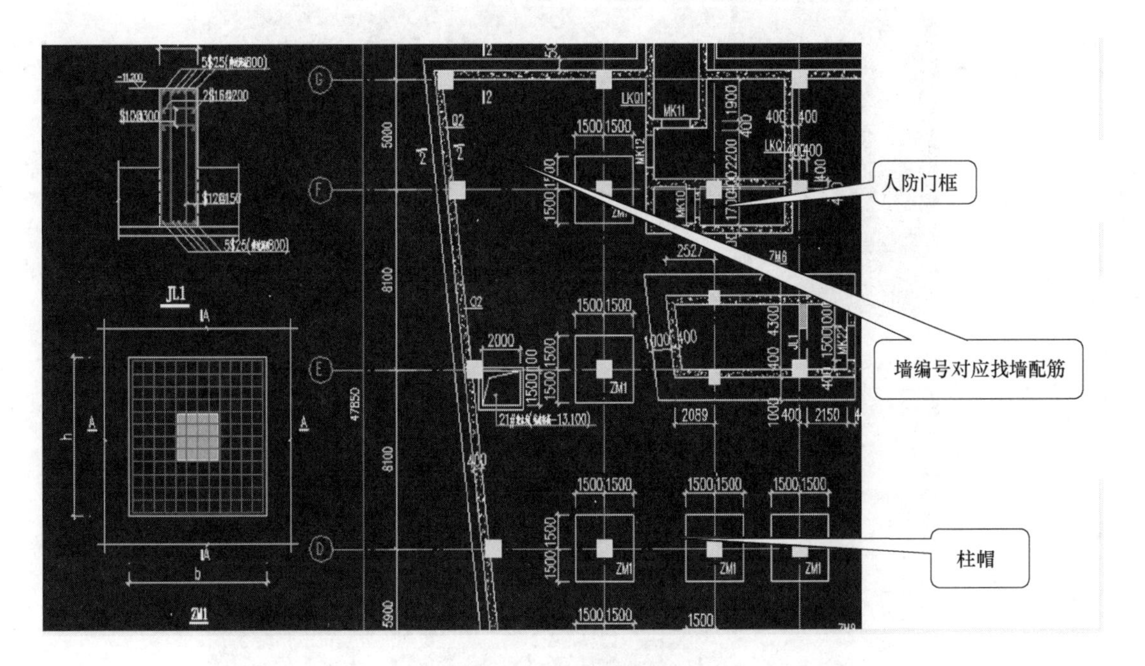

图 3-70　结构平面图

如图 3-72 所示，柱帽结构详图，可知该柱帽厚度为 600mm，平面尺寸根据编号不同，查看平面尺寸表。现场柱帽施工图，如图 3-73 所示。

图 3-71　现场结构平面施工图

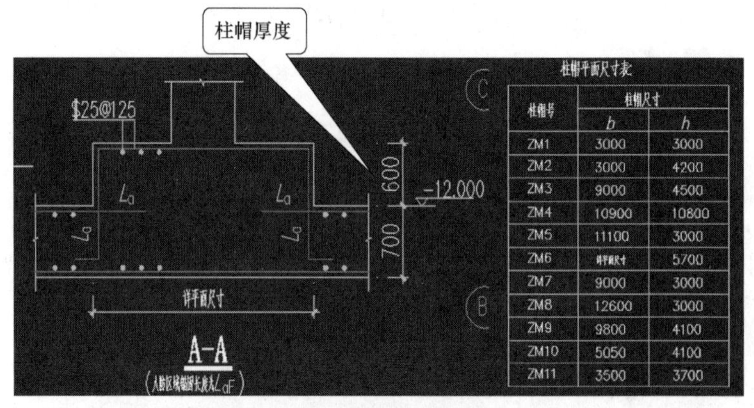

柱帽平面尺寸表

柱帽号	柱帽尺寸	
	b	h
ZM1	3000	3000
ZM2	3000	4200
ZM3	9000	4500
ZM4	10900	10800
ZM5	11100	3000
ZM6	详平面尺寸	5700
ZM7	9000	3000
ZM8	12600	3000
ZM9	9800	4100
ZM10	5050	4100
ZM11	3500	3700

图 3-72　柱帽结构详图

图 3-73　现场柱帽施工图

结构基础图，需关注柱帽的定位尺寸、筏板厚度及标高，如图 3-74 所示，该筏板厚度为 700mm，筏板顶标高为－12.000m。

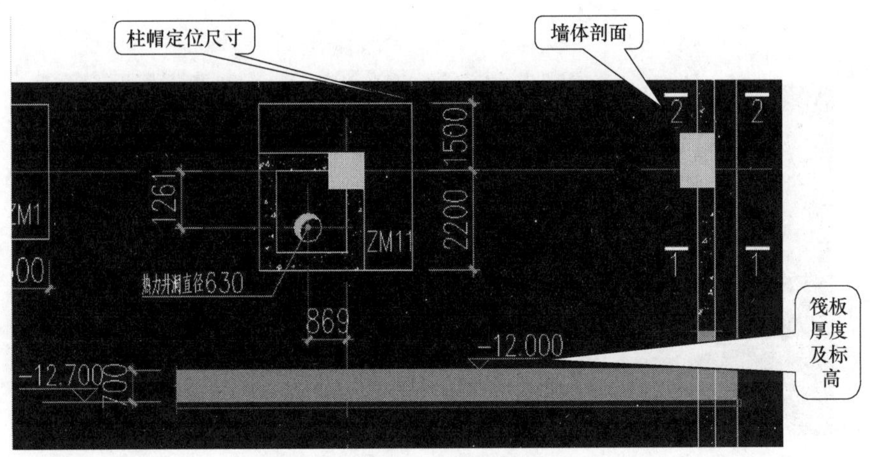

图 3-74　结构基础图

柱帽及基础底板混凝土浇筑时，应做好柱子钢筋保护，如图 3-75 所示。除采用塑料薄膜包裹外，也可以采用 PVC 管套住钢筋，此 PVC 管可以重复使用。

图 3-75　柱子钢筋保护

索引符号及详图符号的具体意思，如图 3-76 所示。

索引符号	5/— ：5 — 详图的编号；— — 详图在本页图纸内 5/2 ：5 — 详图的编号；2 — 详图所在的图纸编号 J103 5/3 ：J103 — 标准图集的编号；5 — 详图的编号；3 — 详图所在的图纸编号	圆圈和引出线均用细实线绘制，圆圈直径为10mm，引出线应对准索引符号的圆心
详图符号	5 — 详图的编号（详图在被索引的图纸内） 5/4 ：5 — 详图的编号；4 — 被索引的详图所在图纸编号	圆圈直径为14mm的粗实线圆

图 3-76　索引符号及详图符号

人防门框需对应详图及建筑图确认是否矛盾，集水坑需将结施、建施、设施结合起来看，需注意标高。集水坑如图 3-77 所示，人防门框如图 3-78 所示。

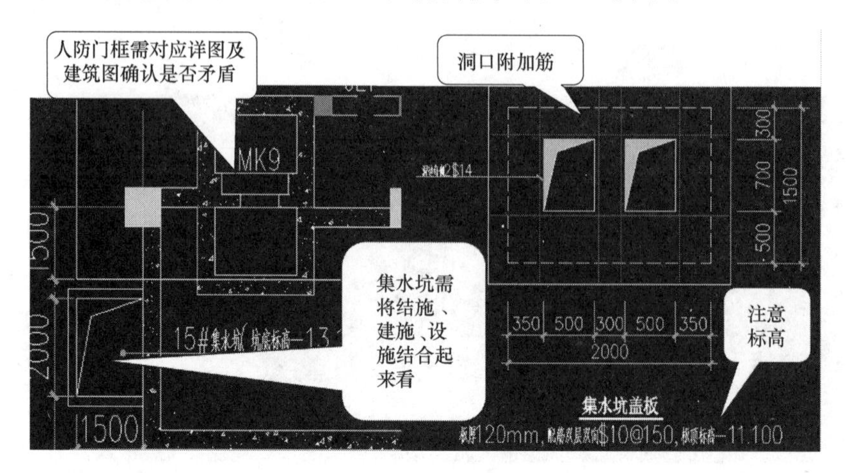

图 3-77　集水坑

图 3-78　人防门框

人防口部配筋，如图 3-79 所示。人防口部立面配筋对照详图查看，如图 3-80 所示。现场实际人防配筋施工，如图 3-81 所示。人防门框及人防大门施工，如图 3-82、图 3-83 所示。

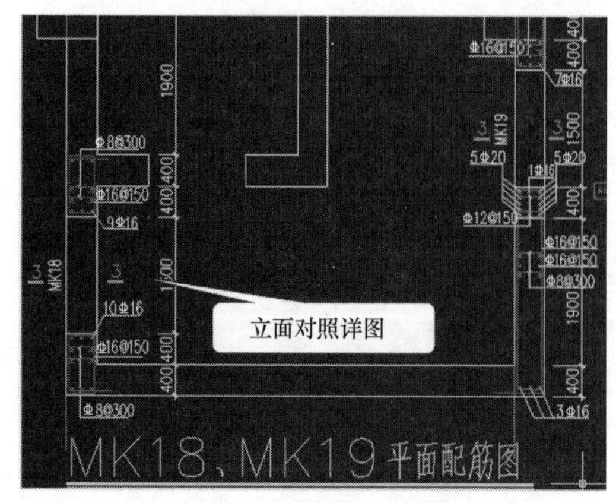

图 3-79　人防口部配筋

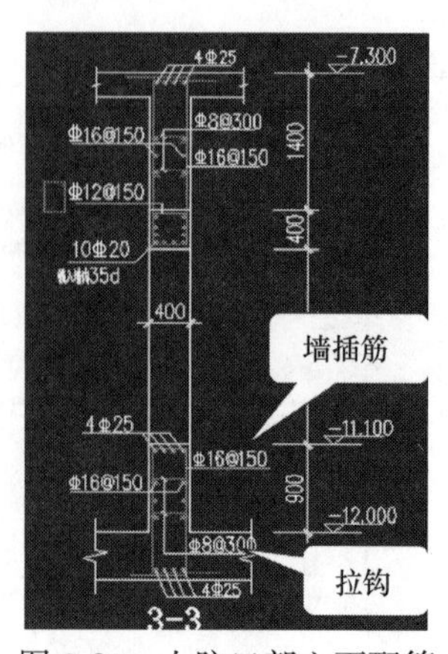

图 3-80　人防口部立面配筋

图 3-81　现场实际人防配筋施工

图 3-82　人防门框

图 3-83　人防大门

电梯坑、集水坑施工应注意标高及钢筋锚固长度、型号及间距，如图 3-84、图 3-85 所示。

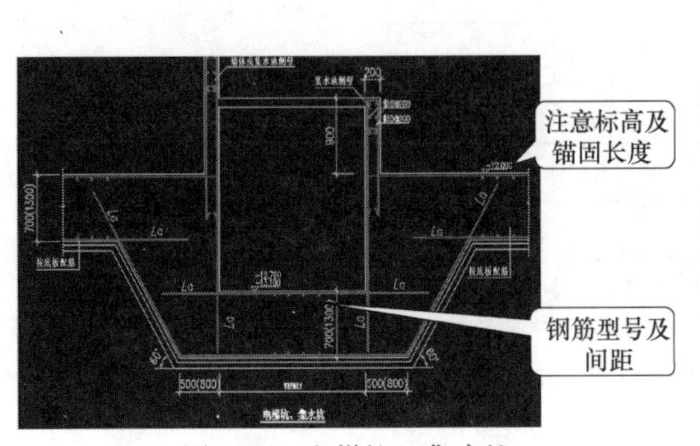

图 3-84　电梯坑、集水坑

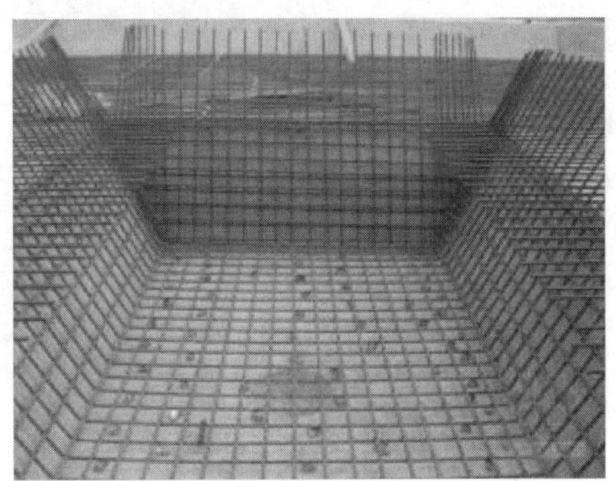

图 3-85　电梯坑、集水坑施工

受拉钢筋锚固长度 l_a、l_{abE} 与钢筋型号、混凝土强度、钢筋直径、抗震等级有关。具体详见 22G101-1P59，锚固长度如图 3-86、图 3-87 所示。

受拉钢筋锚固长度l_a

钢筋种类	混凝土强度等级															
	C25		C30		C35		C40		C45		C50		C55		≥C60	
	$d\leqslant 25$	$d>25$	$d\leqslant 25$	$d>25$	$d\leqslant 25$	$d>25$	$d\leqslant 25$	$d>25$	$d\leqslant 25$	$d>25$	$d\leqslant 25$	$d>25$	$d\leqslant 25$	$d>25$	$d\leqslant 25$	$d>25$
HPB300	$34d$	—	$30d$	—	$28d$	—	$25d$	—	$24d$	—	$23d$	—	$22d$	—	$21d$	—
HRB400、HRBF400 RRB400	$40d$	$44d$	$35d$	$39d$	$32d$	$35d$	$29d$	$32d$	$28d$	$31d$	$27d$	$30d$	$26d$	$29d$	$25d$	$28d$
HRB500、HRBF500	$48d$	$53d$	$43d$	$47d$	$39d$	$43d$	$36d$	$40d$	$34d$	$37d$	$32d$	$35d$	$31d$	$34d$	$30d$	$33d$

受拉钢筋抗震锚固长度l_{aE}

钢筋种类及抗震等级		混凝土强度等级															
		C25		C30		C35		C40		C45		C50		C55		≥C60	
		$d\leqslant 25$	$d>25$	$d\leqslant 25$	$d>25$	$d\leqslant 25$	$d>25$	$d\leqslant 25$	$d>25$	$d\leqslant 25$	$d>25$	$d\leqslant 25$	$d>25$	$d\leqslant 25$	$d>25$	$d\leqslant 25$	$d>25$
HPB300	一、二级	$39d$	—	$35d$	—	$32d$	—	$29d$	—	$28d$	—	$26d$	—	$25d$	—	$24d$	—
	三级	$36d$	—	$32d$	—	$29d$	—	$26d$	—	$25d$	—	$24d$	—	$23d$	—	$22d$	—
HRB400 HRBF400	一、二级	$46d$	$51d$	$40d$	$45d$	$37d$	$40d$	$33d$	$37d$	$32d$	$36d$	$31d$	$35d$	$30d$	$33d$	$29d$	$32d$
	三级	$42d$	$46d$	$37d$	$41d$	$34d$	$37d$	$30d$	$34d$	$29d$	$33d$	$28d$	$32d$	$27d$	$30d$	$26d$	$29d$
HRB500 HRBF500	一、二级	$55d$	$61d$	$49d$	$54d$	$45d$	$49d$	$41d$	$46d$	$39d$	$43d$	$37d$	$40d$	$36d$	$39d$	$35d$	$38d$
	三级	$50d$	$56d$	$45d$	$49d$	$41d$	$45d$	$38d$	$42d$	$36d$	$39d$	$34d$	$37d$	$33d$	$36d$	$32d$	$35d$

图 3-86　锚固长度

非抗震	抗震	注： 1. l_a 不应小于200。 2.锚固长度修正系数ξ_a按受拉钢筋锚固长度修正系数ξ_a表取用，当多于一项时，可按连乘计算，但不应小于0.6。 3. ξ_{aE}为抗震锚固长度修正系数,对一、二级抗震等级取1.15，对三级抗震等级取1.05，对四级抗震等级取1.0
$l_a=\xi_a l_{ab}$	$l_{aE}=\xi_{aE} l_a$	

注：1. HPB300钢筋末端应做180°弯钩，弯后平直长度不应小于$3d$，但做受压钢筋时可不做弯钩。
2. 当锚固钢筋保护层厚度不大于$5d$时，锚固钢筋长度范围内应设置横向构造钢筋，其直径不应小于$d/4$(d为锚固钢筋最大直径)；对梁、柱等构件间距不应大于$5d$，对墙、板等构件间距不应大于$10d$，且均不应大于100(d为锚固钢筋最小直径)

纵向受拉钢筋搭接长度修正系数ξ_a

锚固条件		ξ_a	
带肋钢筋的公称直径大于25		1.10	—
环氧树脂层带肋钢筋		1.25	
施工过程中易受扰动的钢筋		1.10	
保护层厚度	$3d$	0.8	注：中间时按内插值。d为锚固钢筋直径。
	$5d$	0.7	

图 3-87　锚固长度

受拉钢筋绑扎搭接长度l_l、l_{lE}与ζ、l_{aE}、l_a有关。具体详见 22G101-1 第 61 页，如图 3-88 所示，符号说明如图 3-89 所示。

纵向受拉钢筋绑扎搭接长度l_l、l_{lE}详见22G101-1第62页			
抗震		非抗震	
$l_{lE}=\xi_l l_{aE}$		$l_l=\xi_l l_a$	
纵向受拉钢筋搭接长度修正系数ξ_l			
纵向钢筋搭接接头面积百分率(%)	≤25	50	100
ξ_l	1.2	1.4	1.6

注：
1. 当不同直径的钢筋搭接时，l_l、l_{lE}按直径较小的钢筋计算。
2.在任何情况下l_l不得小于300mm。
3.式中ξ_l为纵向受拉钢筋搭接长度修正系数，当纵向钢筋搭接接头百分率为表的中间值时，可按内插取值

图 3-88 受拉钢筋绑扎搭接长度

代号	含义	代号	含义
l_{ab}	受拉非抗震钢筋的最小锚固长度	l_{abE}	受拉抗震钢筋的最小锚固长度
l_a	受拉非抗震钢筋锚固长度	l_{aE}	受拉抗震钢筋锚固长度
l_{lE}	纵向受拉抗震钢筋绑扎搭拉长度	l_l	纵向受拉钢筋非抗震绑扎搭拉长度
C	混凝土保护层厚度	d	钢筋直径
h_b	为梁节点高度	l_w	钢筋弯折长度
H_n	为所在楼层的柱净高	l_n	梁跨净长
h_c	在计算柱钢筋时为柱截面长边尺寸（圆柱为截面直径），在计算梁钢筋时：h_c为柱截面沿框架方向的高度		

图 3-89 符号说明

支座系统：基础梁是柱的支座，柱是梁的支座，梁是板的支座，如图 3-90 所示。

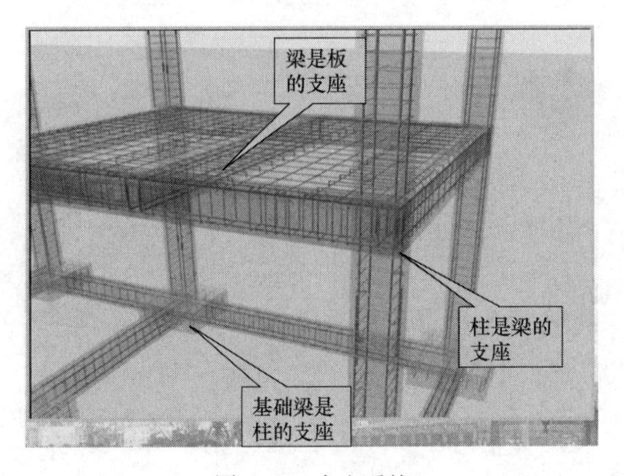

图 3-90 支座系统

在外墙施工时，施工缝部位应设置钢板止水带，需注意钢板止水带的尺寸及放置方向。在一级建造师的考试中，考过钢板止水带的设置，如图 3-91～图 3-93 所示。

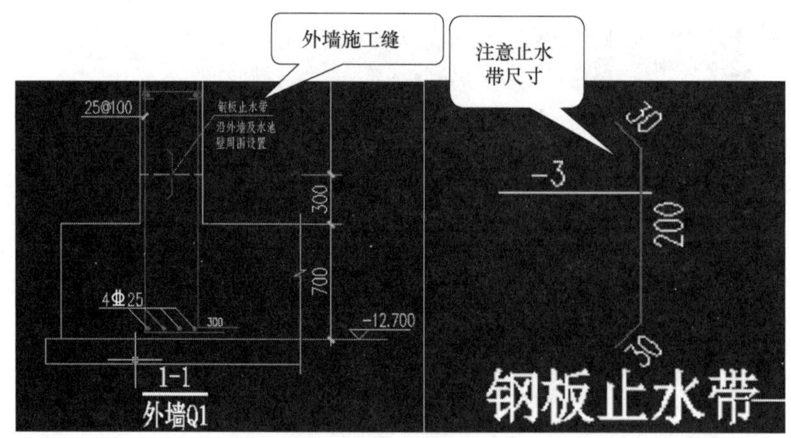

图 3-91　外墙施工缝钢板止水带

图 3-92　钢板止水带施工

图 3-93　钢板止水带混凝土清理

在墙体施工时，墙体拉结筋需设置拉钩，重点关注墙体封闭钢筋设计、墙插筋构造。墙体钢筋设计如图 3-94 所示。

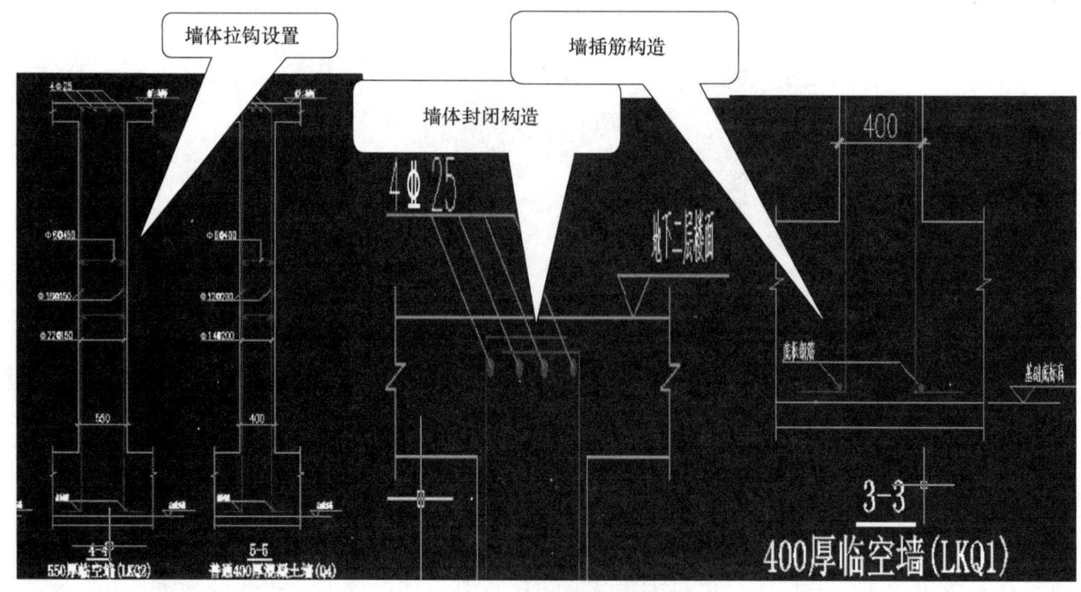

图 3-94　墙体钢筋设计

基础上下铁钢筋设置，如图 3-95 所示。

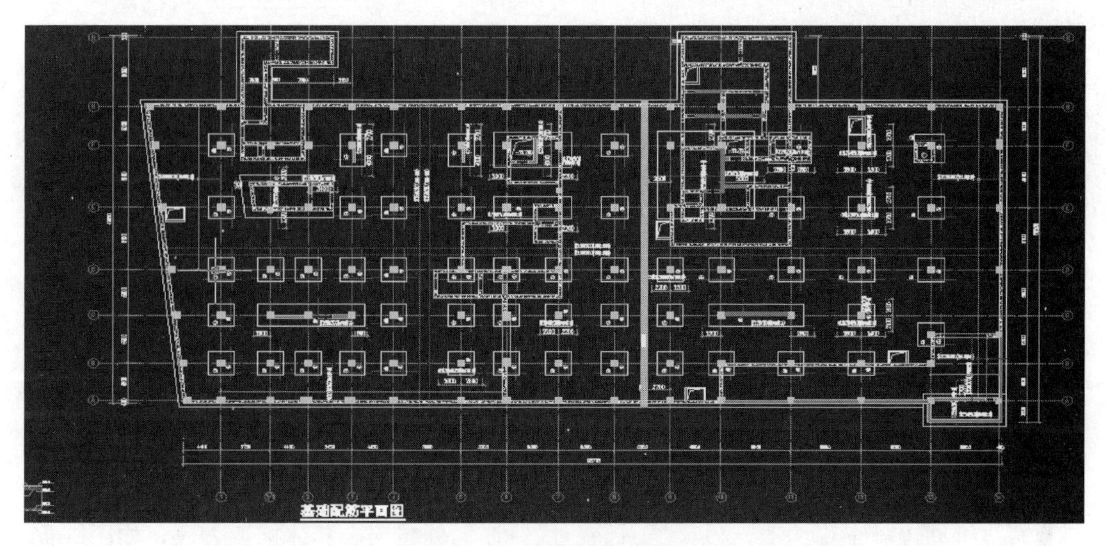

图 3-95　基础上下铁钢筋设置

第 4 节　构件详图读图识图实例解析

钢筋画法一般表示方法，如图 3-96 所示。

名　称	图　例	说　明
平面图中的双层钢筋		底层钢筋弯钩向上或向左
墙体中的钢筋立面图		远面钢筋弯钩向下或向右
一般钢筋大样图		断面图中钢筋重影时在断面图外面增加大样图
箍筋大样图	或	箍筋或环筋复杂时须画其大样图
平面图或立面图中布置相同钢筋的起止范围		

图 3-96　钢筋画法一般表示方法

钢筋标注形式，如图 3-97 所示。

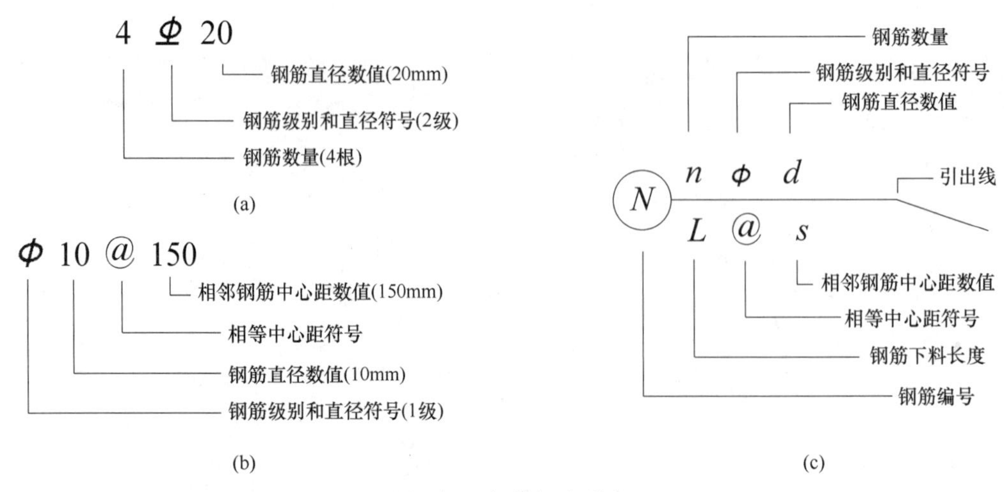

图 3-97　钢筋标注形式

现浇钢筋混凝土板构造，包含受力筋、构造筋、分布筋，具体标注方法，如图 3-98 所示。

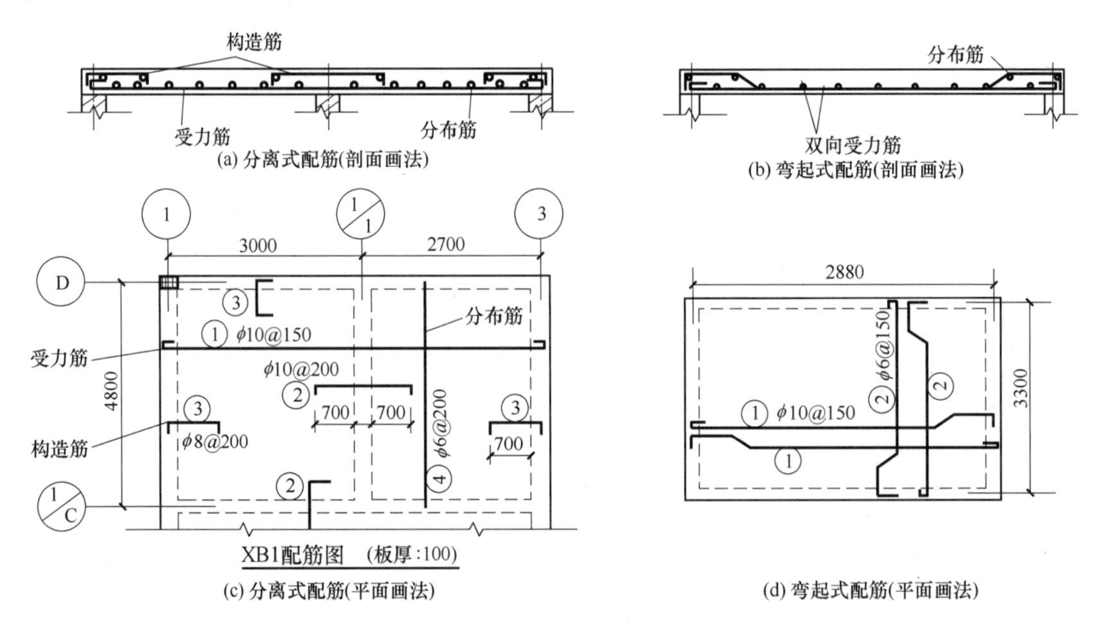

图 3-98　现浇钢筋混凝土板构造

钢筋混凝土梁配筋图，包括立面图、详图、断面图，如图 3-99 所示。

现浇柱配筋图，截面包括矩形、圆形等，如图 3-100 所示，矩形柱的配筋为左右各 3 根直径 20mm 的二级钢，中部 2 根直径 16mm 的二级钢，圆形柱的配筋为 8 根直径 25mm 的二级钢，箍筋为直径 8mm 的一级钢间距 200mm。

筏板钢筋排布，哪层在上哪层在下必须弄清楚，如图 3-101 所示，上网最上为第一层，下网最下为第一层，拉钩间距及布置形式为钢筋直径为 8mm 间距 400mm，呈梅花形布置，现场筏板钢筋绑扎，如图 3-102 所示。

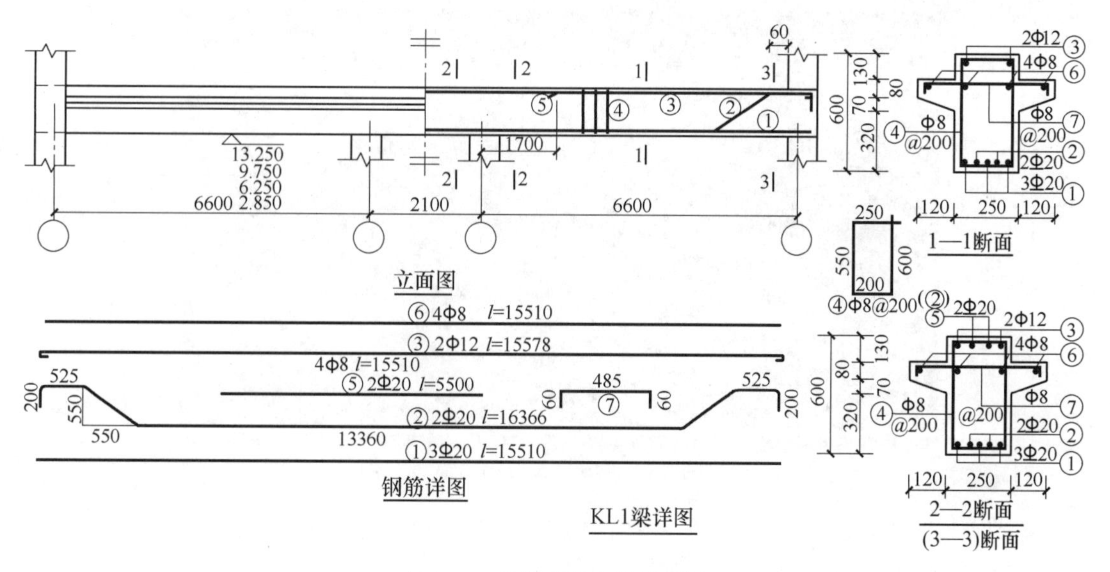

图 3-99　钢筋混凝土梁配筋图

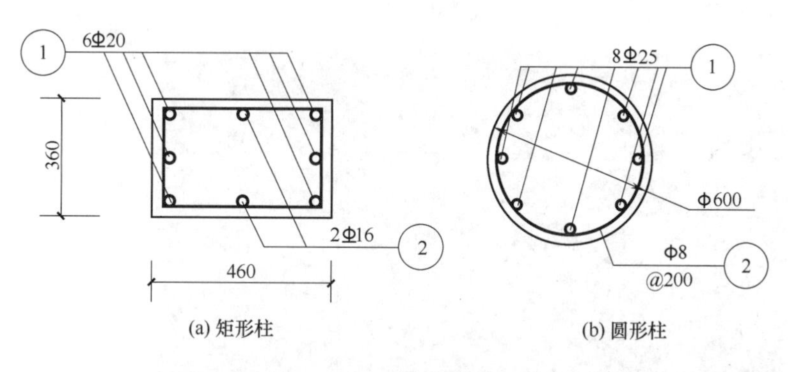

图 3-100　现浇柱配筋图

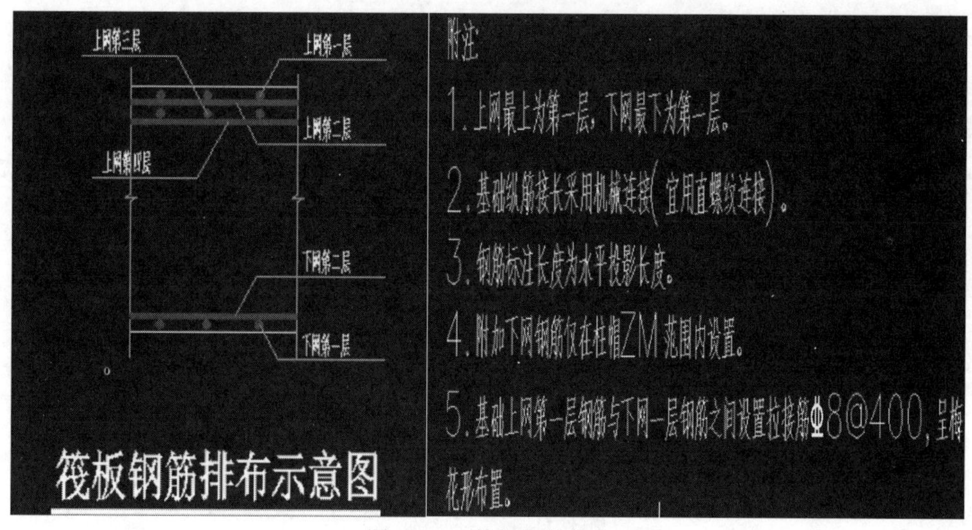

图 3-101　筏板钢筋排布

图 3-102　现场筏板钢筋绑扎

筏板上设置附加筋符号为 $，需注意附加筋范围，筏板附加筋布置如图 3-103、图 3-104 所示，筏板附加筋施工，如图 3-105 所示。

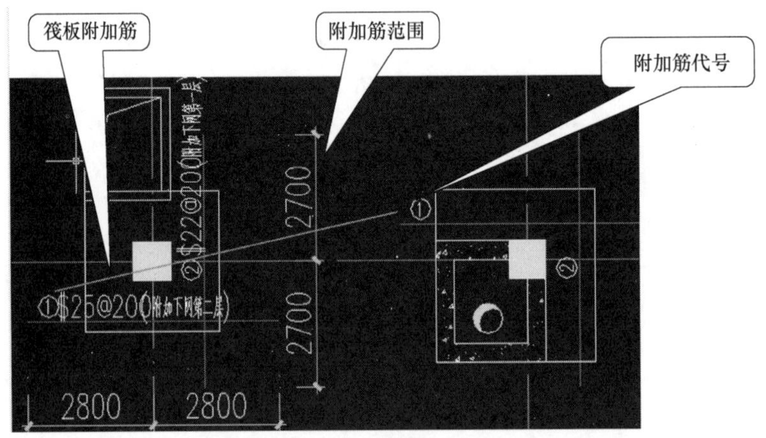

图 3-103　筏板附加筋布置 1

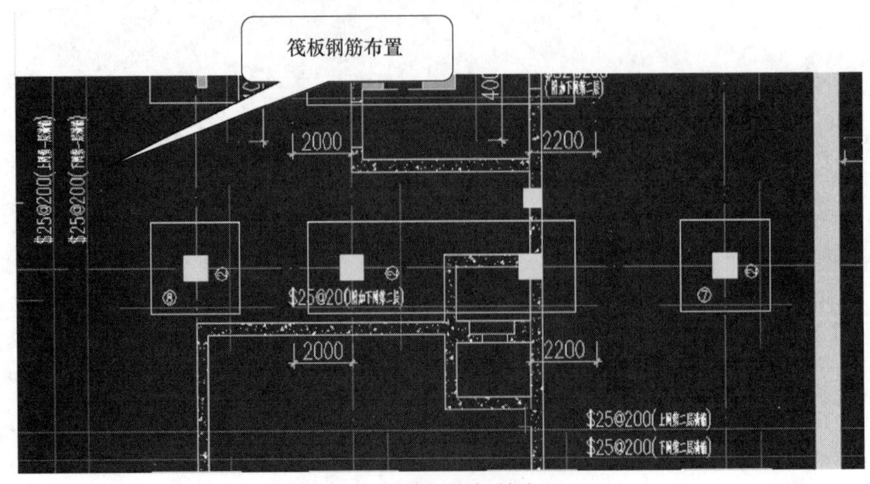

图 3-104　筏板附加筋布置 2

图 3-105　筏板附加筋施工

楼梯施工图包括：平面图、剖面图、详图等，如图 3-106 所示，现场楼梯施工，需两侧防护架体及时跟进，保护人员安全，如图 3-107 所示。

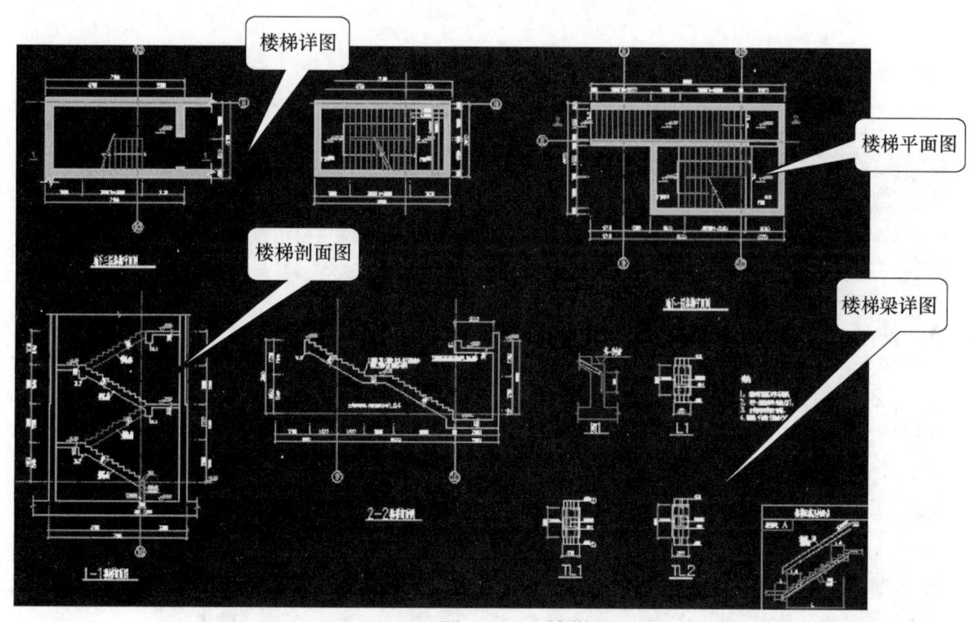

图 3-106　楼梯施工图

图 3-107　现场楼梯施工

楼梯平面图应注意标高及尺寸，楼梯踏步方向、数目，如图 3-108 所示。

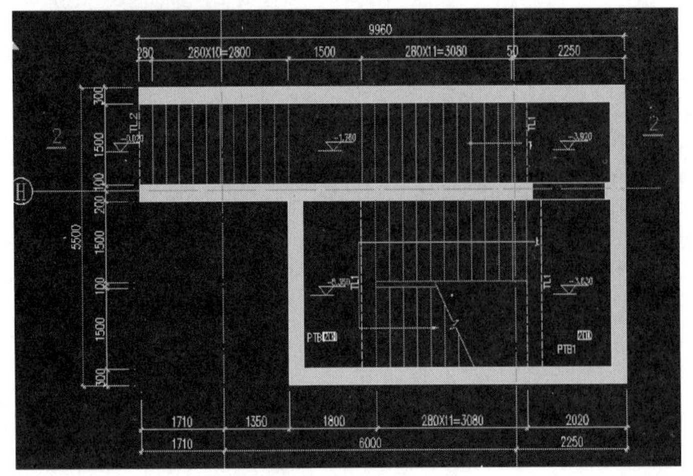

图 3-108　楼梯平面图

楼梯剖面图应注意楼梯板厚度、标高，具体梁配筋见代号详图，如图 3-109 所示，现场楼梯梯板钢筋绑扎，如图 3-110 所示。

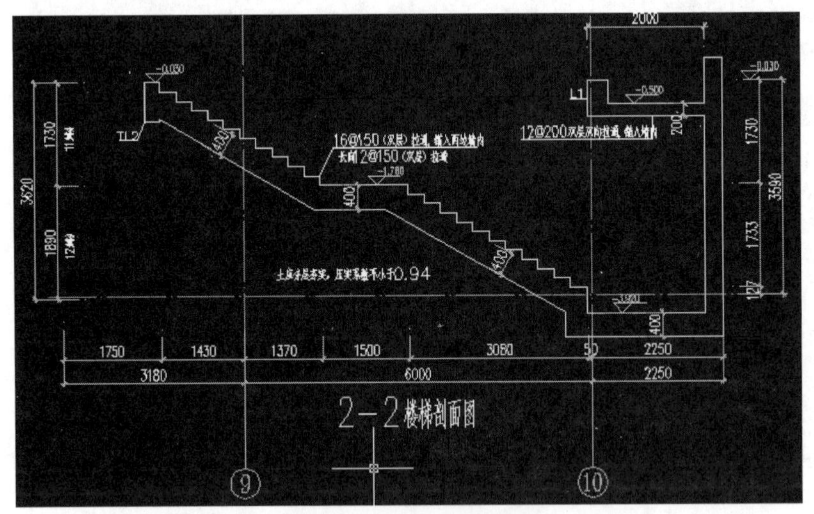

图 3-109　楼梯剖面图

图 3-110　现场楼梯梯板钢筋绑扎

楼梯梁配筋图如图 3-111 所示，楼梯梁 1 的尺寸为高 600mm，宽 350mm，上铁、下铁各 4 根直径 22mm 钢筋，构造筋两排，每排 2 根直径 14mm 钢筋，箍筋直径 10mm 间距 150mm，拉钩直径 8mm 间距 300mm。现场楼梯梯梁及踏步施工，如图 3-112 所示。楼梯剖面图，梯梁位置及梯板主筋配筋直径 14mm 间距 200mm，如图 3-113 所示。楼梯剖面图，楼梯板厚 160mm，局部墙体为防火墙，如图 3-114 所示。楼梯防火墙施工，如图 3-115 所示。楼梯完工效果，如图 3-116 所示。楼梯平台板，如图 3-117 所示，板厚 120mm，B 表示下部钢筋为双向直径 28mm 间距 200mm，T 表示上部钢筋为双向直径 28mm 间距 200mm，即双层双向直径 28mm 间距 200mm。

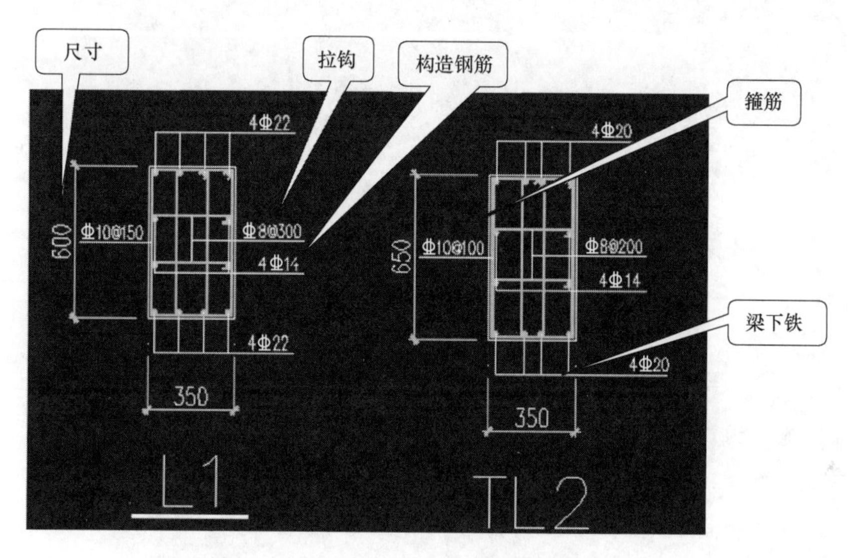

图 3-111　楼梯梁配筋图

图 3-112　现场楼梯梯梁及踏步施工

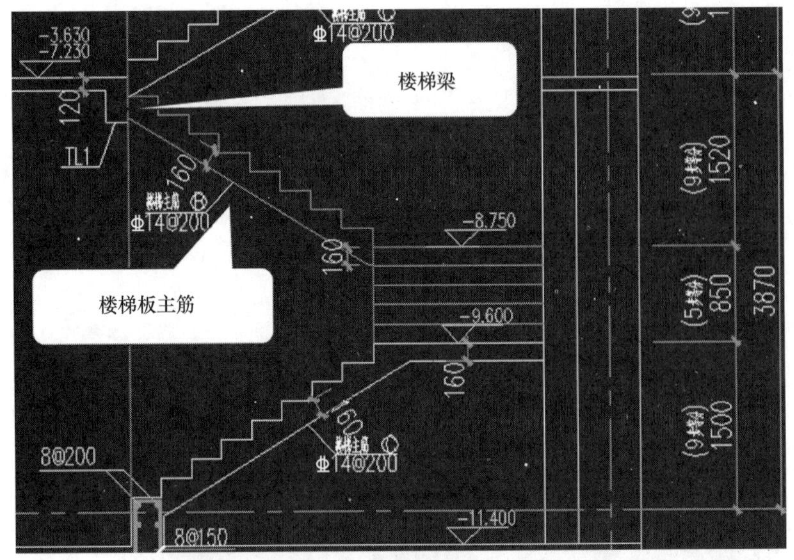

图 3-113　楼梯剖面图 1

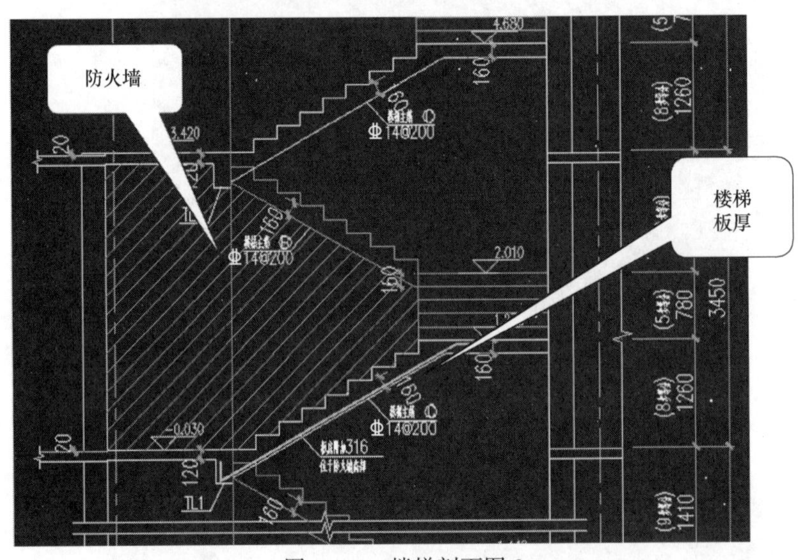

图 3-114　楼梯剖面图 2

图 3-115　楼梯防火墙施工

图 3-116　楼梯完工效果

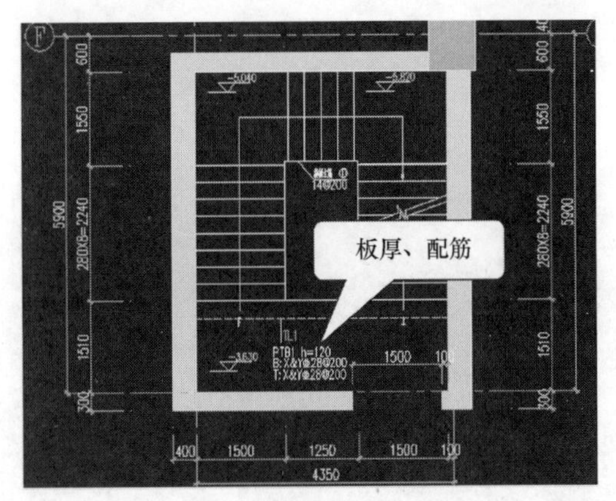

图 3-117　楼梯平台板

模板平面图，需注意不一样的地方，如图 3-118 所示，网格线标注部位。梁模板平面图，一般情况下梁尺寸超过 0.54m^2 需专家论证，如图 3-119 所示。现场模板施工，如图 3-120 所示。

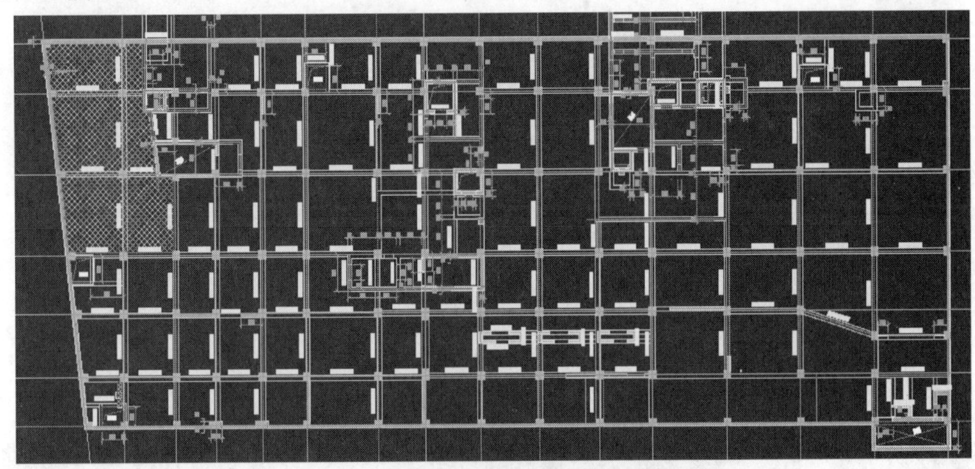

图 3-118　模板平面图

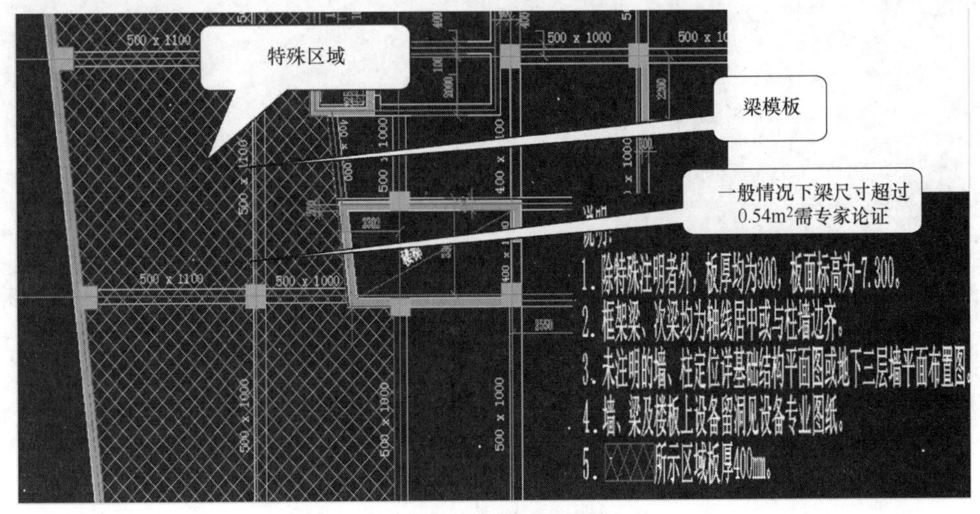

图 3-119　梁模板平面图

图 3-120　现场模板施工

板配筋图，板底设置分布筋，上铁钢筋设置附加筋，需注意附加筋范围，如图 3-121 所示。现场板钢筋绑扎，如图 3-122 所示。现场水电预埋，需固定好预埋线盒与管线的位置。一些项目，线盒是预埋了，但由于未固定或固定不牢固，造成混凝土浇筑完毕后，线盒位置不符合要求，进行后剔凿，影响结构，如图 3-123 所示。

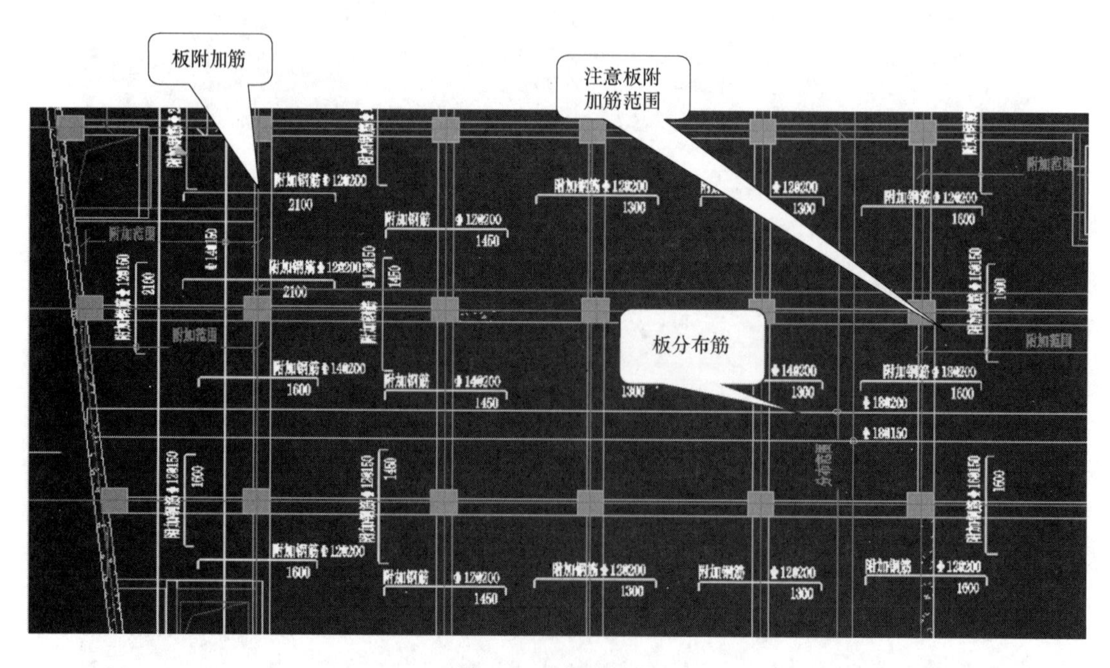

图 3-121　板配筋图

图 3-122 现场板钢筋绑扎

图 3-123 现场水电预埋

梁配筋图，有原位标注和集中标注，当两者冲突时按原位标注。梁集中标注如图 3-124 所示，KLD 为集中标注，梁编号为 216，跨数为 11 跨，梁截面尺寸为 500mm×1000mm，箍筋为直径 10mm 三级钢，加密区间距 100mm，非加密区间距 200mm，4 枝箍，梁纵向受力钢筋为 4 根直径 25mm 三级钢，构造钢筋为 6 根直径 14mm 三级钢。梁钢筋立体图较为直观，如图 3-125 所示。

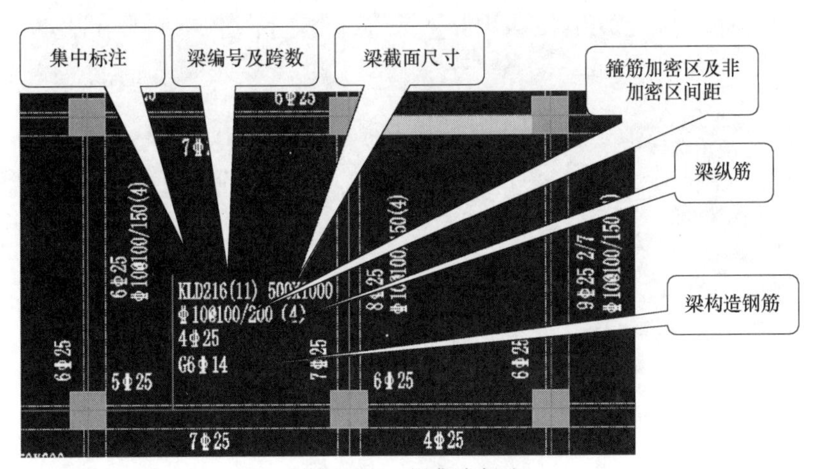

图 3-124 梁集中标注

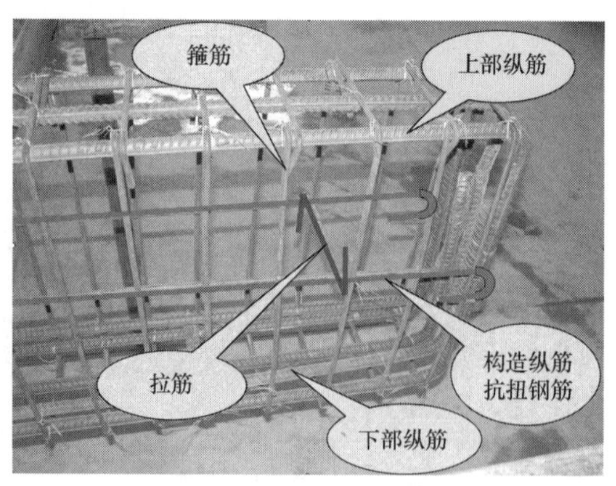

图 3-125　梁钢筋立体图

梁支座处配筋，如图 3-126 所示，梁支座处上铁 9 根钢筋分两排，第一排 7 根第二排 2 根，跨中下铁 9 根分两排，上部一排 2 根钢筋不锚入支座。现场梁钢筋施工，如图 3-127 所示。

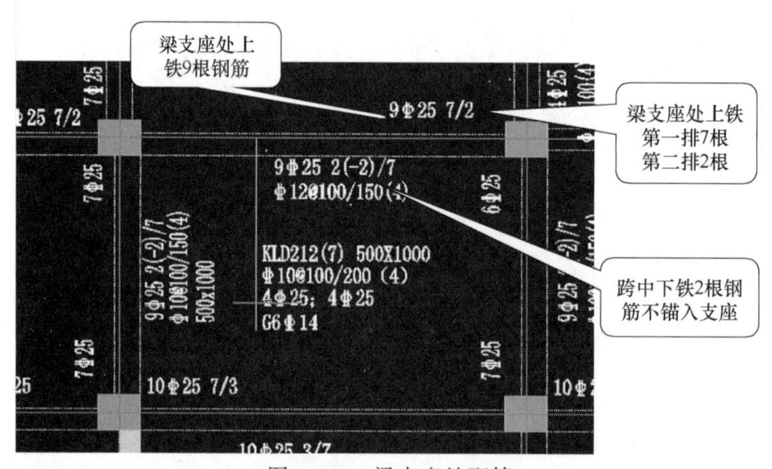

图 3-126　梁支座处配筋

图 3-127　现场梁钢筋施工

柱施工图，不同型号柱编号不同，注意柱定位，如图 3-128、图 3-129 所示，柱钢筋施工，如图 3-130 所示。

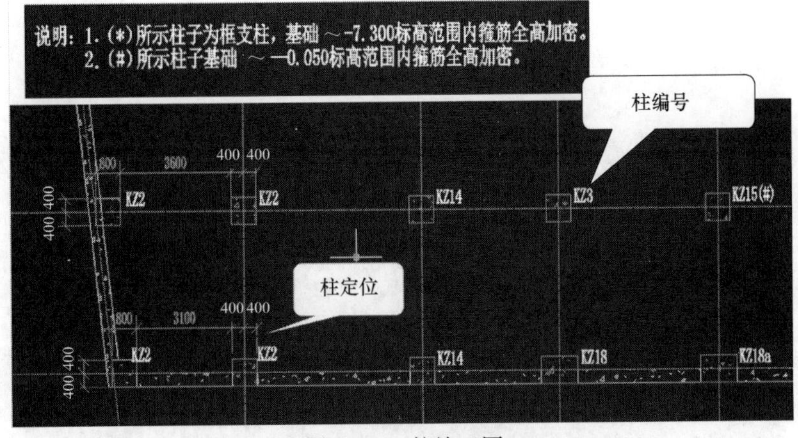

图 3-128　柱施工图

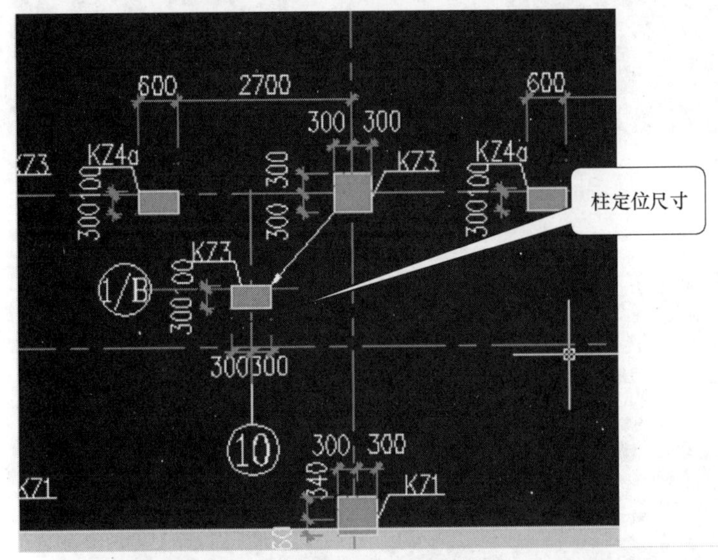

图 3-129　柱定位图

图 3-130　柱钢筋施工

柱配筋图，原位标注、集中标注，如图 3-131 所示。柱配筋列表标注，根据标高、截面尺寸进行分类，箍筋弯钩位置，如图 3-132 所示。

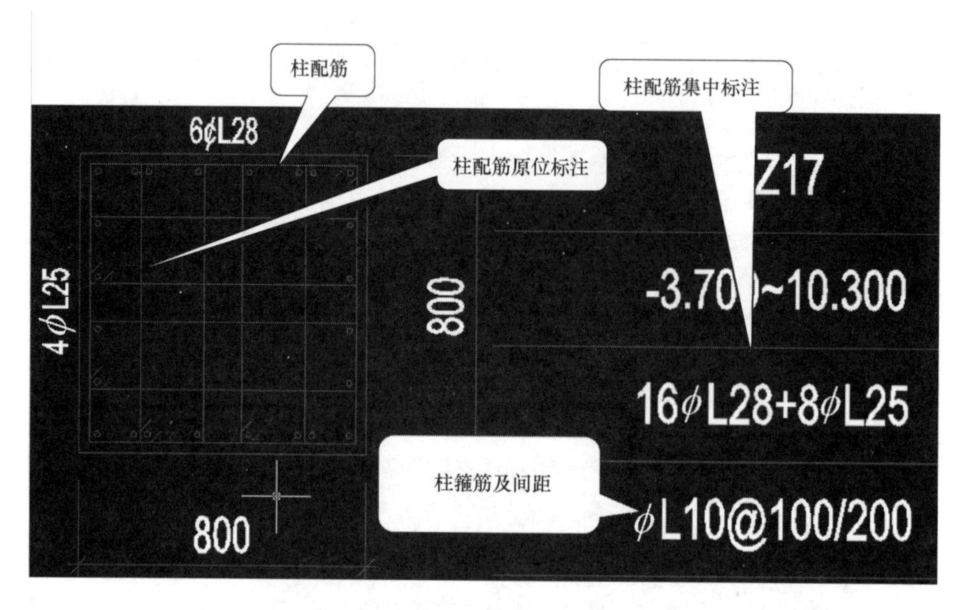

图 3-131 柱配筋图

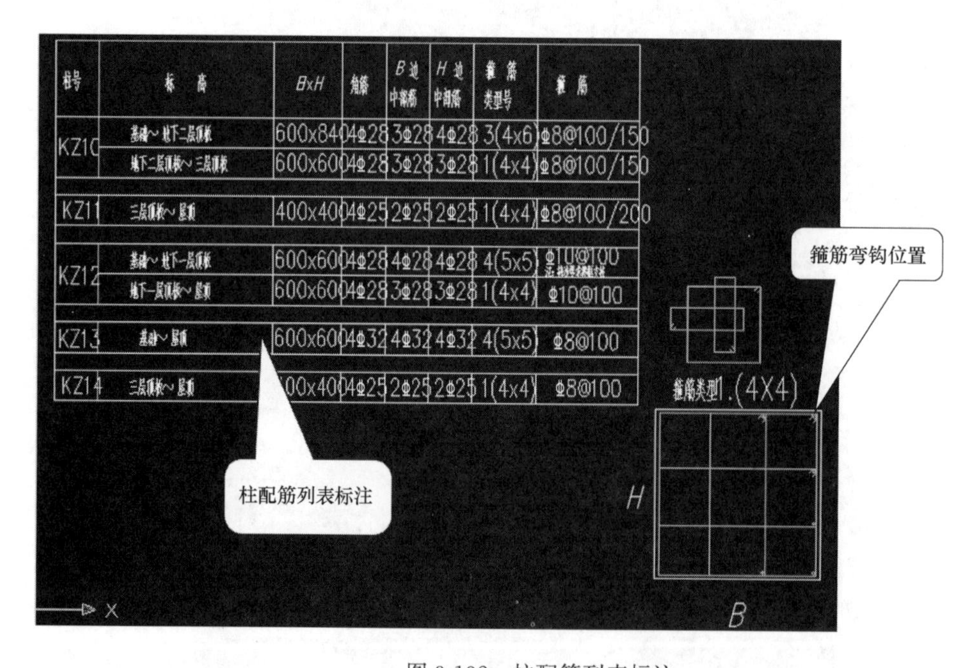

图 3-132 柱配筋列表标注

结构预留洞，各种洞口尺寸必须与建筑图对应一致，以确定准确位置，避免因建筑图与结构图的偏差，造成返工，如图 3-133 所示。现场水电预留洞，如图 3-134 所示。

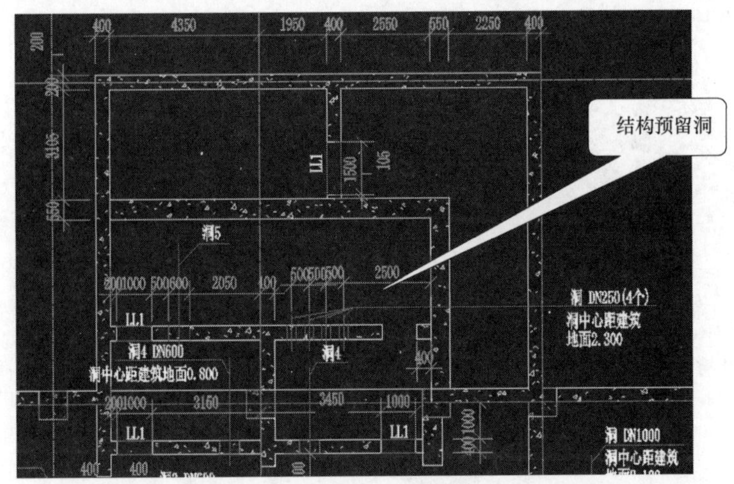

图 3-133　结构预留洞

图 3-134　现场水电预留洞

关于剪力墙，按其编号看详图配筋，如图 3-135 所示。现场剪力墙钢筋绑扎，如图 3-136 所示。

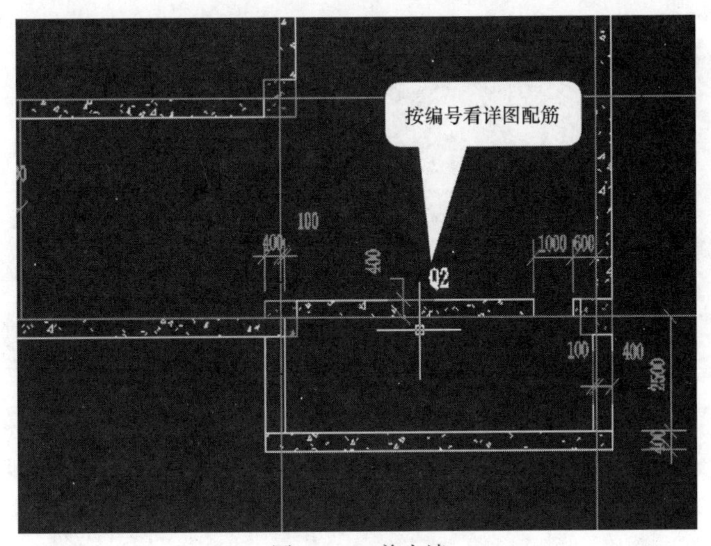

图 3-135　剪力墙

图 3-136　现场剪力墙钢筋绑扎

关于填充墙，平面图与墙体配筋表对照查看，墙体配筋表如图 3-137 所示。

墙体配筋表

墙体编号	所在楼层号	墙厚(mm)	水平筋	纵筋	拉筋
Q1	-3	400	Φ14@200	Φ18@200	Φ8@600
Q2	-3	400	Φ14@200	Φ25@200	Φ8@600

注：未注明的内墙墙体配筋，300厚均为Φ12@200双排双向；400厚均为Φ14@200双排双向；450厚墙体水平筋为Φ14@200，纵筋为Φ20@150（三排）

图 3-137　墙体配筋表

汽车坡道图，具体节点根据详图编号，查看对应的详图，对于坡道转弯位置图，应特别注意配筋及标高，如图 3-138、图 3-139 所示，汽车坡道完成效果，如图 3-140 所示。

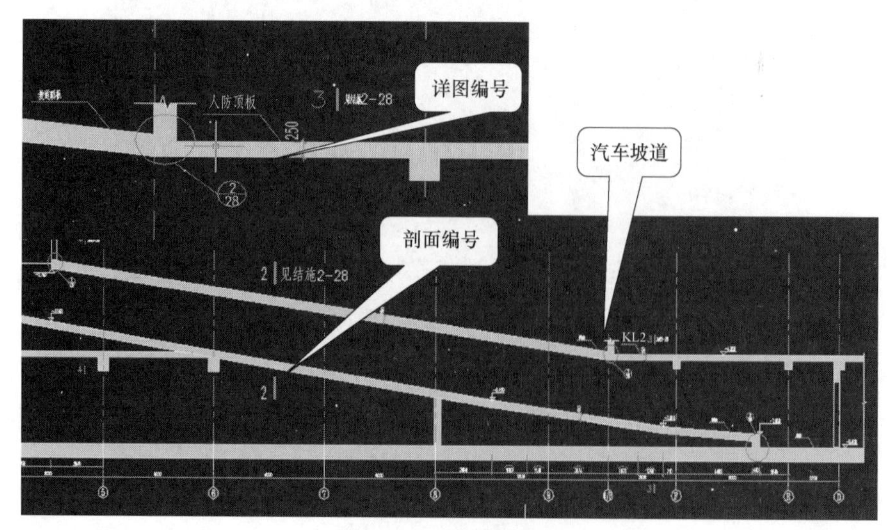

图 3-138　汽车坡道图

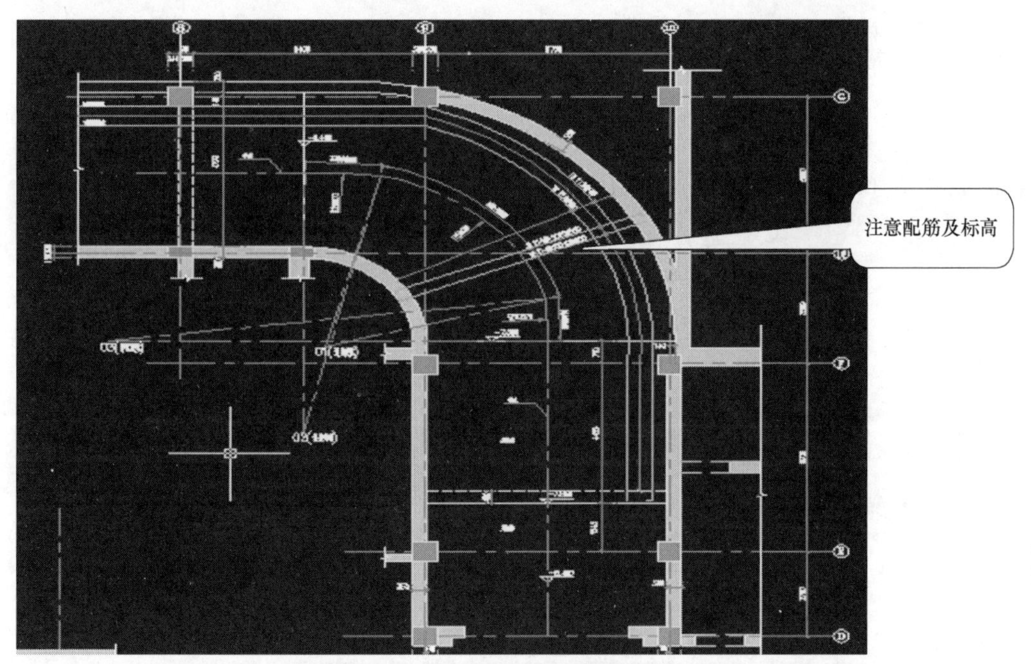

图 3-139　坡道转弯位置图

图 3-140　汽车坡道完成效果

汽车坡道与主体结构交接处，应将结构图结合建筑图一起查看，如图 3-141 所示。汽车坡道施工效果，如图 3-142 所示。

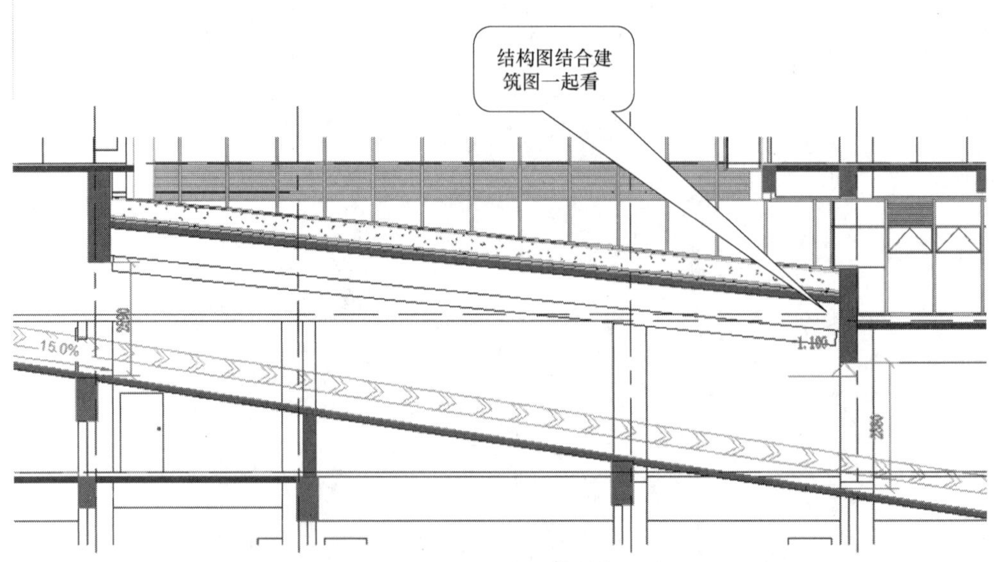

图 3-141　汽车坡道与主体结构交接处

图 3-142　汽车坡道施工效果

第4章　脚手架工程

第1节　落地式脚手架工程施工技术与管理

1. 脚手架相关规范

(1)《建筑施工扣件式钢管脚手架安全技术规范》JGJ 130—2011。

(2)《建筑施工工具式脚手架安全技术规范》JGJ 202—2010。

(3)《建筑施工门式钢管脚手架安全技术标准》JGJ/T 128—2019。

(4)《建筑施工碗扣式钢管脚手架安全技术规范》JGJ 166—2016。

(5)《建筑施工木脚手架安全技术规范》JGJ 164—2008。

(6)《建筑施工竹脚手架安全技术规范》JGJ 254—2011。

(7)《建筑施工承插型盘扣式钢管脚手架安全技术标准》JGJ/T 231—2021。

(8)《高处作业吊篮》GB/T 19155—2017。

(9)《钢管脚手架扣件》GB 15831—2023。

(10)《建筑施工安全检查标准》JGJ 59—2011。

2. 脚手架分类

脚手架按搭设的位置分为外脚手架、内脚手架；按材料不同可分为木脚手架、竹脚手架、钢管脚手架；按构造形式分为落地式脚手架、桥式脚手架、门式脚手架、悬吊式脚手架、悬挂式脚手架、悬挑式脚手架、爬式脚手架（附着式升降脚手架）。脚手架分类如图4-1所示，常用脚手架如图4-2～图4-9所示。

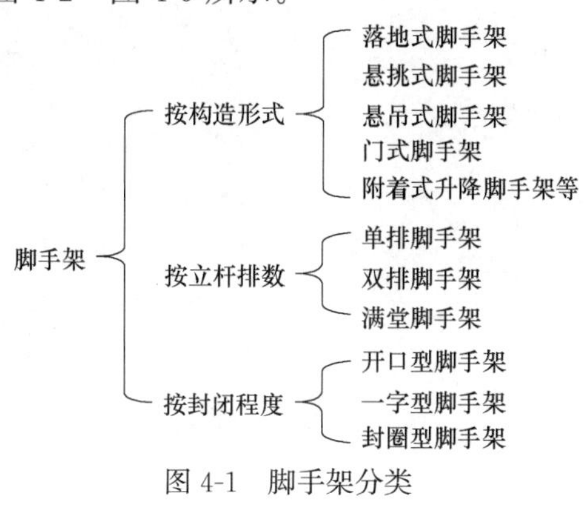

图4-1　脚手架分类

图 4-2　落地式脚手架

图 4-3　悬挑式脚手架

图 4-4　附着式升降脚手架

图 4-5　扣件式钢管脚手架

图 4-6　附着式升降脚手架

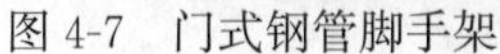
图 4-7　门式钢管脚手架

图 4-8　木竹脚手架

图 4-9　碗扣式钢管脚手架

以下脚手架工程属于危险性较大的分部分项工程，需编制专项方案：

（1）搭设高度 24m 及以上的落地式钢管脚手架工程（包括采光井、电梯井脚手架）。

（2）附着式升降脚手架工程。

（3）悬挑式脚手架工程。

（4）高处作业吊篮。

（5）卸料平台、操作平台工程。

（6）异型脚手架工程。

落地式脚手架，指的是直接在地面或楼板面搭设的脚手架，要求架体基础有足够的承载力、稳定性和有效的排水措施。

落地式脚手架搭设高度不宜超过 50m，超过 50m 的，应采用双杆立杆、分段卸荷、分段搭设等措施，并通过专家论证，如图 4-10 所示。

3. 落地式脚手架施工工艺流程

落地式脚手架主要结构包括：立杆、水平杆、扫地杆、剪刀撑、连墙件、脚手板、抛

图 4-10　落地式双排脚手架

撑、挡脚板、扣件、底座等。施工工艺流程：施工准备→平整地基→抄平放线→支模→浇筑混凝土→铺板→放置底座→纵向扫地杆→立杆→横向扫地杆→第一步大横杆→第一步小横杆→第二步大横杆→第二步小横杆→临时斜撑杆→第三、四步纵小横杆→连墙杆→连立杆→设剪刀撑→铺脚手板、挂安全网，如图 4-11、图 4-12 所示。

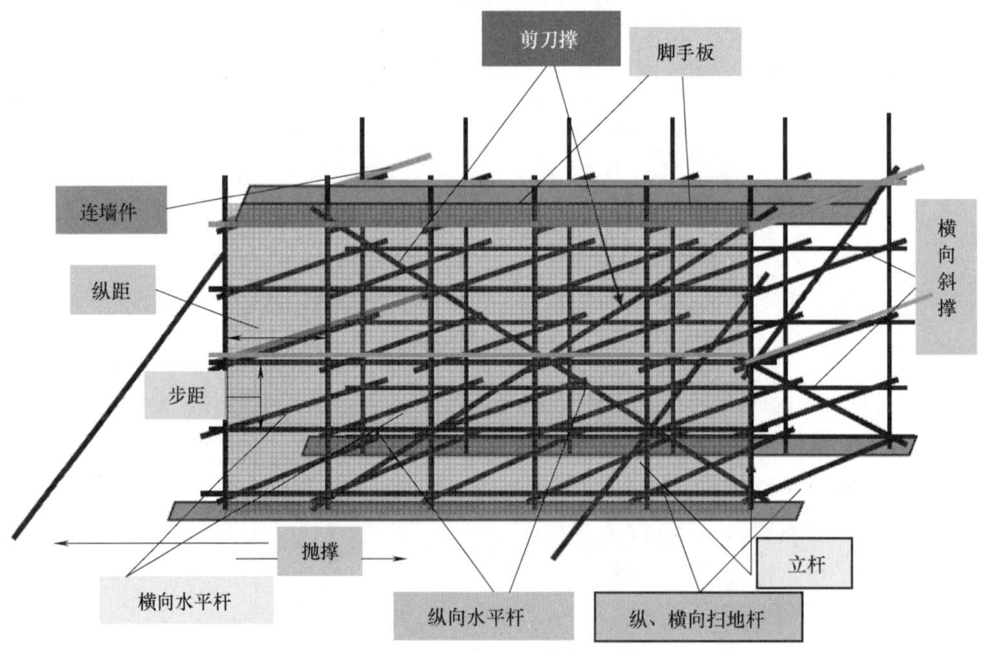

图 4-11　落地式脚手架主要结构 1

4. 落地式脚手架施工技术管理要点

（1）地基与基础：

1）脚手架地基与基础的施工，必须根据脚手架搭设高度、搭设场地土质情况与现行国家标准的有关规定进行；

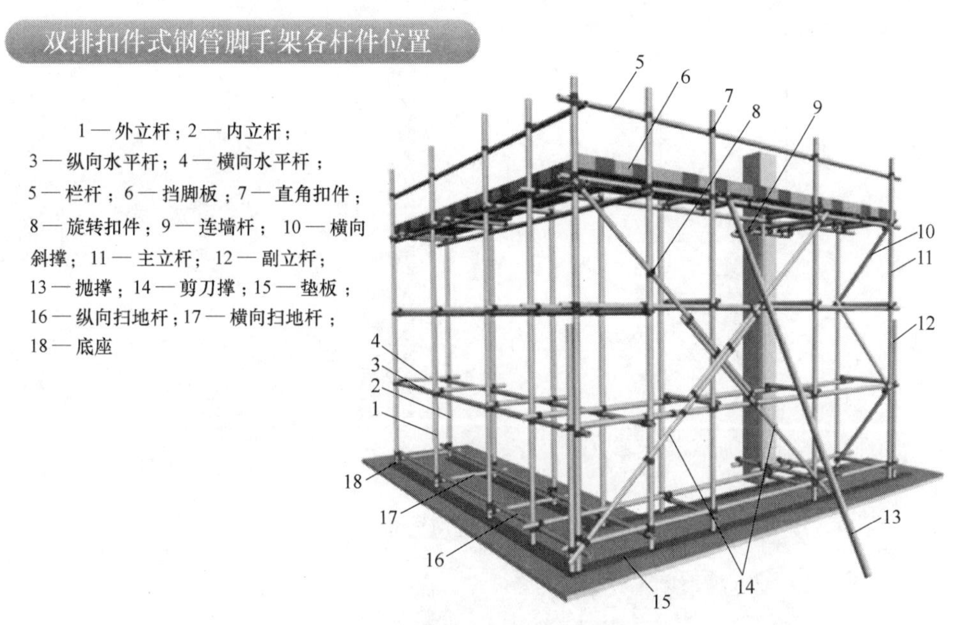

图 4-12　落地式脚手架主要结构 2

2）脚手架底座底面标高宜高于自然地坪 50mm；

3）脚手架基础经验收合格后，应按施工组织设计的要求放线定位；

4）应设置有效的排水措施。避免由于水的下渗，引起基础的不均匀沉降，造成架体失稳，如图 4-13 所示。

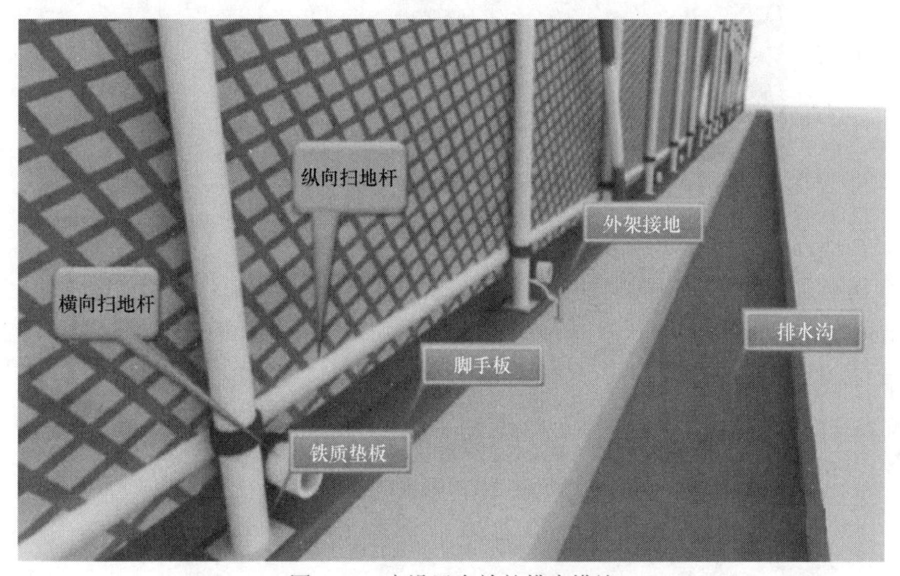

图 4-13　应设置有效的排水措施

（2）底座：

1）底座、垫板均应准确地放在定位线上；脚手架底座如图 4-14、图 4-15 所示；

2）垫板应采用长度不小于 2 跨、厚度不小于 50mm、宽度不小于 200mm 的木垫板。脚手架垫板如图 4-16 所示。

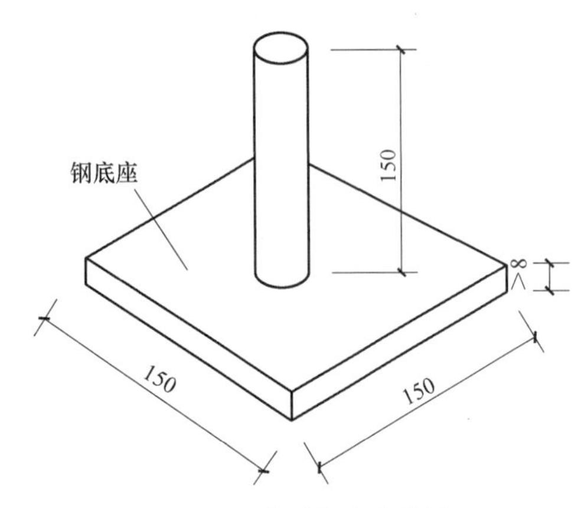

图 4-14　脚手架底座简图

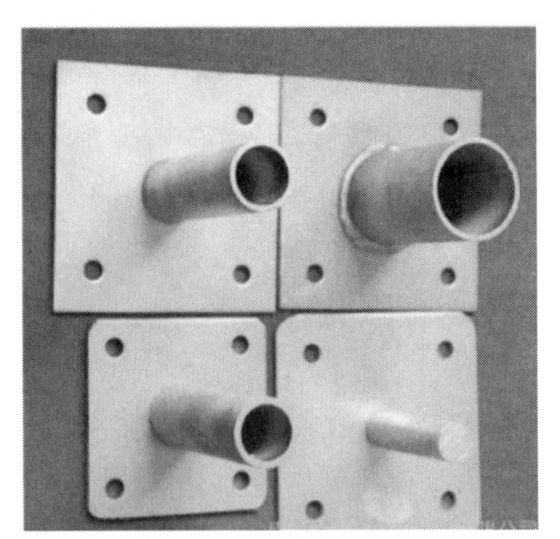

图 4-15　脚手架底座

图 4-16　脚手架垫板

（3）扫地杆：

脚手架必须设置纵、横向扫地杆。纵向扫地杆应采用直角扣件固定在距钢管底端不大于 200mm 处的立杆上。横向扫地杆应采用直角扣件固定在紧靠纵向扫地杆下方的立杆上。脚手架扫地杆搭设如图 4-17 所示。

图 4-17　脚手架扫地杆搭设

（4）搭设要求：

脚手架开始搭设立杆时，应每隔 6 跨设置一根抛撑，直至连墙件安装稳定后，方可根据情况拆除。抛撑与地面倾角应在 45°～60°，至主节点距离不大于 300mm。脚手架抛撑搭设如图 4-18 所示。

脚手架必须配合施工进度搭设，一次搭设高度不应超过相邻连墙件以上两步；如果超过相邻连墙件以上两步，无法设置连墙件时，应采取撑拉固定等措施与建筑结构拉结。

每搭设完一步脚手架后，应按照规范规定校正步距、纵距、横距及立杆的垂直度。脚手架搭设如图 4-19 所示。

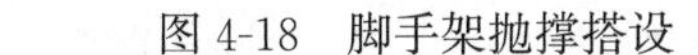

图 4-18　脚手架抛撑搭设

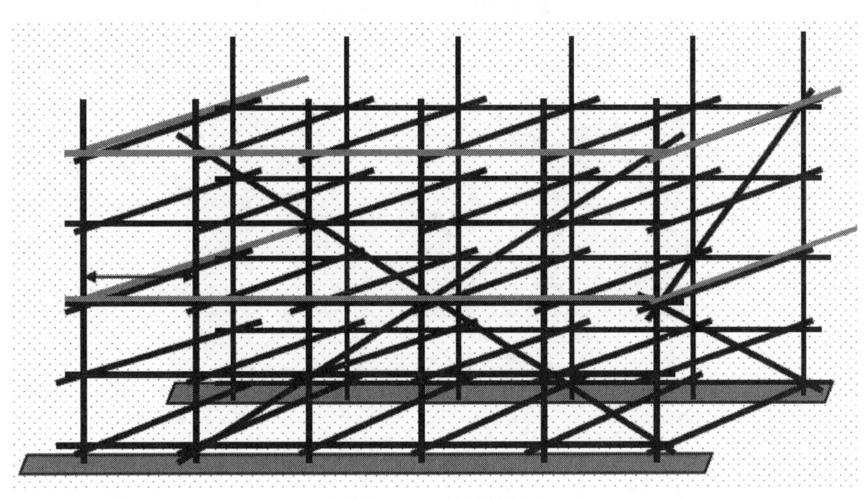

图 4-19　脚手架搭设

（5）立杆：

1）每根立杆底部宜设置底座或垫板；

2）立杆采用对接连接时，对接扣件开口应朝上或朝内，立杆的对接扣件应交错布置，两根相邻立杆的接头不应设置在同步内，同步内隔一根立杆的两个相邻接头在高度方向错开的距离不宜小于500mm；各接头中心至主节点的距离不宜大于步距的1/3。脚手架立杆对接连接如图4-20所示；

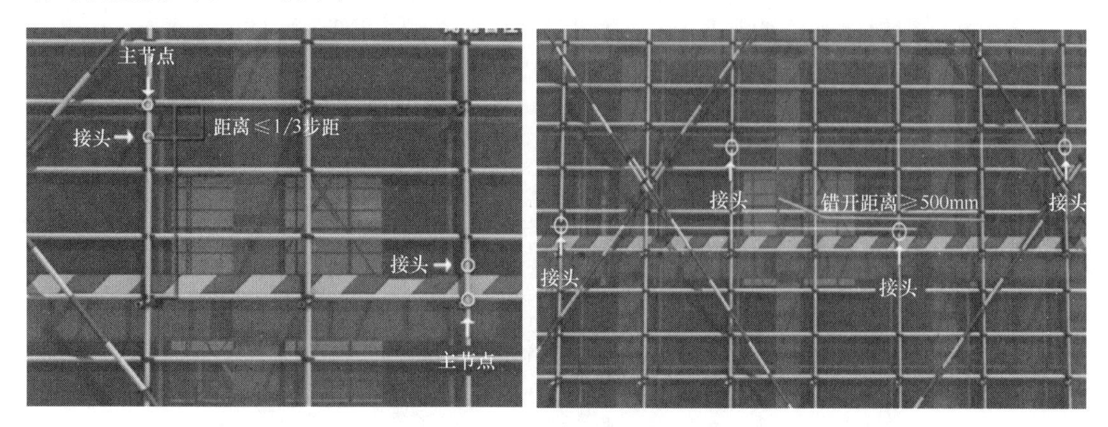

图4-20　脚手架立杆对接连接

3）立杆采用搭接时，搭接长度不小于1m，不少于2个旋转扣件，扣件边缘距杆端距离不应小于100mm（脚手架立杆除接长顶层顶步外，其余各层必须对接），如图4-21、图4-22所示；

图4-21　脚手架立杆搭接

4）当架体搭设至有连墙件的主节点时，在搭设完该处的立杆、纵向水平杆、横向水平杆后，应立即设置连墙件；

5）脚手架立杆顶端，宜高出女儿墙上端1m，宜高出檐口上端1.5m，如图4-23所示。

（6）纵向水平杆：

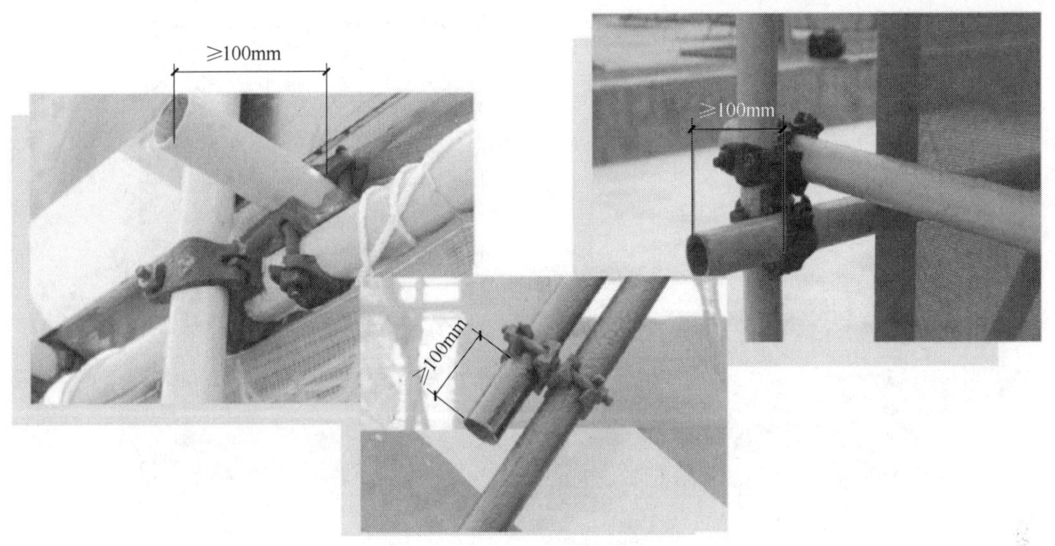

图 4-22 扣件边缘距杆端距离

图 4-23 脚手架立杆顶端

1）纵向水平杆应随立杆按步搭设，并应采用直角扣件与立杆固定；

2）纵向水平杆应设置在立杆内侧，单根杆长度不应小于 3 跨，如图 4-24 所示；

3）两根相邻纵向水平杆的接头不应设置在同步或同跨，且两个相邻接头在水平方向错开距离不应小于 500mm，各接头中心至最近主节点距离不应大于纵距的 1/3；

4）搭接长度不应小于 1m，等间距设置 3 个旋转扣件，扣件边缘距杆端距离不应小于 100mm。纵向水平杆的接头设置如图 4-25 所示；

5）在封闭型脚手架的同一步内，纵向水平杆应四周交圈设置，并应用直角扣件与内外角部立杆固定。

（7）横向水平杆：

1）主节点横向水平杆，用直角扣件固定在立杆上，且应设置在纵向水平杆上方，如图 4-26 所示；

2）作业层上非主节点横向水平杆，应根据支承脚手板的需要等间距设置，最大间距不应大于纵距的 1/2；当使用木脚手板时，横向水平杆两端应采用直角扣件固定在纵向水平杆上，如图 4-27 所示；

图 4-24　纵向水平杆设置

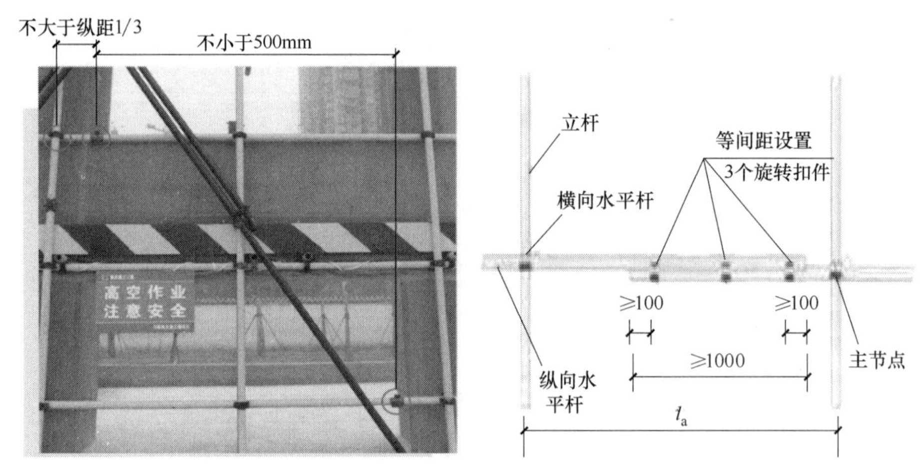

图 4-25　纵向水平杆的接头设置

3）双排脚手架横向水平杆靠墙一端至墙装饰面距离不应大于 100mm；

4）脚手架立杆基础不在同一高度时，必须将高处的纵向扫地杆向低处延长两跨与立杆固定，高低差不应大于 1m。靠边坡上方的立杆轴线到边坡的距离不应小于 500mm，如图 4-28 所示。

（8）连墙件：

1）连墙件的安装应随脚手架搭设同步进行，不得滞后安装；

2）高度≤50m 的双排落地脚手架连墙件布置，最大间距为三步三跨，如表 4-1 所示；

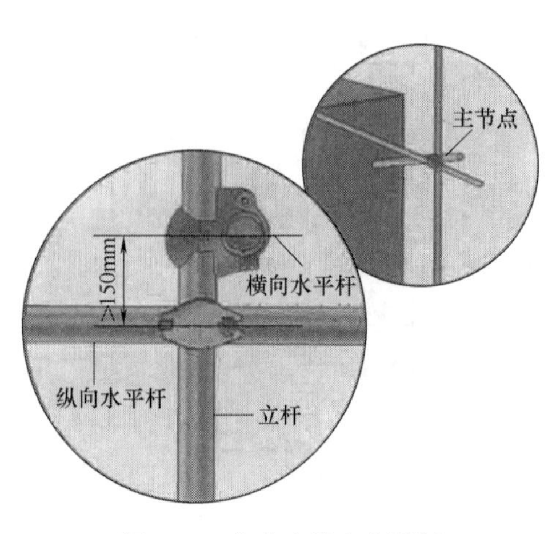

图 4-26　主节点横向水平杆

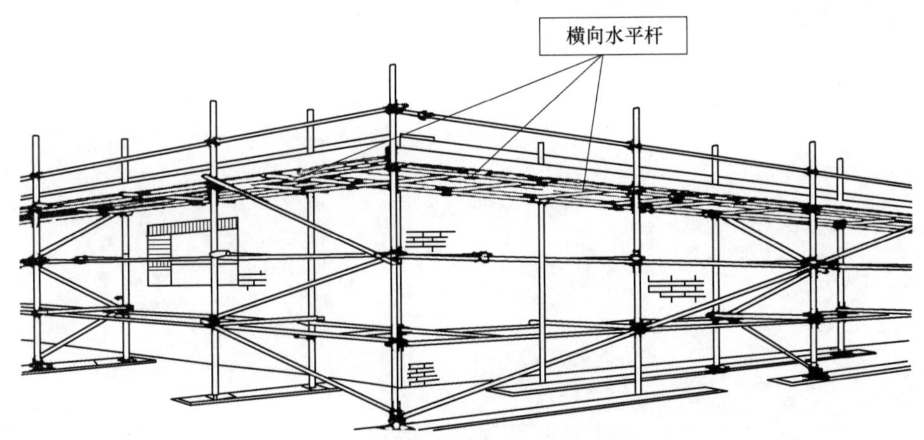

图 4-27 作业层上非主节点横向水平杆

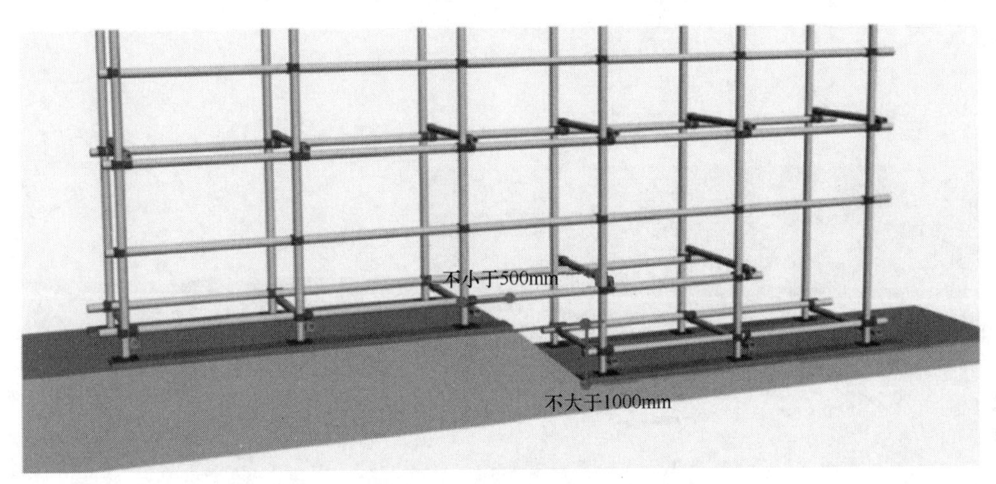

图 4-28 脚手架立杆基础不在同一高度

3）连墙件布置：①应靠近主节点设置，偏离主节点距离不应大于 300mm，主节点连墙件设置，如图 4-29 所示；②应从底层第一步纵向水平杆开始设置，当有困难时，应采取其他可靠措施固定，底层连墙件设置，如图 4-30 所示；

4）应优先采用菱形布置，或方形、矩形布置，预埋、抱柱等连墙件不同设置方式，如图 4-31～图 4-33 所示；

5）开口型脚手架两端必须设置连墙件，其垂直距离不应大于建筑物的层高，并且不应大于 4m；

6）连墙件中的连墙杆应呈水平设置，当不能水平设置时，应向脚手架一端下斜连接，连墙杆倾斜设置，如图 4-34 所示。

高度≤50m 双排落地脚手架连墙件布置 **表 4-1**

脚手架高度	连墙件的形式	间距	备注
24m 以下	刚性或柔性	3 步 2 跨	若为柔性连墙件，拉顶必须配合良好
24m 以上	刚性	2 步 3 跨	应靠近节点、采用水平或外低内高的方式连接

图 4-29　主节点连墙件设置

图 4-30　底层连墙件设置

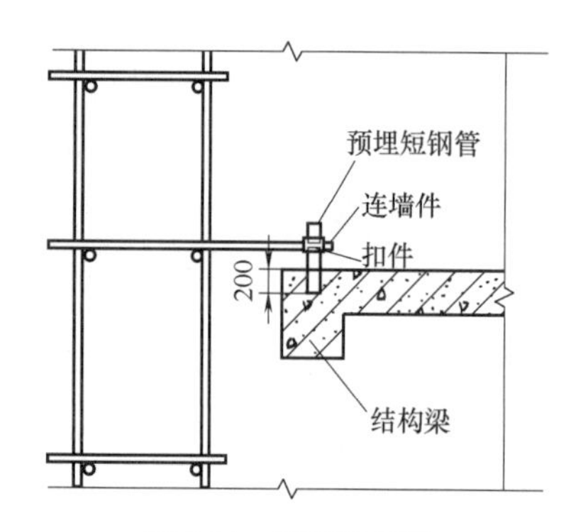

图 4-31　预埋连墙件

图 4-32　抱柱连墙件

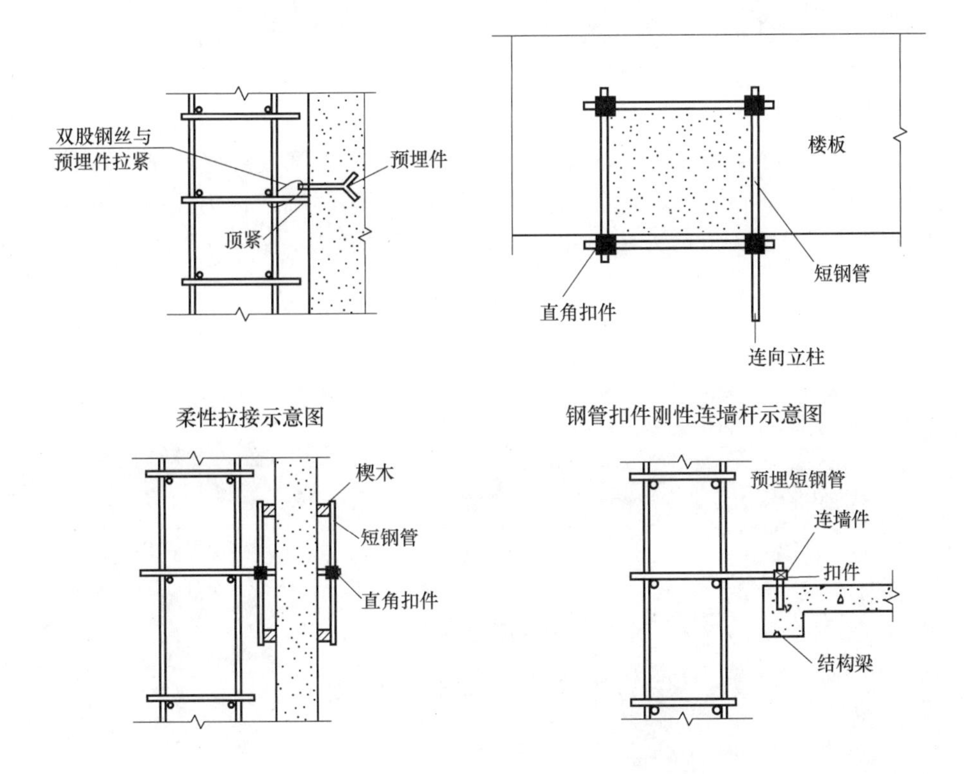

图 4-33　连墙件不同设置方式

图 4-34　连墙杆倾斜设置

（9）剪刀撑：

1）每道剪刀撑宽度不应小于 4 跨，且不应小于 6m，斜杆与地面倾角为 45°～60°，如图 4-35 所示；

2）剪刀撑斜杆的接长采用搭接或对接，相关规定与立杆接长相同，即剪刀撑搭接长度不应小于 1m，并采用不少于 2 个旋转扣件固定，剪刀撑搭接，如图 4-36 所示；

3）剪刀撑斜杆应用旋转扣件固定在与之相交的横向水平杆的伸出端或立杆上，旋转扣件中心线至主节点的距离不应大于 150mm；

4）高度在 24m 及以上的双排脚手架应在外侧全立面连续设置剪刀撑，如图 4-37 所示；高度在 24m 以下的单、双排脚手架，均必须在外侧两端、转角及中间间隔不超过 15m 的立面上，各设置一道剪刀撑，并应由底至顶连续设置，立面不连续设置剪刀撑如图 4-38 所示。

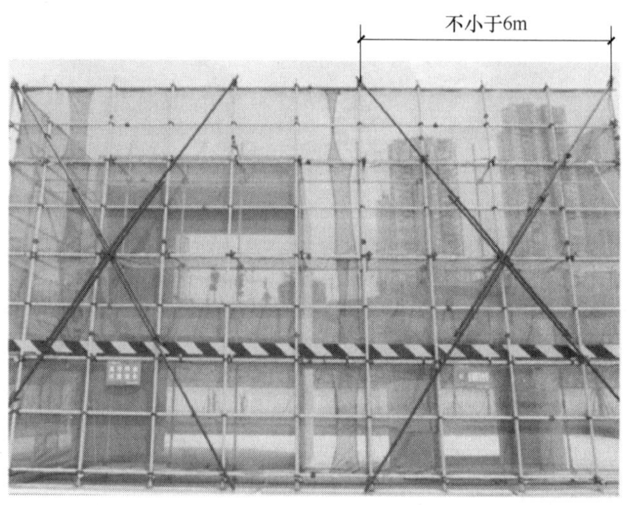

图 4-35　剪刀撑

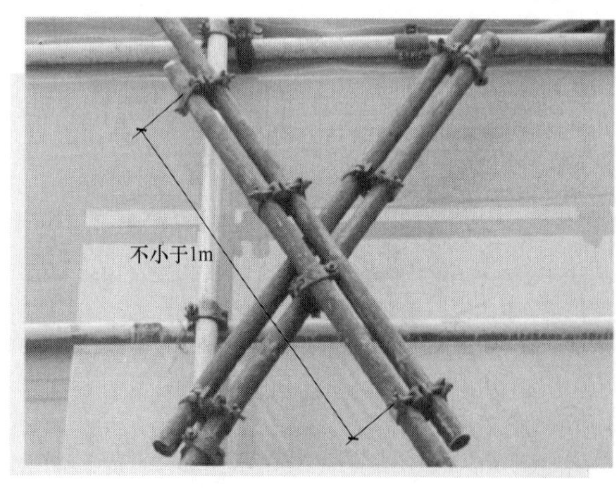

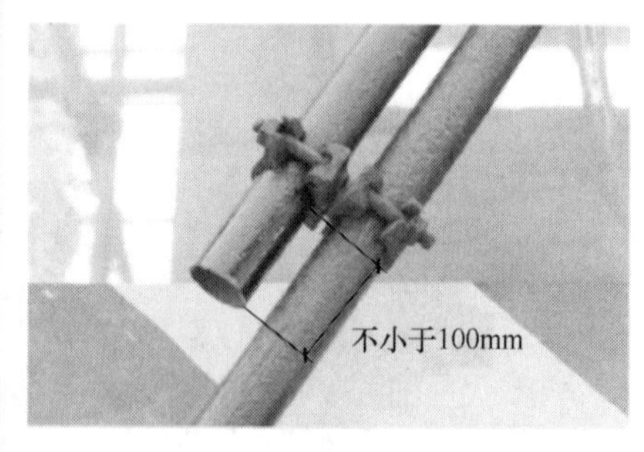

图 4-36　剪刀撑搭接

（10）横向斜撑：

1）双排脚手架应设置横向斜撑，如图 4-39 所示；

2）横向斜撑应在同一节间，由底至顶层呈之字形连续布置，斜撑应采用旋转扣件固定在与之相交的横向水平杆的伸出端上，旋转扣件中心线至主节点的距离不宜大于 150mm；当斜杆在 1 跨内跨越 2 个步距时，宜在相交的纵向水平杆处，增设一根横向水

图 4-37　全立面连续设置剪刀撑

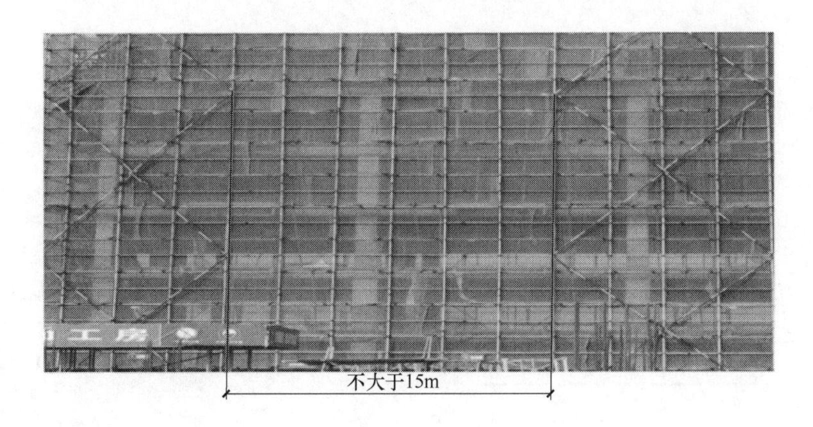

图 4-38　立面不连续设置剪刀撑

平杆，将斜杆固定在其伸出端上；

3）高度在 24m 以下的封闭型双排脚手架可不设横向斜撑，高度在 24m 以上的封闭型脚手架，除拐角应设置横向斜撑外，中间应每隔 6 跨距设置一道；

4）开口型双排脚手架的两端开口处必须设置横向斜撑，如图 4-40 所示。

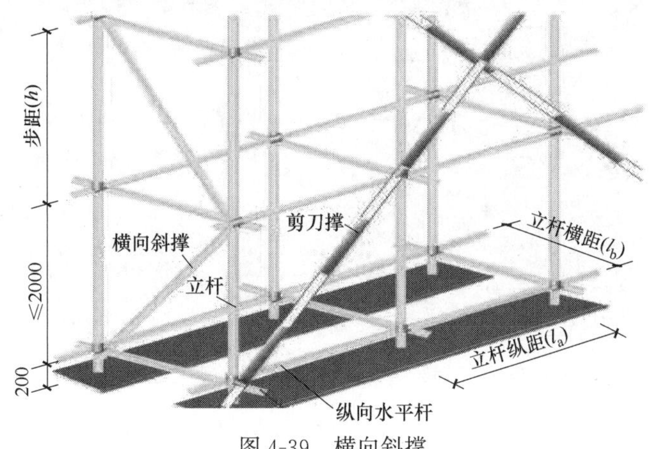

图 4-39　横向斜撑

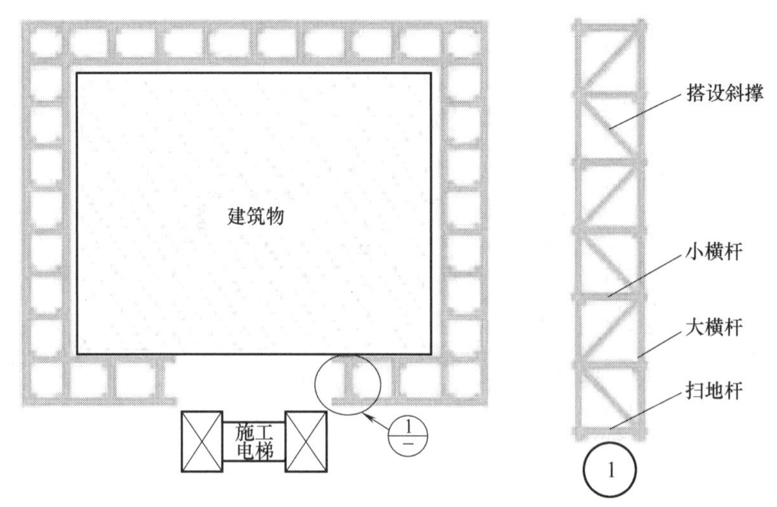

图 4-40 脚手架两端开口处横向斜撑

（11）脚手板：

脚手板分为冲压钢脚手板（如图 4-41 所示）、木脚手板、竹串片脚手板、竹芭脚手板等，脚手板自重标准值，宜按表 4-2 取用。

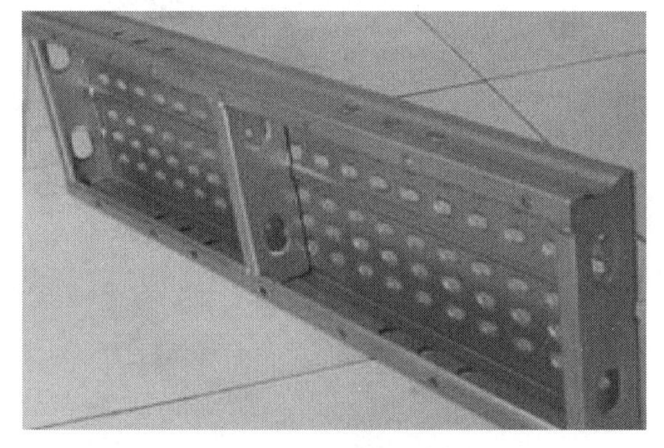

图 4-41 冲压钢脚手板

脚手板自重标准值　　表 4-2

类别	标准值(kN/m^2)
冲压钢脚手板	0.30
竹串片脚手板	0.35
木脚手板	0.35
竹芭脚手板	0.10

栏杆与挡脚板（如图 4-42 所示）自重标准值，宜按表 4-3 采用。

图 4-42 栏杆与挡脚板

栏杆、挡脚板自重标准值 **表 4-3**

类别	标准值(kN/m²)
栏杆、冲压钢脚手板挡板	0.16
栏杆、竹串片脚手板挡板	0.17
栏杆、木脚手板挡板	0.17

脚手架上吊挂的安全设施（安全网）的自重标准值应按实际情况采用，密目式安全立网自重标准值不应低于 0.01kN /m²（注：如果实际使用材料比规范的数值小，可以按实际用材进行计算）。

支撑架上可调托撑上主梁、次梁、支撑板等自重应按实际计算。对于下列情况可按表 4-4 采用：

1）普通木质主梁（含 ϕ48.3×3.6 双钢管）、次梁，木支撑板；

2）型钢次梁自重不超过 10 号工字钢自重，型钢主梁自重不超过 H100mm×100mm×6mm×8mm 型钢自重，支撑板自重不超过木脚手板自重（建议按实际计算），如图 4-43 所示。

主梁、次梁、支撑板自重标准值（kN/m²） **表 4-4**

类别	立杆间距(m)	
	>0.75×0.75	≤0.75×0.75
木质主梁(含 ϕ48.3×3.6 双钢管)、次梁，木支撑板	0.6	0.85
型钢主梁、次梁，木支撑板	1.0	1.2

图 4-43 型钢主、次梁及支撑板

单、双排与满堂脚手架作业层上的施工荷载标准值应根据实际情况确定，且不应低于表 4-5 的规定。

施工均布荷载标准值 **表 4-5**

类　别	标准值(kN/m²)
砌筑工程作业	3.0
其他主体结构工程作业	2.0
装饰装修作业	2.6
防护	1.0

注：斜道上的施工均布荷载标准值不应低于 2.0kN/m²。

当在双排脚手架上同时有 2 个及以上操作层作业时，在同一个跨距内各操作层的施工均布荷载标准值总和不得超过 5.0kN/m^2（计算大横杆、小横杆时按表 4-5 取值，计算架体立杆稳定时，活荷载总和取 5.0kN/m^2）。

脚手板铺设：

1）脚手板应铺满、铺稳、铺实，离墙面的距离不应大于 150mm，脚手板铺设要求如图 4-44 所示；

2）脚手板应设置在三根横向水平杆上；

3）脚手板对接平铺时，接头处应设两根横向水平杆，脚手板外伸长度应取 130～150mm，两块脚手板外伸长度之和不应大于 300mm，如图 4-45 所示；

4）脚手板搭接铺设时，接头应支在横向水平杆上，搭接长度不应小于 200mm，其伸出横向水平杆长度不应小于 100mm，如图 4-46 所示；

5）作业层端部脚手板探头长度应取 150mm，两端均应固定于支撑杆件上，如图 4-47 所示；

6）在拐角、斜道平台口处应用镀锌钢丝固定在横向水平杆上，防止滑动。

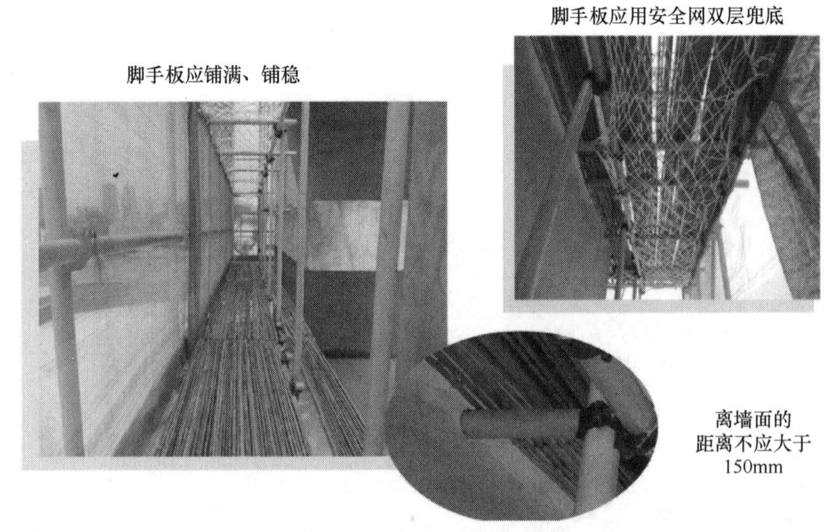

图 4-44　脚手板铺设要求

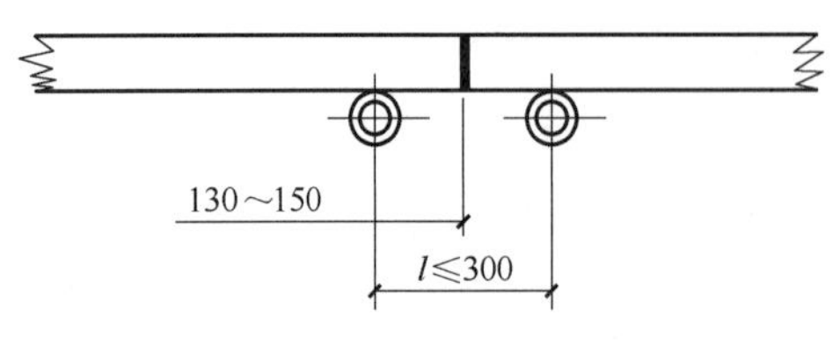

图 4-45　脚手板对接平铺

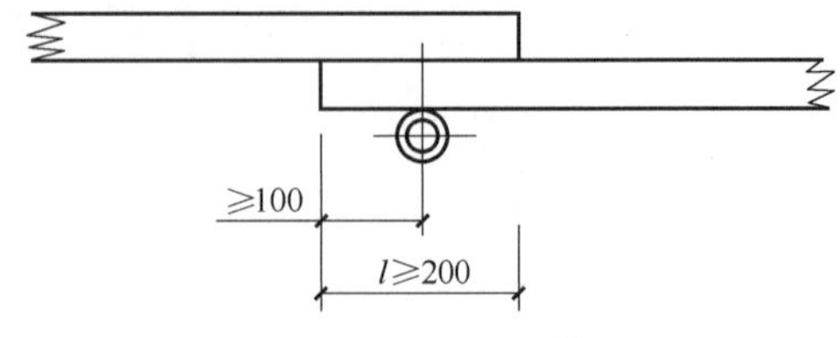

图 4-46　脚手板搭接铺设

（12）斜道：

1）高度不大于 6m 的脚手架，宜采用一字型斜道；高度大于 6m 的脚手架，宜采用之字形斜道，如图 4-48、图 4-49 所示；

2）斜道应附着外脚手架或建筑物设置，运料斜道宽度不应小于 1500mm，坡度不应大于1∶6；人行斜道宽度不应小于1000mm，坡度不应大于1∶3；拐弯处应设置平台，宽度不应小于斜道宽度；斜道两侧及平台外围均应设置栏杆及挡脚板，栏杆高度应为1.2m，挡脚板高度不应小于180mm；

3）斜道脚手板顺铺时，接头应采用搭接，下面的板头应压住上面的板头；

4）斜道的脚手板上应每隔250～300mm设置一根防滑木条，木条厚度应为20～30mm。

图4-47 作业层端部脚手板探头长度

图4-48 斜道立面图

图4-49 斜道实景图

（13）扣件：

1）扣件螺栓拧紧扭力矩不应小于40N·m，且不应大于65N·m；

2）在主节点处固定横向水平杆、纵向水平杆、剪刀撑、横向斜撑等用的直角扣件、旋转扣件的中心点的相互距离不应大于150mm，如图4-50～图4-54所示；

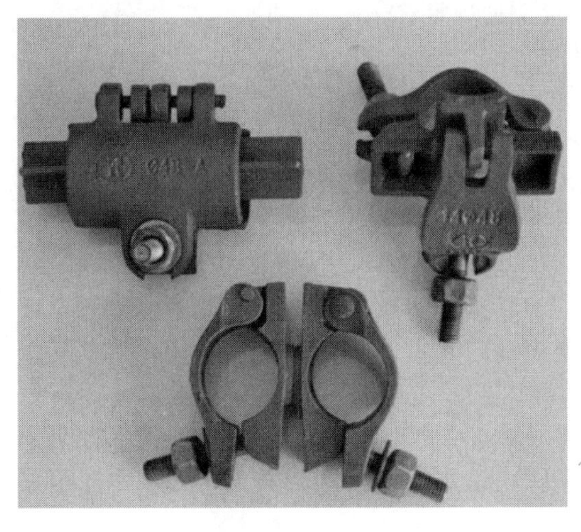

图4-50 扣件

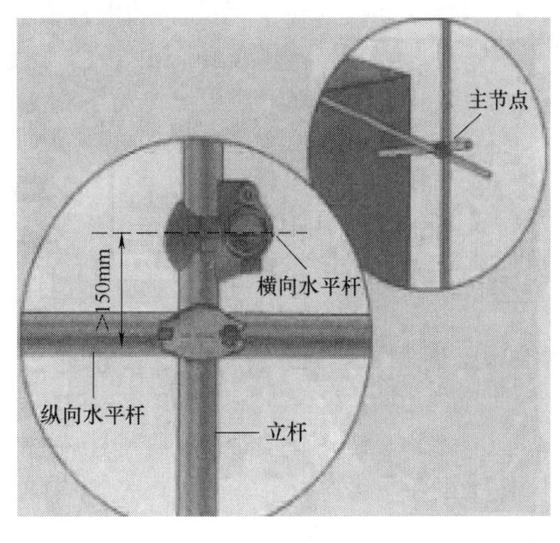

图4-51 在主节点处的直角扣件

图 4-52　在主节点处的旋转扣件

图 4-53　主节点处固定横向水平杆

图 4-54　扣件实景图

3）对接扣件开口应朝上或朝内；

4）各杆件端头伸出扣件盖板边缘的长度不应小于 100mm。

（14）栏杆和挡脚板：

作业层、斜道的栏杆和挡脚板的搭设应符合下列规定：

1）栏杆和挡脚板均应搭设在外立杆的内侧；

2）上栏杆上皮高度应为 1.2m；

3）挡脚板高度不应小于 180mm；

4）中栏杆应居中设置。如图 4-55 所示。斜道栏杆与挡脚板，挡脚板颜色，如图 4-56、图 4-57 所示。

（15）水平防护：

1）主体施工阶段，施工层、拆模层、第二层必须满铺脚手板，脚手板必须铺至建筑物结构，从第二层起，应每隔 10m 设置一道硬质隔离防护，并在中间部位张拉水平安全网，如图 4-58、图 4-59 所示；

2）安装及装修施工阶段，作业层满铺脚手板，安装及装修施工阶段，外脚手架竖向每隔 10m 必须满铺一层脚手板，并在中间层满兜一道水平安全网，安全网必须兜挂至建筑物结构；

3）脚手板铺设时严禁出现探头板，脚手板端头应用 ϕ1.2mm 镀锌铁丝固定在小横杆上。

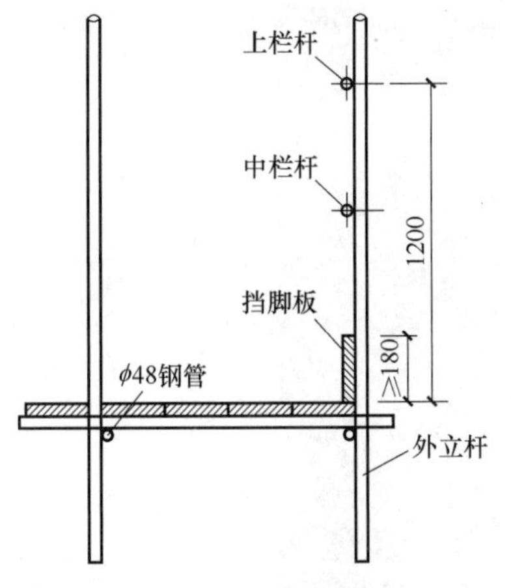

图 4-55 栏杆和挡脚板

图 4-56 斜道栏杆与挡脚板

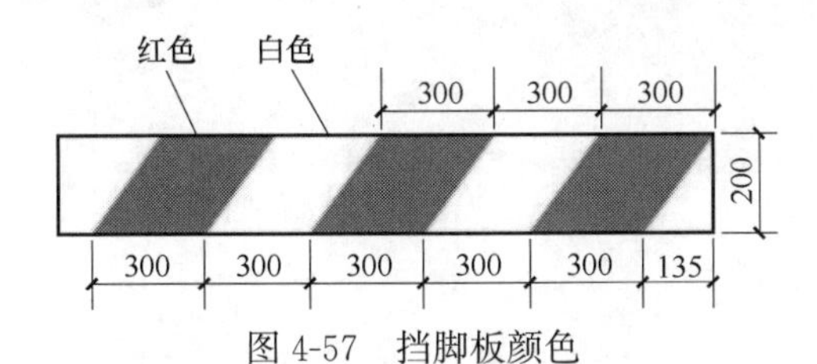

图 4-57 挡脚板颜色

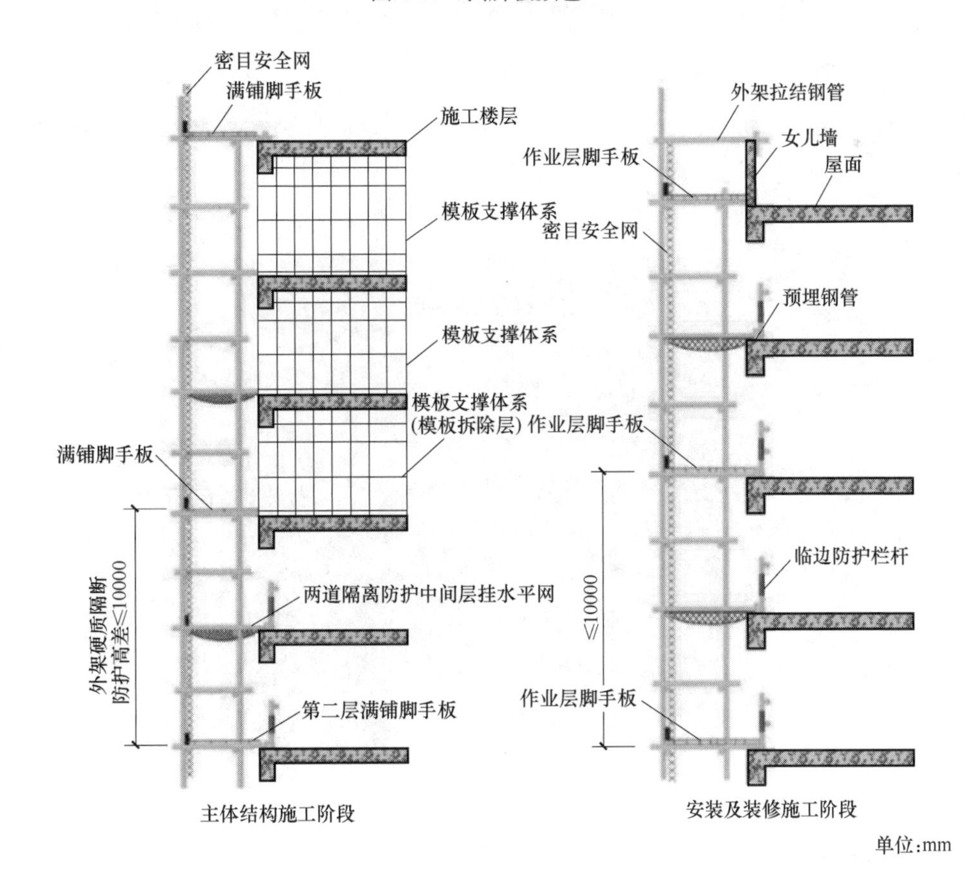

图 4-58 水平防护

图 4-59　水平安全网

第 2 节　悬挑脚手架工程施工技术与管理

1. 悬挑脚手架搭设基本要求

悬挑脚手架，是指架体基础设在附着于建筑结构的刚性悬挑梁（架）上的脚手架，如图 4-60 所示。

悬挑脚手架单次悬挑高度不宜超过 20m，超过 20m 的需要通过专家论证。

图 4-60　悬挑脚手架

（1）型钢：

1）悬挑脚手架搭设前，必须编制专项施工方案，方案必须包含悬挑梁平面定位布置图，如图 4-61 所示；

2）型钢悬挑梁，宜采用双轴对称截面的型钢，如图 4-62 所示，悬挑钢梁型号及锚固件应按设计确定，钢梁截面高度不应小于 160mm，如图 4-63 所示；

3）悬挑梁的锚固端应不小于悬挑端的 1.25 倍，如图 4-64 所示。

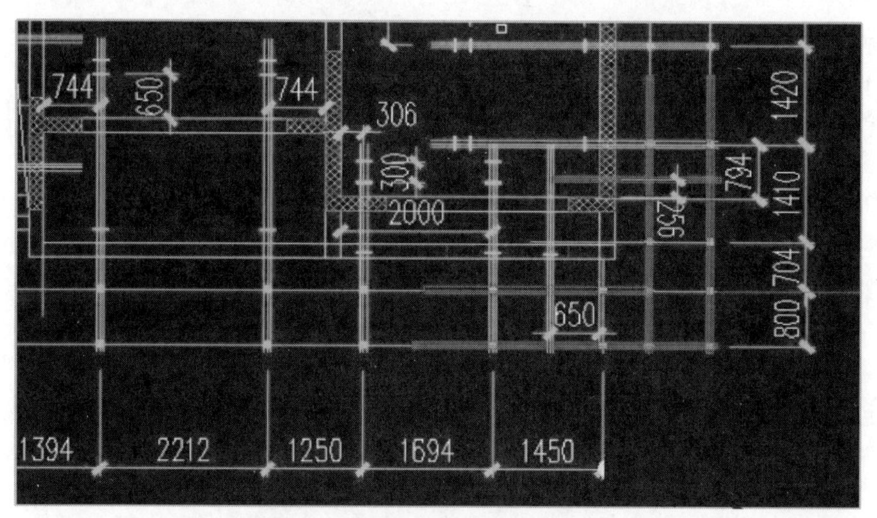

图 4-61　悬挑梁平面定位布置图

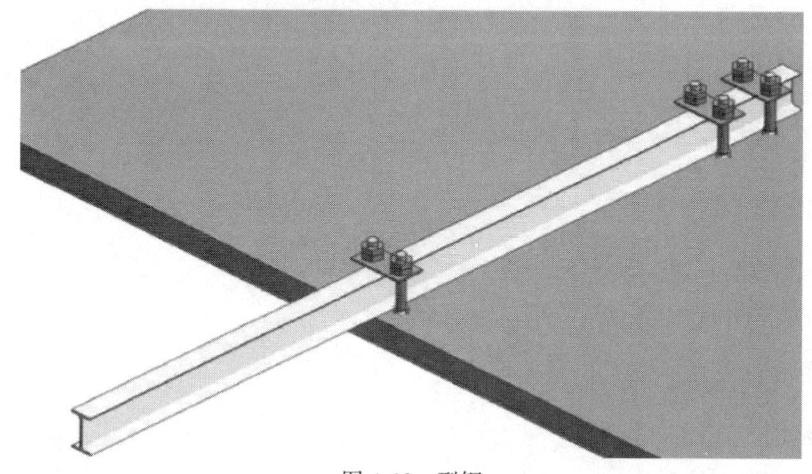

图 4-62　型钢

图 4-63　型钢悬挑梁

图 4-64　悬挑梁的锚固端应不小于悬挑端的 1.25 倍

（2）锚环：

1）常见的悬挑脚手架锚环分两类，永久性预埋锚环和非粘结预埋锚环，如图 4-65、图 4-66 所示；

2）锚环在混凝土浇筑前穿 PVC 管进行预埋，下端在下层钢筋以下，螺杆丝扣用胶带进行保护；

3）U 形钢筋拉环或锚固螺栓直径不宜小于 16mm（规范），楼层预埋 ϕ20 U 形螺杆，螺栓的螺母不应少于 2 个螺母，螺杆露出螺母端部的长度不应小于 3 扣，且不应小于 10mm；

4）U 形钢筋拉环、锚固螺栓与型钢间隙应用钢楔或硬木楔楔紧；

5）当型钢悬挑梁与建筑结构采用螺栓钢压板连接固定时，钢压板尺寸不应小于 100mm×10mm（宽×厚）；当采用螺栓角钢压板连接时，角钢规格不应小于 63mm×63mm×6mm；

6）型钢悬挑梁固定端应采用 2 个（对）及以上 U 形钢筋拉环或锚固螺栓与建筑结构梁板固定。如图 4-67 所示。

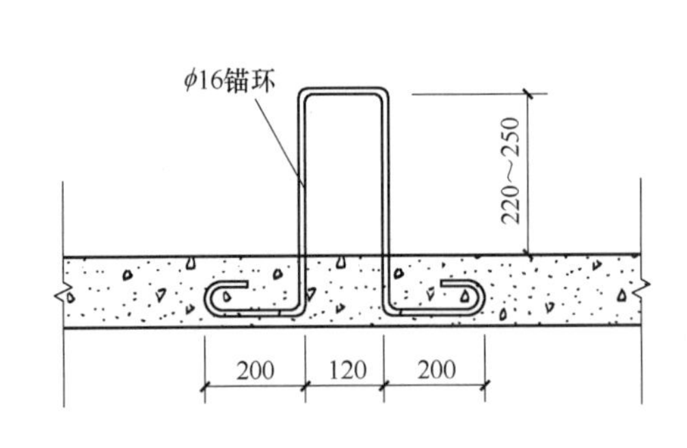

图 4-65　永久性预埋锚环

图 4-66　非粘结预埋锚环

（3）搭设要求：

1）悬挑脚手架底部应按规范要求搭设纵横扫地杆，悬挑钢梁上表面应加焊钢筋作为立杆定位点，定位点离悬挑钢梁端部不得小于 100mm；

2）在横向扫地杆上方沿脚手架长度方向铺设木枋，并满铺模板进行防护；

3）脚手架底部立杆内侧应设置 200mm 高踢脚板，底部应用硬质材料进行全封闭，并刷保护色，悬挑脚手架剖面及底部封闭，如图 4-68、图 4-69 所示；

4）型钢锚固位置设置在楼板上时，楼板的厚度不宜小于 120mm，如果楼板厚度小于 120mm 应采取加固措施；

5）悬挑钢梁间距应按悬挑架架体立杆纵距设置，每 1 纵距设置 1 根；

6）悬挑架的外立面剪刀撑应自下而上连续设置；

7）悬挑脚手架的剪刀撑、横向斜撑、连墙件、水平防护、杆件搭设要求与落地式脚手架相同；

8）锚固端应采用硬质材料进行全封闭。

（4）保险绳：

图 4-67 型钢悬挑梁固定端

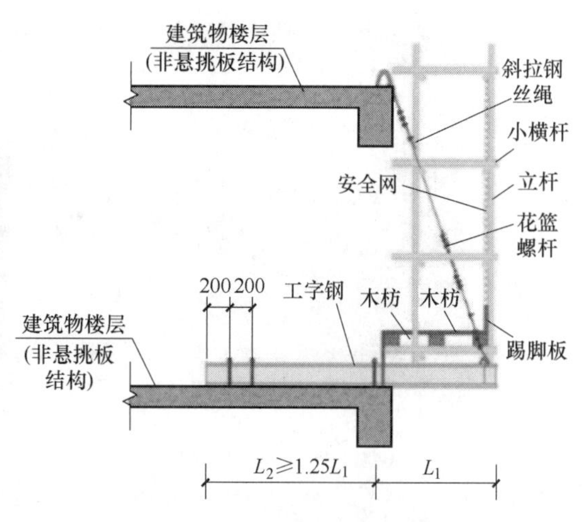

图 4-68 悬挑脚手架剖面图

图 4-69 悬挑脚手架底部封闭

1）每根悬挑钢梁外端宜设置钢丝绳或钢拉杆与上一层建筑结构斜拉结，钢丝绳与建筑结构拉结的吊环应使用 HPB235 级钢筋，其直径不宜小于 20mm，吊环预埋锚固长度应符合现行国家标准，悬挑脚手架钢丝绳及钢丝绳吊环如图 4-70、图 4-71 所示；

图 4-70 悬挑脚手架钢丝绳

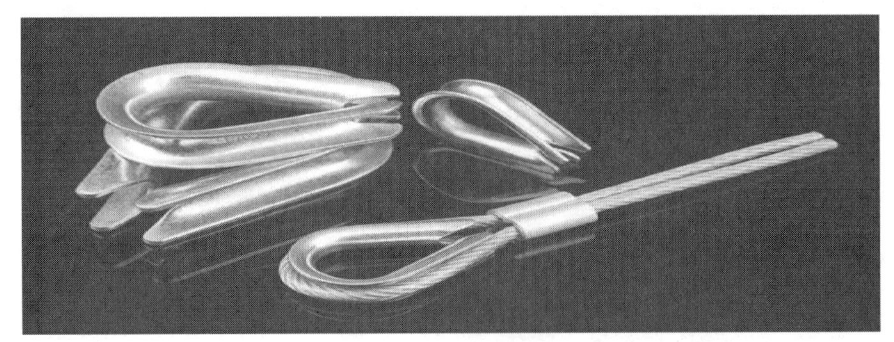

图 4-71　钢丝绳吊环

2）卸荷使用钢丝绳直径不得小于 16mm，每根钢丝绳上绳夹不得少于 4 个，绳夹间距约 60mm，观察口间距约 100mm，定期检查观察口，如发现有缩小迹象，证明钢丝绳在滑动，须紧固钢丝绳夹，避免钢丝绳滑落，造成安全事故。钢丝绳的绳夹如图 4-72 所示。

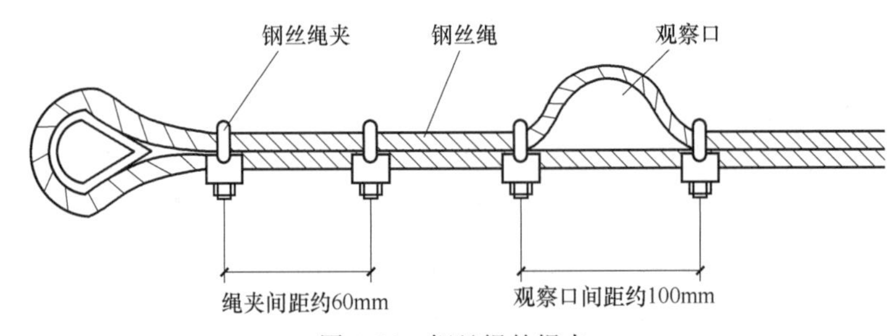

图 4-72　钢丝绳的绳夹

2. 悬挑脚手架搭设优化做法

序号	管控节点	通常做法	优化方案	质量标准
1	脚手板选定	采用木跳板进行铺设，损耗率高；存在挑头板；不防火	采用定尺寸钢板网满铺，并绑扎牢固，如图 4-73 所示，重复利用率高，防火效果好，堆放场地小，便于储存	1. 尺寸要求：1200mm×800mm； 2. 铺设采用对接，接头处空隙不得大于 3cm； 3. 每块绑扎点不得少于 7 处

图 4-73　采用定尺寸钢板网满铺，并绑扎牢固

序号	管控节点	通常做法	优化方案	质量标准
2	悬挑底部隔离材料选定	通常选用木枋、模板进行封闭	选用花纹钢板封底，底部刷漆，醒目、美观，如图 4-74～图 4-77 所示，一次成型，防火性能好，周转利用率高、牢固可靠，外观漂亮，建筑垃圾易清理	表面不得有拉裂等质量缺陷；钢板厚度不小于 3mm

图 4-74　选用花纹钢板封底，底部刷漆，醒目、美观

图 4-75　花纹钢板搭接固定

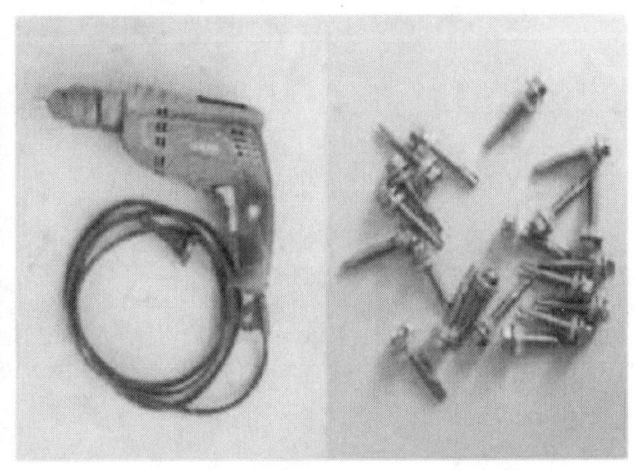

图 4-76　手电钻、钻尾自攻钉

图 4-77　钢板固定，短边不少于 3 个，长边不少于 4 个

序号	管控节点	通常做法	优化方案	质量标准
3	立面排布	立杆排列根据悬挑工字钢排布，间距大小不一	架设横梁。立杆均匀排布，间距统一，不受悬挑工字钢间距的限制；剪刀撑交叉点均匀设置在立杆上，如图 4-78 所示	立杆间距不大于 1.5m，垂直度偏差不超过 10cm

图 4-78　立杆均匀排布，间距统一，不受悬挑工字钢间距的限制；剪刀撑交叉点均匀设置在立杆上

序号	管控节点	通常做法	优化方案	质量标准
4	三角支撑设置	工字钢穿墙预埋进行悬挑，破坏剪力墙结构，如图 4-79 所示	采用三角支撑。在三角支撑端部加设一根小方钢，用来防止横梁工字钢侧翻，如图 4-80、图 4-81 所示。避免直接悬挑及剪力墙开洞，影响楼梯的通行及洞口封堵的问题，具有安拆方便、灵活，可周转使用，安全性能强等优点	100mm×100mm 方钢厚度不小于 5mm；80mm×80mm 方钢厚度不小于 6mm；焊缝采用二保焊机焊接，每道焊缝经检验合格

图 4-79　通常做法

图 4-80　优化方案

图 4-81　在三角支撑端部加设一根小方钢，用来防止横梁工字钢侧翻

序号	管控节点	通常做法	优化方案	质量标准
5	悬挑底部封闭	模板、钢板固定不到位，容易掉落，造成安全事故	利用工字钢和镀锌角钢支撑钢板和模板，并固定。悬挑底部封闭节点，如图 4-82、图 4-83 所示	底部封闭严实，不得有空隙；钢板搭接处无翘边

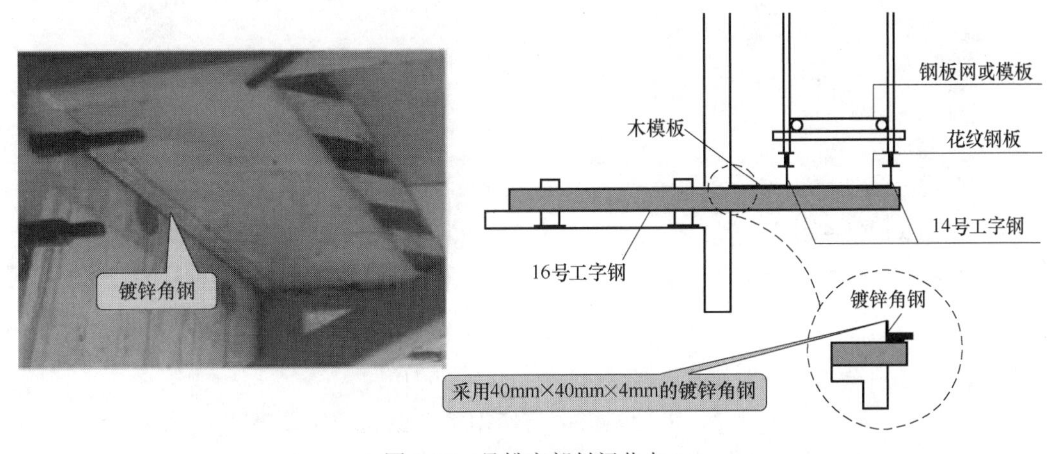

图 4-82　悬挑底部封闭节点 1

图 4-83　悬挑底部封闭节点 2

序号	管控节点	通常做法	优化方案	质量标准
6	外架与结构间隔防护	结构与架体间的隔离未设置，忽略了隔离的重要性	采用定型化产品，集中加工。设置钢管三脚架，安拆方便，且可周转使用，如图 4-84 所示	逐层隔离

3. 悬挑脚手架检查与验收控制要点

脚手架及其地基基础应在下列阶段进行检查与验收（悬挑脚手架检查与验收如图 4-85 所示）：

（1）基础完工后及脚手架搭设前。

（2）作业层上施加荷载前。

（3）每搭设完 6～8m 高度后。

（4）达到设计高度后。

（5）遇有 6 级强风及以上风或大雨后，冻结地区解冻后。

（6）停用超过 1 个月。

图 4-84 设置钢管三脚架，安拆方便，且可周转使用

图 4-85 悬挑脚手架检查与验收

4. 脚手架安全隐患及防范措施

近年来，脚手架事故频发，脚手架搭设与使用不合格问题比较多，主要原因是技术人员编写的脚手架施工方案（技术交底）与现场施工严重脱节、交底针对性不强、可操作性差，一部分作业人员没严格按照脚手架的施工方案（技术交底）搭设；另一方面，管理人员对脚手架的检查、验收不到位，检查、验收人员不认真或不掌握脚手架的检查、验收基本要求，给安全生产留下了较大安全隐患。例如，脚手架坍塌，如图 4-86 所示。

图 4-86 脚手架坍塌

（1）准备阶段

安全隐患

脚手架施工专项方案审批提出的漏项和错误未及时更改，超一定规模的脚手架方案未经专家论证，或未按照论证提出的意见修改专项方案。

防范措施

项目部技术管理人员编制脚手架专项施工方案要符合相关规范和标准，并通过项目内部和上级单位审批流程，超出一定规模的脚手架方案经过专家论证评审合格通过后方可施工。

（2）人员因素

安全隐患

1）脚手架搭设及拆除作业人员无证上岗或证件失效；

2）脚手架搭设及拆除作业人员作业前未进行相关安全教育培训和安全技术交底；

3）脚手架搭设及拆除作业人员未正确使用安全防护用品，如图 4-87～图 4-91 所示。安全防护用品没有检测合格报告或处于失效状态；

4）安排患有高血压、心脏病、恐高症、人员视力差等不适宜高空作业人员高空搭拆脚手架；

5）附着式升降脚手架提升或下降时下方未设置警戒区域，架体上有人逗留；

6）其他违反施工操作规程及施工现场管理制度的行为。

防范措施

1）检查队伍资质和作业人员上岗证，做到人证统一且有效；

2）建立入场工人三级安全教育台账、培训档案、安全技术交底台账，做到入场教育覆盖率 100％、安全交底 100％；

3）按照《职业健康安全管理制度》的规定进行教育和处理，重点强化教育使用安全防护用品的工人对防护用品安全有效性进行识别；

4）对高空作业人员身体状况进行检查，测试确认健康才能作业，现场抽查和询问，坚决杜绝违章指挥；

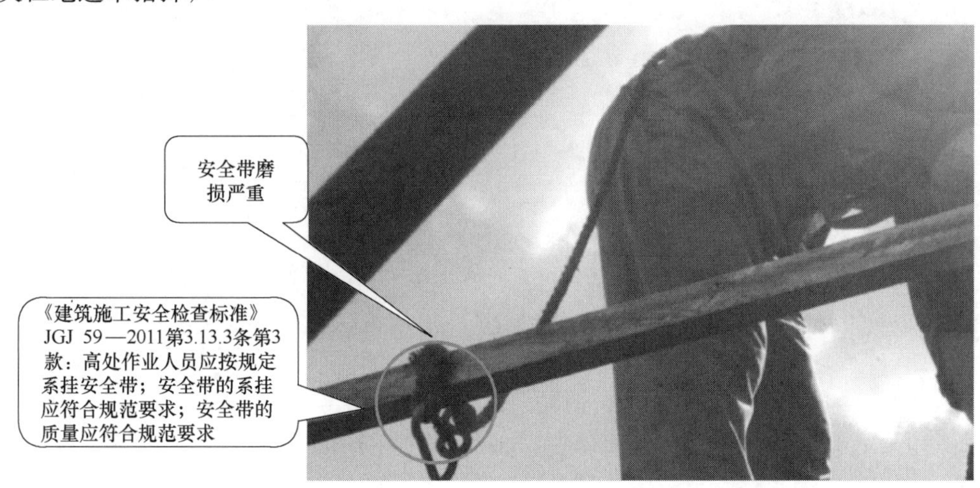

图 4-87 安全带磨损严重

《施工现场安全防护标准化图集(2017)》第3.1.2条：作业人员高处、临边作业必须正确配备安全带，安全带的使用必须遵从“高挂低用”的原则，应保持双大钩同时挂靠在安全绳上或其他牢固物体上。

《建筑施工安全检查标准》JGJ 59—2011第3.13.3条：1.进入施工现场的人员必须正确佩戴安全帽；

2.现场使用的安全帽必须是符合国家相应标准的合格产品

高处作业未系挂安全带，未戴安全帽

图 4-88　高处作业未系挂安全带，未戴安全帽

脚手架作业层使用梯子进行作业

《建筑施工高处作业安全技术规范》JGJ 80—2016第5.1.3条：脚手架操作层严禁架设梯子作业

图 4-89　脚手架作业层使用梯子进行作业

《建筑施工脚手架安全技术统一标准》GB 51210—2016第8.2.8条：作业脚手架的作业层上应满铺脚手板，并应采取可靠的连接方式与水平杆固定

《建筑施工安全检查标准》JGJ 59—2011第3.13.3条第3款：安全带的系挂应符合规范要求

图 4-90　脚手架高处作业不符合要求

5）附着式升降脚手架提升或降落时下方设置警戒隔离区域，提升、下降过程中严禁上人；

6）加强施工操作规程和现场管理制度的交底和宣贯，并加强现场监督。

图 4-91 作业人员从脚手架外立面攀爬上下

（3）材料因素

安全隐患

1）脚手架承重型材、钢管、扣件、安全网、密目网未检测就使用；

2）脚手架型材、钢管变形、开裂、压扁、锈蚀断裂；扣件含碳量高、有夹砂、表面裂纹、变形、锈蚀，扣件的螺栓无垫片，不符合国家标准的要求；木制脚手板铺板厚度、宽度、表面质量不合格，表面有孔洞、结疤、虫蛀、斜纹、髓心、通长裂缝等缺陷；无检验合格证；钢制脚手板表面存在扭曲变形、锈蚀等质量问题仍用于承重脚手架搭设；安全网不符合相关规范要求，密目网破损，如图 4-92～图 4-95 所示；

图 4-92 脚手架钢管锈蚀和断裂

3）爬架构配件不满足相关规范要求。

防范措施

1）现场检查材料供应厂家提供的检测合格证并对现场脚手架材料按相关规定进行抽样送检并取得相应的检验合格报告；

2）现场检查材料是否与检测报告相一致，材料进场入库执行严格的检验制度，不合格的材料不得进场。对已进场的不合格构件统一清理出场或封存，严禁使用。

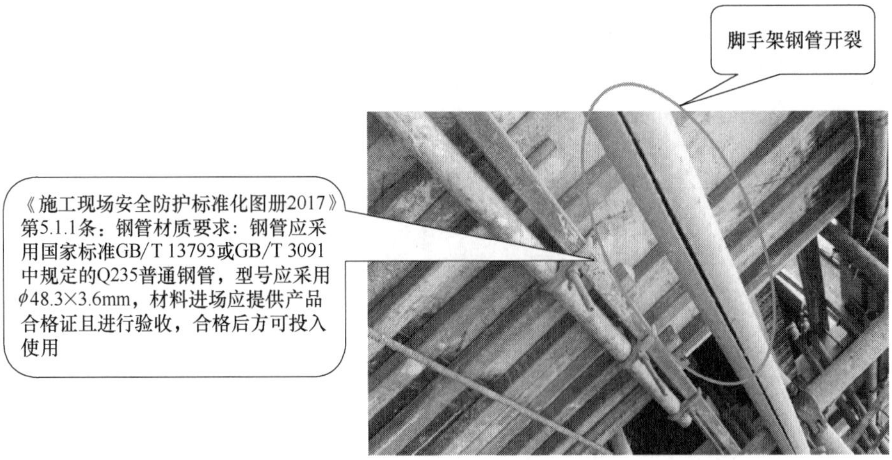
脚手架钢管开裂
《施工现场安全防护标准化图册2017》第5.1.1条：钢管材质要求：钢管应采用国家标准GB/T 13793或GB/T 3091中规定的Q235普通钢管，型号应采用φ48.3×3.6mm，材料进场应提供产品合格证且进行验收，合格后方可投入使用

图 4-93　脚手架钢管开裂

国家标准：13.2N，1.35kg
某次坍塌事故现场实测：8.7N，0.89kg，比标准质量低34%

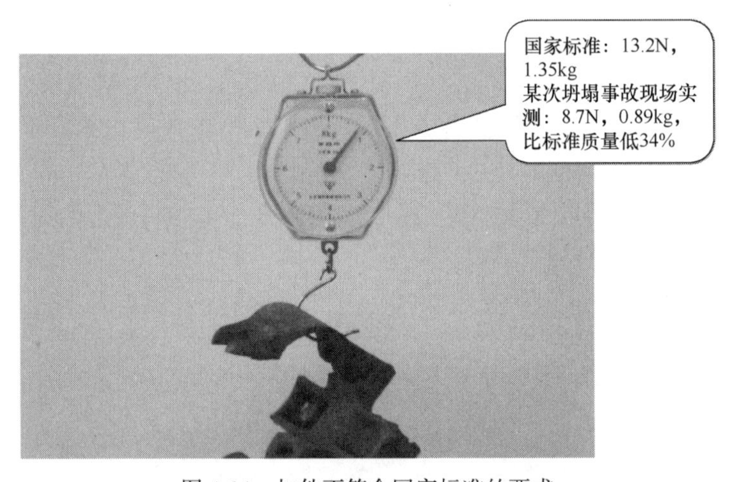

图 4-94　扣件不符合国家标准的要求

架体密目网破损
《施工现场安全防护标准化图册(2017)》第5.2.2条第3款脚手架外侧满挂密目安全网，网体竖向连接时采取用网眼连接方式，每个网眼应用专用绑绳或16#钢丝与钢管固定，网体横向连接时采取搭接方式，搭接长度不得小于200mm

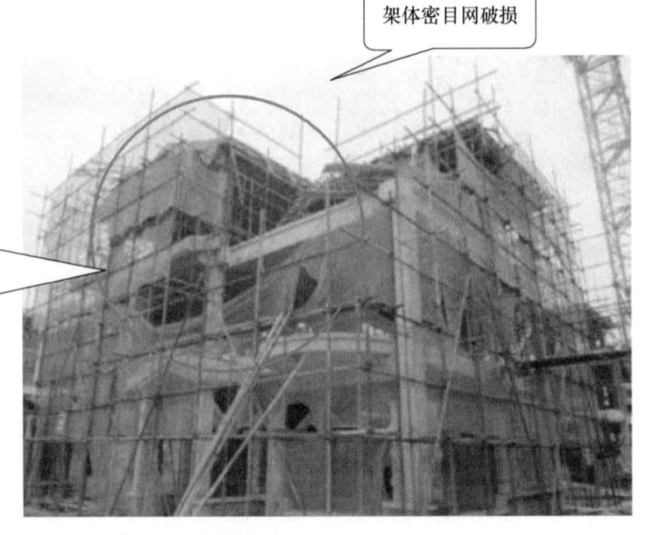

图 4-95　密目网破损

(4) 环境因素

安全隐患

1) 六级以上大风天气、雷雨天气、大雾、雪、夜间及其他不可预见的天气作业环境仍安排脚手架搭拆作业；

2) 搭设或拆除外架时，下方未设置警戒区域，有人通行。

防范措施

1) 特殊天气（不能保证安全操作的气候条件）严禁进行脚手架搭拆；

2) 搭设或拆除外架时，项目部派专人进行监护，设警戒区，挂设警示标志并加强现场的管理。

(5) 搭设因素

安全隐患

1) 脚手架搭设前地基未作验收，地基承载力达不到设计要求，落地脚手架基础无排水措施；

2) 脚手架杆件、扣件、脚手板、安全网、拉结点设置不符合规范要求，如图 4-96～图 4-124 所示；

3) 脚手架安装单位不具备相应资质，脚手架相关构配件设置不符合规范要求。

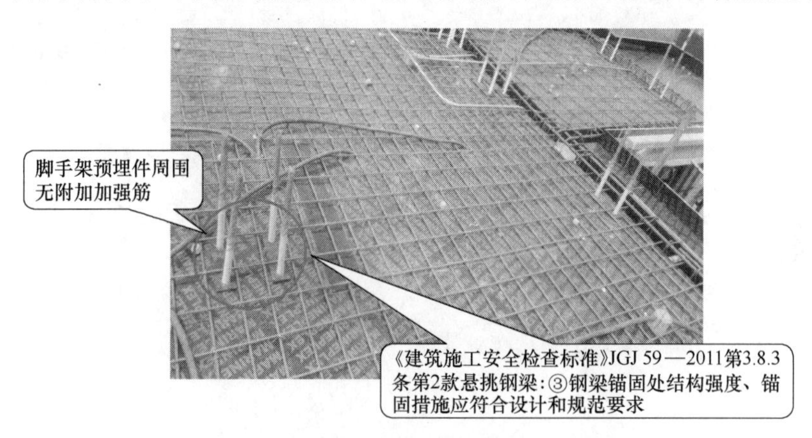

图 4-96　脚手架预埋件周围无附加加强筋

图 4-97　外架与主楼之间空隙过大，无防护措施

悬挑脚手架悬挑压板缺失螺母
《建筑施工安全检查标准》JGJ 59—2011第3.8.3条第2款悬挑钢梁：③钢梁锚固处结构强度、锚固措施应符合设计和规范要求

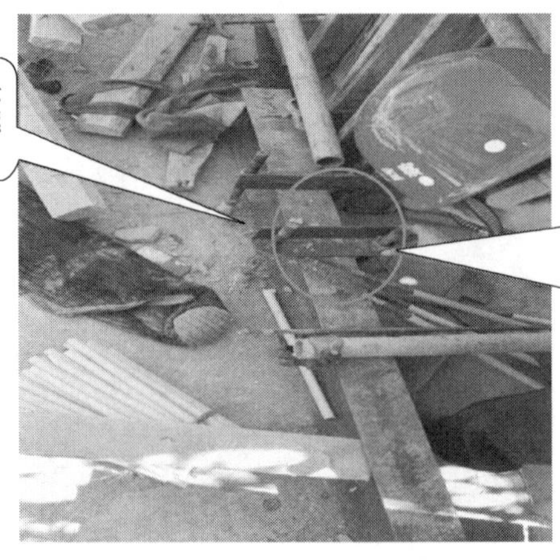

图 4-98　悬挑脚手架悬挑压板缺失螺母

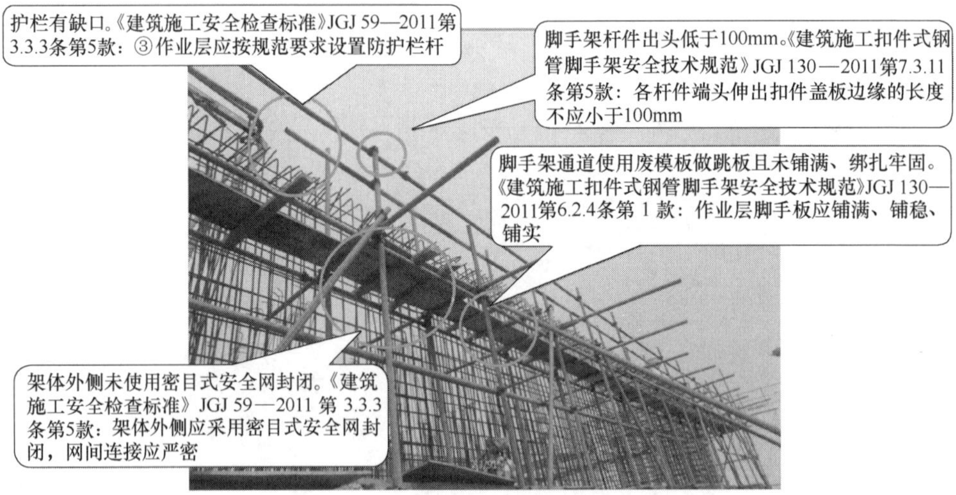
护栏有缺口。《建筑施工安全检查标准》JGJ 59—2011第3.3.3条第5款：③作业层应按规范要求设置防护栏杆
脚手架杆件出头低于100mm。《建筑施工扣件式钢管脚手架安全技术规范》JGJ 130—2011第7.3.11条第5款：各杆件端头伸出扣件盖板边缘的长度不应小于100mm
脚手架通道使用废模板做跳板且未铺满、绑扎牢固。《建筑施工扣件式钢管脚手架安全技术规范》JGJ 130—2011第6.2.4条第1款：作业层脚手板应铺满、铺稳、铺实
架体外侧未使用密目式安全网封闭。《建筑施工安全检查标准》JGJ 59—2011第3.3.3条第5款：架体外侧应采用密目式安全网封闭，网间连接应严密

图 4-99　脚手架存在问题

《建筑施工安全检查标准》JGJ 59—2011第3.3.3条第2款：②架体应在距立杆底端高度不大于200mm处放置纵、横向扫地杆，并应用直角扣件固定在立杆上，横向扫地杆应设置在纵向扫地杆的下方
脚手架扫地杆离地高度超过200mm且纵、横杆安装顺序错误

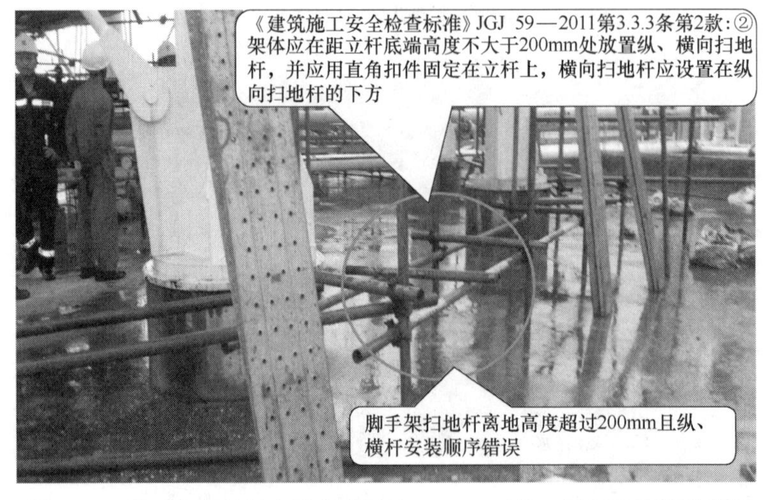

图 4-100　脚手架扫地杆离地高度超过 200mm 且纵、横杆安装顺序错误

图 4-101 脚手架立杆接头全部在同一步

图 4-102 脚手架基础悬空并且有积水

图 4-103 脚手架个别地方扫地杆未安装

图 4-104　临时钢管爬梯未安装护栏

图 4-105　手动葫芦直接固定在脚手架上使用

图 4-106　安装门窗、刷漆等脚手架未安装上下通道

图 4-107 剪刀撑未按要求连续贯通到顶

图 4-108 作业层脚手板没有满铺且未固定

图 4-109 脚手架离墙距离大，无防护措施

图 4-110 脚手板接头搭接不齐

图 4-111 脚手板接头处空隙太大

图 4-112 纵向水平杆未对接

图 4-113　脚手板探头长度过长

图 4-114　纵向水平杆被拆除

图 4-115　悬挑脚手架底层未进行有效封闭

图 4-116　外架未设置纵横向扫地杆

图 4-117　外架连墙件锚固未预留 10cm

图 4-118　脚手架杆件端部扣件盖板边缘与杆端距离不足 10cm

图 4-119 未每隔 10m 用安全平网将架体与结构进行封闭

图 4-120 悬挑脚手架悬挑梁锚固采用点焊加固，存在结构受力风险

图 4-121 脚手架立杆对接点处于同步同跨内

图 4-122 脚手架外侧立面未设置密目网

图 4-123 脚手架部分位置拦腰杆未贯通

图 4-124 水平纵杆接头存在同步同跨内

防范措施

1）现场检查验收，按照 JGJ 130 标准要求，夯实地基，如无法夯实，应增加扫地杆加固并经过检查符合安全要求后方能投入使用，架体周围设置有效的排水措施；

2）在搭设脚手架过程中严格按照方案和交底进行过程检查和旁站监督，在搭设过程中纠偏；

3）脚手架安装单位入场前审核其资质及人员证件，安装过程中严格按照相关规范、方案、交底进行监督检查和旁站验收。

（6）使用因素

安全隐患

1）脚手架搭设完成后未经过验收就投入使用；

2）脚手架各杆件扣件紧固力矩达不到规范要求，造成在使用过程中松脱；

3）脚手架使用过程中将局部拉结点拆除；

4）操作面未满铺脚手板，或存在未牢固固定探头板；

5）非承重脚手架堆放大量物料，承重脚手架操作面未按规定堆放荷载，堆放荷载超载未及时清运到安全区域，如图 4-125 所示；

6）施工过程中利用非承重外脚手架作为模板支撑架体或模板支撑架体与外脚手架相连；

7）利用脚手架钢管作为焊接接地线；

8）其他违反相关规范的行为，如图 4-126、图 4-127 所示。

图 4-125　非承重脚手架堆放大量物料

图 4-126　外脚手架低于作业面

图 4-127 电缆线随意拖拉，搭在脚手架，未做任何绝缘保护

防范措施

1）严格按照规范要求组织相关人员进行架体验收；

2）扣件拧紧力矩不应小于 40N・m，且不应大于 60N・m；

3）脚手架拉结点使用醒目颜色油漆涂刷，并张挂“严禁拆除”标语牌；

4）脚手架应在操作面满铺脚手板，并有短钢管或镀锌钢丝固定；

5）日常加强监督和安全交底，非承重脚手架严禁堆放大量材料，承重脚手架按照方案堆放荷载，严禁超载；

6）模板支撑体系必须独立设置，严禁与外脚手架相连；

7）电焊接地线只能使用导线，不得以任何金属代替或接长。

第 3 节 卸料平台制作及使用管理

1. 卸料平台专项施工的要点及规定

卸料平台专项施工方案主要内容，应包括：

（1）工程概况：工程项目的规模、相关单位的名称情况、计划开竣工日期、搭设条件及周边环境、使用要求（最大使用荷载、最大构件尺寸等）、搭设范围（规模）、挑梁设置部位建筑标高等。

（2）编制依据：规范性文件标准、规范（钢结构设计、验收；混凝土结构）及图纸（产品图集）、施工组织设计等。

（3）计算书及相关图纸：应有平台、挑梁、钢索、吊环、压环、预埋件、焊缝及建筑结构的承载能力的设计计算书及卸荷方法详图，绘制平台与建筑物拉结详图、平面布置图，立面、侧面及剖面图、节点详图，并说明挑梁、钢索、吊环、压环、预埋件、焊缝的设计要求。

（4）施工计划：包括施工进度计划、材料与设备计划。

（5）施工工艺技术：技术参数、工艺流程、施工方法、检查验收等。

（6）施工安全保证措施：组织保障、技术措施、应急预案、监测监控等。

（7）劳动力计划：专职安全生产管理人员、特种作业人员等。

2. 卸料平台检查验收要求及方法的探讨

由于目前对卸料平台的专业规范缺失，如何对卸料平台制作、安装进行检查验收需要探讨，在此提出如下建议：

图 4-128　卸料平台

（1）卸料平台的制作安装质量应按钢结构相关验收执行，相关联的混凝土结构按混凝土施工规范执行，如图 4-128 所示。

（2）卸料平台制作安装质量的检查验收标准、方法、人员组成等要求，应在专项方案中予以明确。

（3）卸料平台制作安装的安全性能，如焊缝质量检测、预埋件抗拔力等的检测要求，应在专项方案中予以明确。

3. 卸料平台布置位置及数量

为了使现场材料快速周转，根据在建工程的工程进度及工程实际情况而确定数量和位置，卸料平台在垂直方向应相互错开以便材料快速安全地转运吊装。卸料平台在垂直方向未相互错开，容易发生高空坠物，也容易在吊运下层材料时碰撞到上层卸料平台，如图 4-129～图 4-131 所示。

图 4-129　卸料平台在垂直方向未相互错开

图 4-130　卸料平台在垂直方向相互错开

4. 卸料平台安全计算

卸料平台是楼层进出材料的主要通道，为施工临时结构，主要承受施工过程中的垂直和水平荷载，用于传递施工周转材料，如图 4-132 所示。钢平台必须有足够的承载能力、刚度和稳定性，在施工过程中要确保在各种荷载作用下不发生失稳、倒塌，并不能超过结构的容许强度。经初步安全计算来确定所用材料、材料间距、钢丝绳的直径、预埋环大小、限重荷载值等，直至达到安全为止。卸料平台局部构造如图 4-133 所示。

5. 确定制作卸料平台的材料

（1）依据之前安全计算所得出的结论，确定了制作卸料平台材料大小、规格。准确及时提出材料计划上报材料部门，落实制作材料，避免影响现场正常作业。

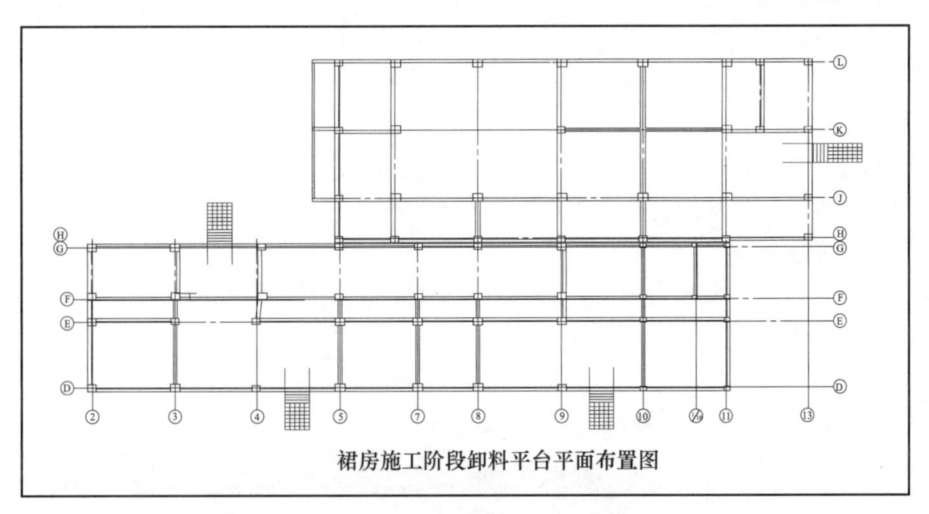

图 4-131 卸料平台平面布置图

图 4-132 卸料平台

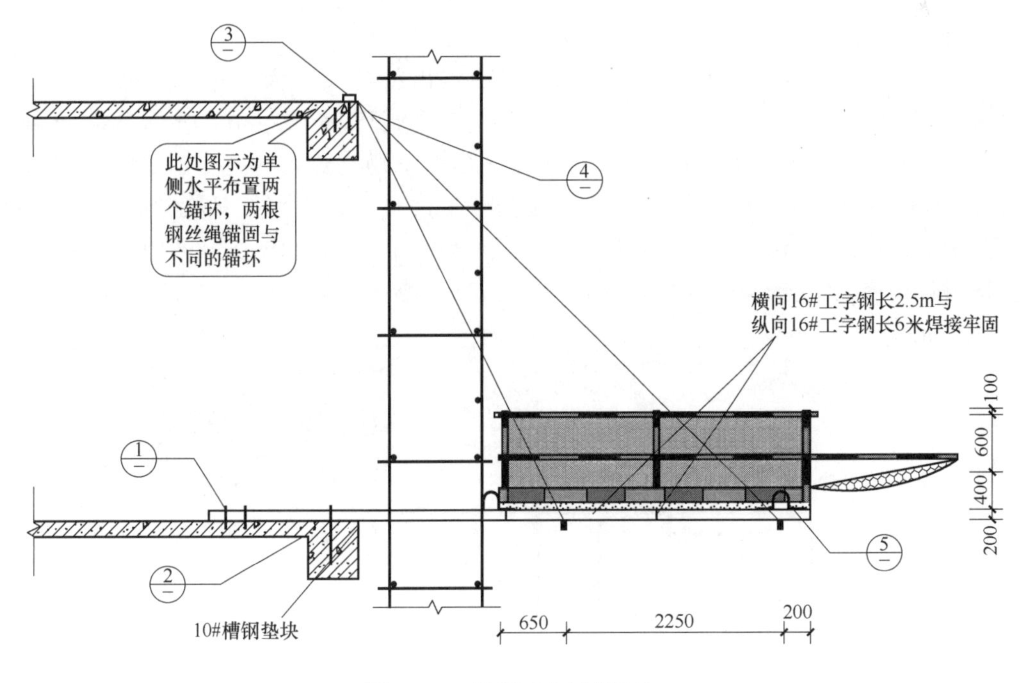

图 4-133 卸料平台局部构造

（2）进场材料必须符合国家有关规定，并出具相应的合格证书。

（3）钢丝绳应有钢丝绳制造厂签发的产品技术性能和质量证明文件。不得使用打环、扭结、变形的钢丝绳。当钢丝绳有挤扁、扭结、断股等现象时应报废，如果截去报废部分，剩余部分长度够长时仍然可以使用。切断钢丝绳时，应有防止绳股散开的措施，不得用电焊切割，以防止钢丝绳打火受损伤。

（4）钢丝绳设置要求

绳卡压板应在钢丝绳长头一边，绳卡间距不应小于钢丝绳直径的 6 倍。钢丝绳设置如图 4-134 所示。

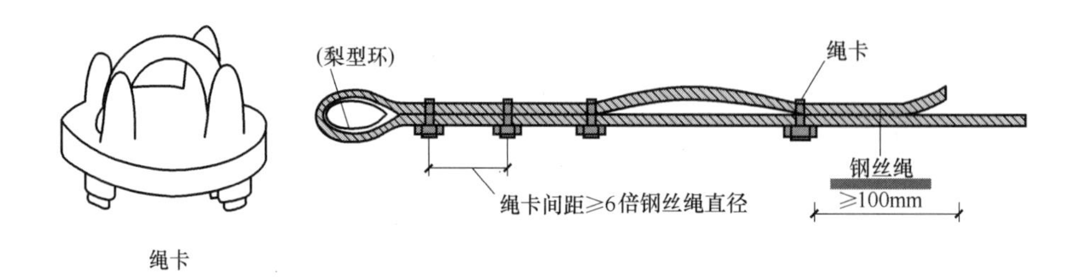

图 4-134　钢丝绳设置

（5）绳卡的数量

绳卡的数量　　**表 4-6**

钢丝绳直径(mm)	7～16	19～27	28～37	38～45
绳卡的数量(个)	3	4	5	6
绳卡压板应在钢丝绳长头一边,绳卡间距不应小于钢丝绳直径的 6 倍				

6. 卸料平台加工制作

卸料平台加工尺寸，根据实际安全计算确定出料台尺寸为（宽）2500mm×（长）3500mm。主梁采用 18 号槽钢，次梁采用 10 号槽钢，次梁间距 800mm，格栅采用 50mm×100mm 方木与胶合板固定，外围护栏采用 ϕ48 钢管与槽钢焊接，高度 1.2m，前面端部护栏部位设置门子，护栏（包括门子）内侧用 15mm 厚镜面板用 8 号铁丝固定，外侧用三合板刷黄黑相间油漆固定整个封住。卸料平台两侧用 ϕ22 光圆钢筋焊接 2 组吊环，用于挂钢丝绳，前面一道钢丝绳为主绳，后面一道为保险绳。钢丝绳直径为 22mm。如图 4-135～图 4-139 所示。

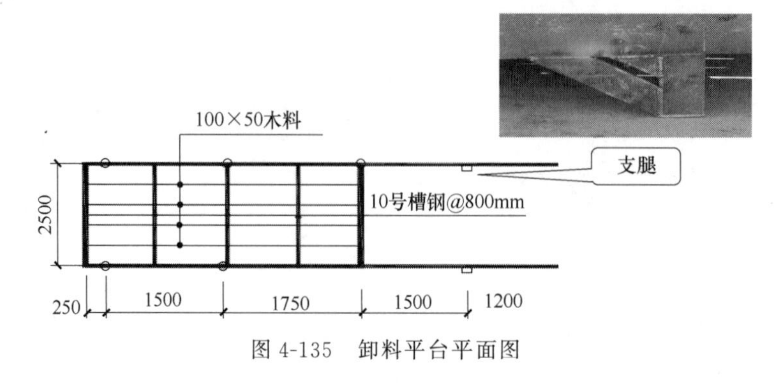

图 4-135　卸料平台平面图

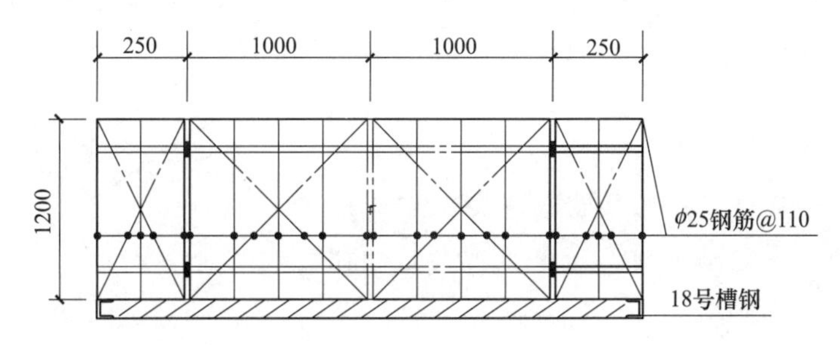

图 4-136 卸料平台立面图

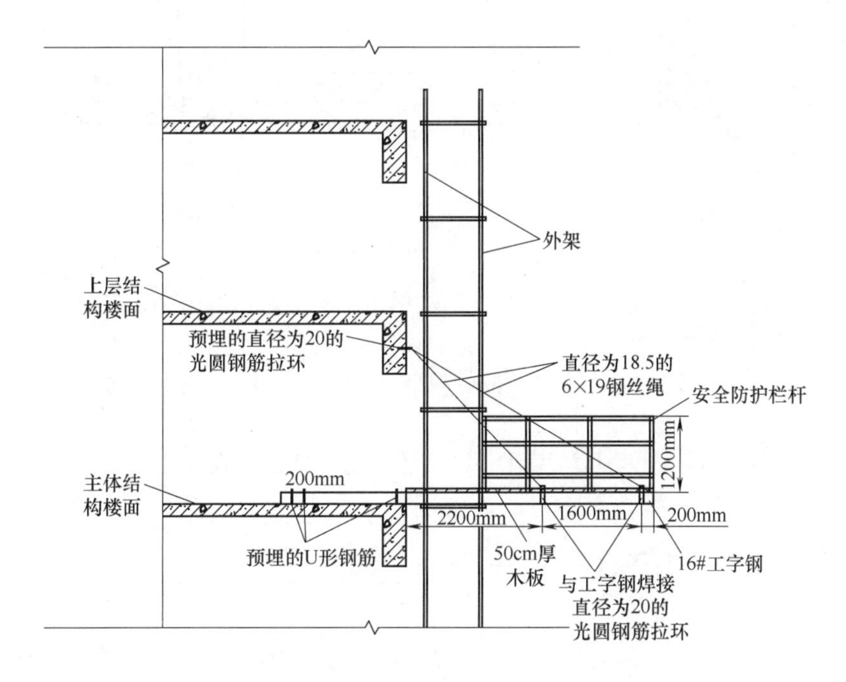

图 4-137 卸料平台示意图

图 4-138 工字钢吊环做法实景

7. 卸料平台的搭设

(1) 在上一层的梁边，且正对每一根钢梁埋设 ϕ20 地锚，以便拉结固定钢丝绳使用。工字钢地锚做法如图 4-140 所示。

(2) 悬挑平台随楼层进行搭设，必须由专业操作人员搭设。卸料平台吊装时，安全负责人必须在场指挥和监督，确保安全。

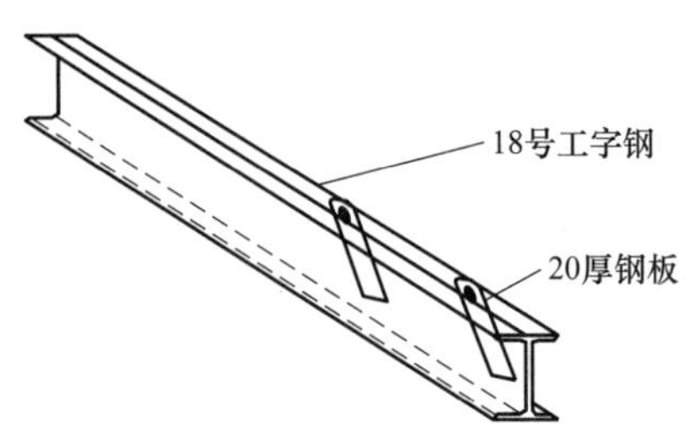

图 4-139 工字钢吊环做法示意

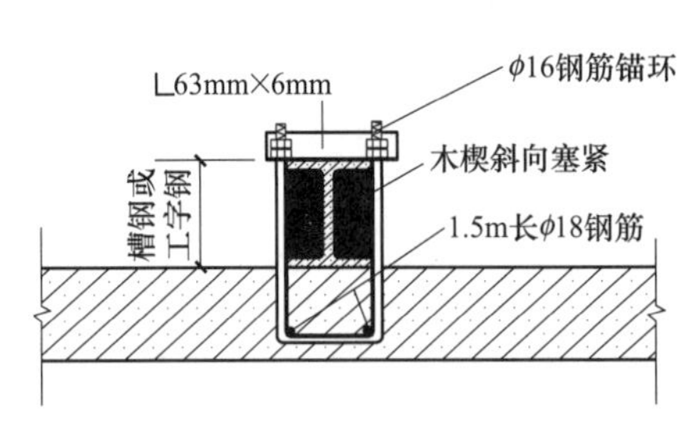

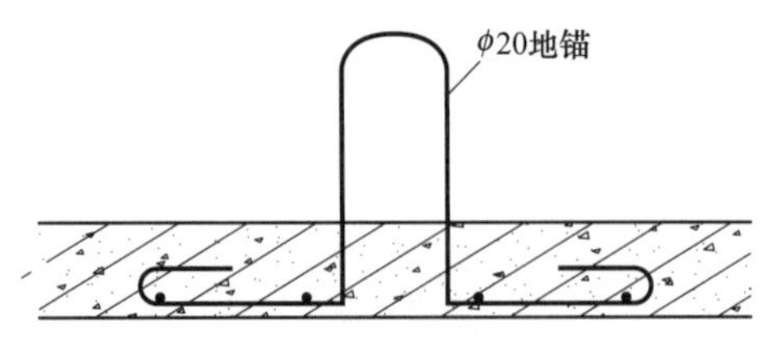

图 4-140 工字钢地锚做法

(3) 首次安装时，准备好 ϕ22 的 4 根钢丝绳和钢丝绳直径相匹配的绳卡。钢丝绳绳卡卡接方式示意图，如图 4-141 所示。

(4) 卸料平台不得安装在悬挑构件或外挑脚手架上。挑板（挑檐）处，工字钢不能压在挑板（挑檐），必须在边梁上用木料垫高 50mm。

(5) 钢丝绳在卸料平台两边各两道，与水平梁的夹角最好在 45°～60°。

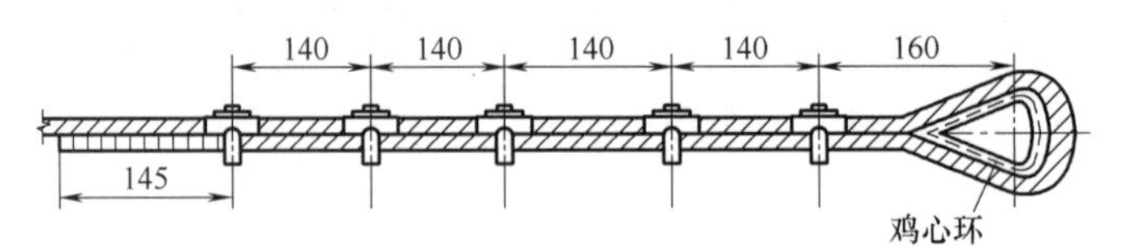

图 4-141 钢丝绳绳卡卡接方式示意图

(6) 卸料平台吊装，如图 4-142 所示，首先固定好前面的两根钢丝绳，再固定后端吊环上的两根钢丝绳，然后固定楼面上的锚环。安全负责人检查所有卡子上的螺丝拧紧后才能松开塔吊大钩。钢丝绳拉环节点如图 4-143 所示。

图 4-142 卸料平台吊装

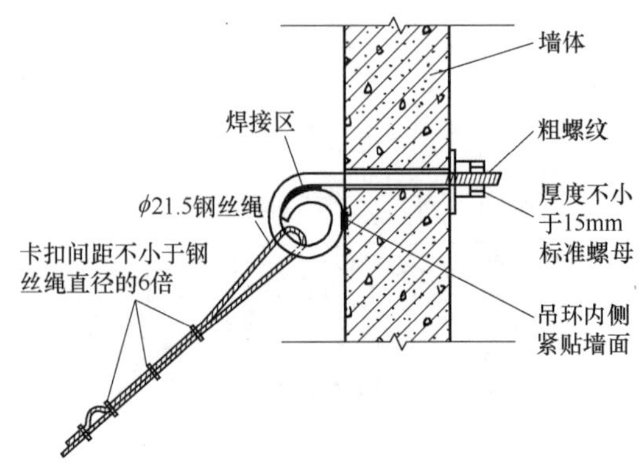

图 4-143 钢丝绳拉环节点

(7) 吊装好的卸料平台左右不得倾斜，卸料平台外口稍高于内口，倾角为4°，如图4-144所示。

(8) 卸料平台吊装，应保证4根钢丝绳均匀受力。

(9) 卸料平台不得安装在通道口上方和坠落半径范围内，也不得安装在人员流动较大的场地上方。

(10) 卸料平台下面坠落半径范围内应搭设防护栏杆，并且挂警示牌。

(11) 吊装卸料平台时，不得拆除外防护架的立杆，横杆拆除后，应在四周对外脚手架采取加强措施。卸料平台正上方铺一层彩条布，一层竹笆子，防止垃圾落下，左右两侧用钢管、密目网进行封闭，如图4-145所示。

(12) 卸料平台的通道在外脚手架范围内，应铺设钢架板，钢架板两头搁置在卸料平台的主梁上，并用12号铁丝绑扎牢固。

(13) 卸料平台不得搁置在外脚手架的水平杆上。

图4-144 卸料平台外口稍高于内口

图4-145 卸料平台左右两侧用钢管、密目网进行封闭

(14) 在外脚手架上，卸料平台通道两侧搭设防护栏杆，上部搭设防护棚。

(15) 卸料平台的主梁、钢丝绳、栏杆等任何部位不得和外脚手架连接。

(16) 绳卡初次固定后，应待钢丝绳受力后再度紧固，并宜拧紧到使两绳直径高度压扁1/3。作业中应经常检查紧固情况。

(17) 钢丝绳与混凝土或其他物体接触部位，应设置软垫，以防止钢丝绳的磨损。

(18) 钢丝绳与卸料平台吊环的连接处，必须使用鸡心环。

(19) 每班作业前，应检查钢丝绳及钢丝绳的连接部位。如图4-146～图4-152所示。

8. 卸料平台检查验收

(1) 主施工员应每天对卸料平台检查一次，并有检查记录。

(2) 每次吊装后，施工员和安全员应检查验收，合格后才能使用，并履行验收手续。

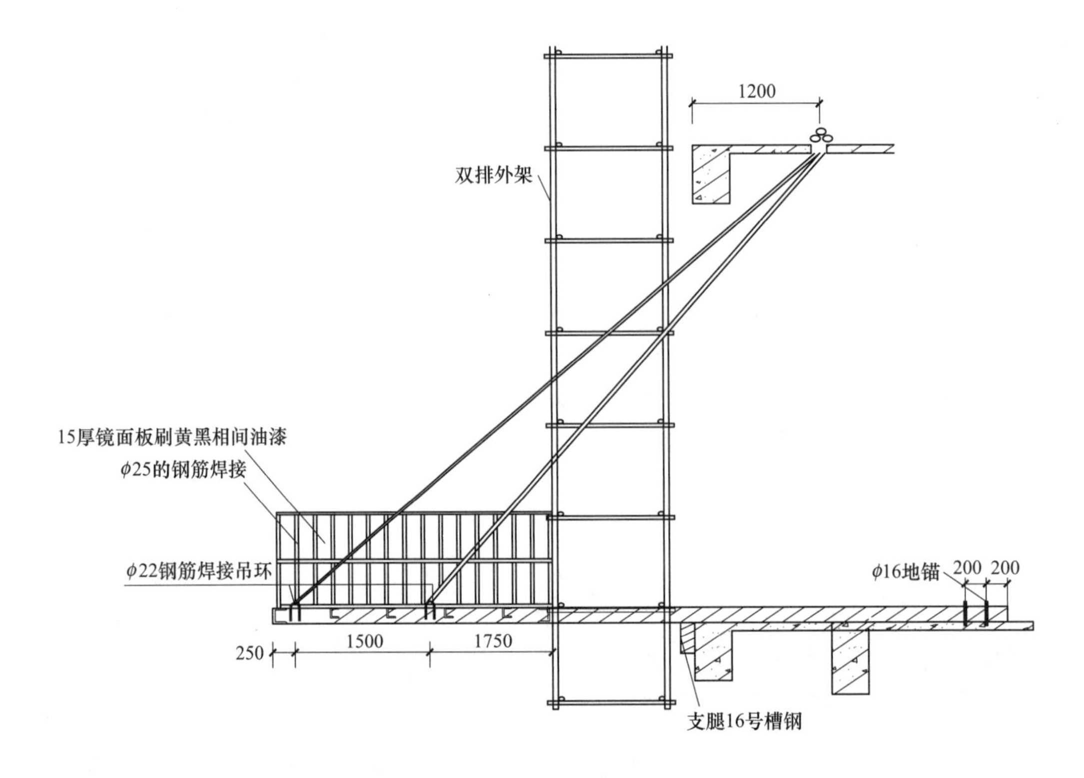

图 4-146　卸料平台侧立面图

图 4-147　卸料平台侧立面图实景

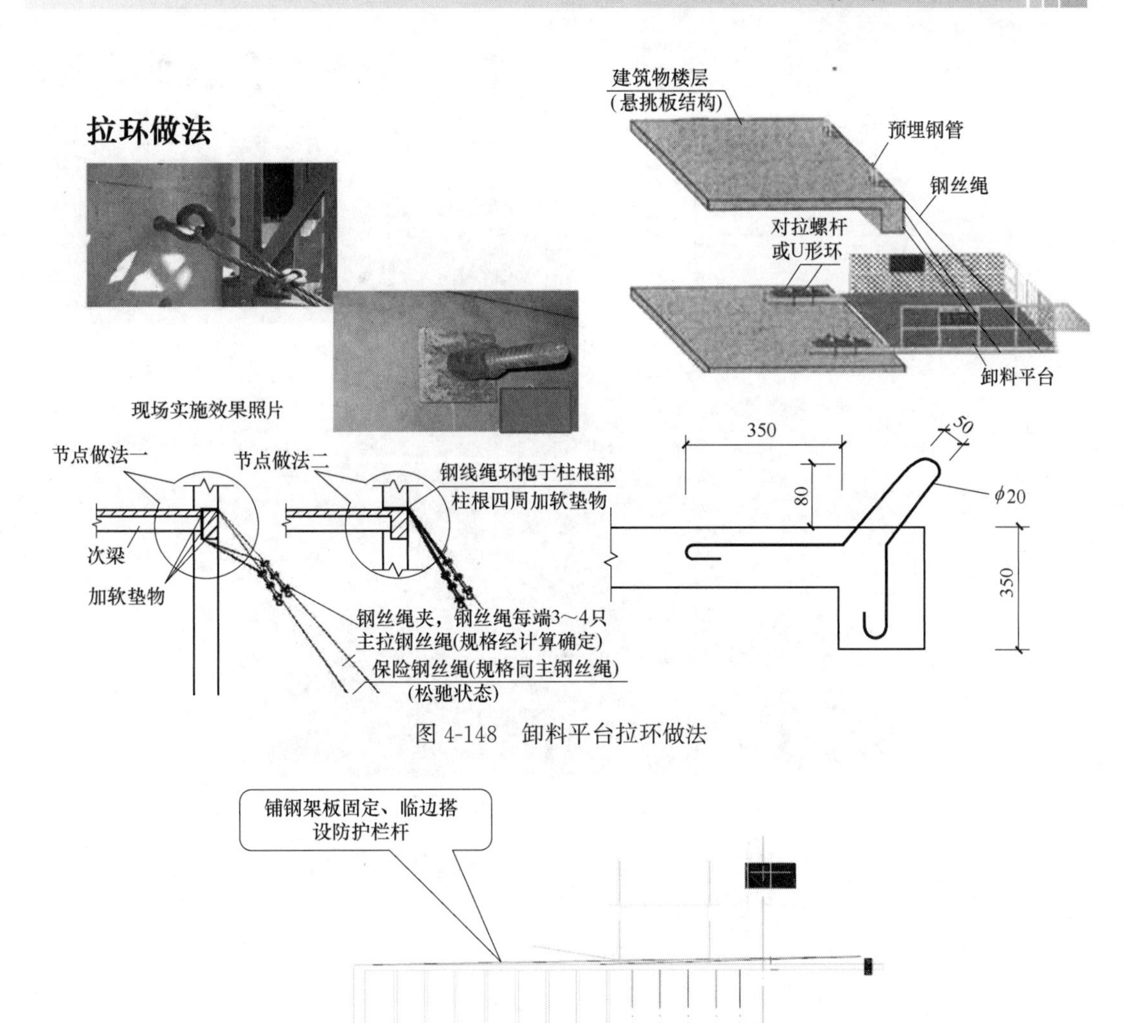

图 4-148 卸料平台拉环做法

图 4-149 卸料平台铺钢架板固定、临边搭设防护栏杆

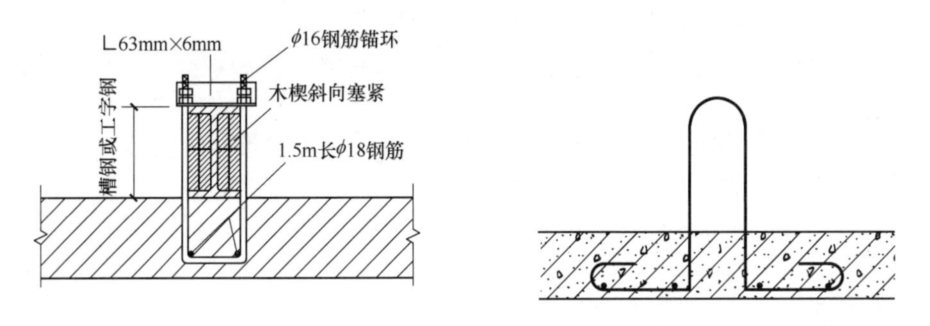

图 4-150 固定型钢地锚

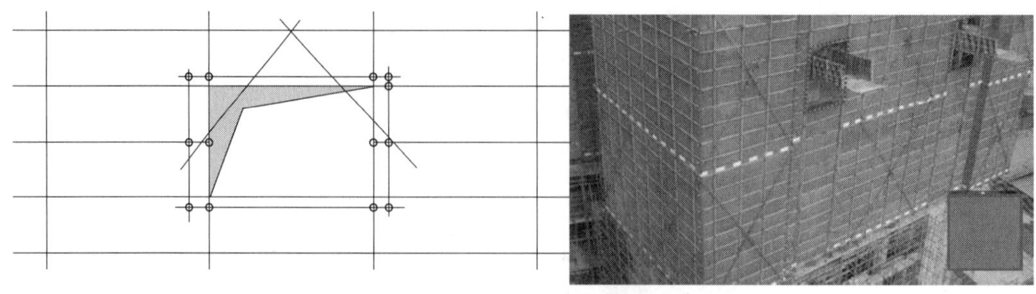

图 4-151　卸料平台洞口加固处理

图 4-152　卸料平台现场实景图

（3）卸料平台在使用过程中，若发现钢丝绳有滑动现象时，应马上停止使用，重新加固，经安全员和施工员检查验收合格后方可使用。

（4）卸料平台使用时，发现钢丝绳有断股现象时应马上更换，平台有倾斜现象时应马上调整。

（5）检查楼面上的锚环是否稳固可靠。

（6）检查前面门子是否关闭，周围栏杆和平台板有无损坏现象，是否超载使用。

（7）检查吊环焊缝是否有裂纹，钢丝绳是否有锈蚀。

9. 卸料平台的使用及安全措施

（1）卸料平台的上部拉结点，必须设置于建筑物上，不得设置在脚手架等施工设备上。

（2）卸料平台安装时，钢丝绳应采用专用的挂钩挂牢，建筑物锐角口围系钢丝绳处应加补软垫物，平台外口应略高于内口。

（3）卸料平台左右两侧必须装置固定的防护栏。

（4）卸料平台吊装，须横梁支撑点电焊固定，接好钢丝绳，经过检验后才能松卸起重吊钩。

（5）卸料平台使用时，应有专人负责检查，发现钢丝绳有锈蚀损坏应及时调换，焊缝脱焊应及时修复。

（6）操作平台上应显著标明容许荷载，人员和物料总重量严禁超过设计容许荷载，配专人监督。限重牌如图 4-153 所示。

（7）卸料平台限载（材料总重量）1t，在卸料平台上同时作业人员不得超过 2 人，应挂有明显标识牌，以保证人员和物料总重量不超过容许荷载。

（8）前面的门子设置插销，应保持关闭，当需要吊运长度超过卸料平台长的材料时，暂时打开门子，使用完后将插销插好。

（9）不得在卸料平台上码放材料。

（10）钢丝绳卡子应用塑料包裹或经常刷油保养。

（11）应经常清理卸料平台上的垃圾、杂物。

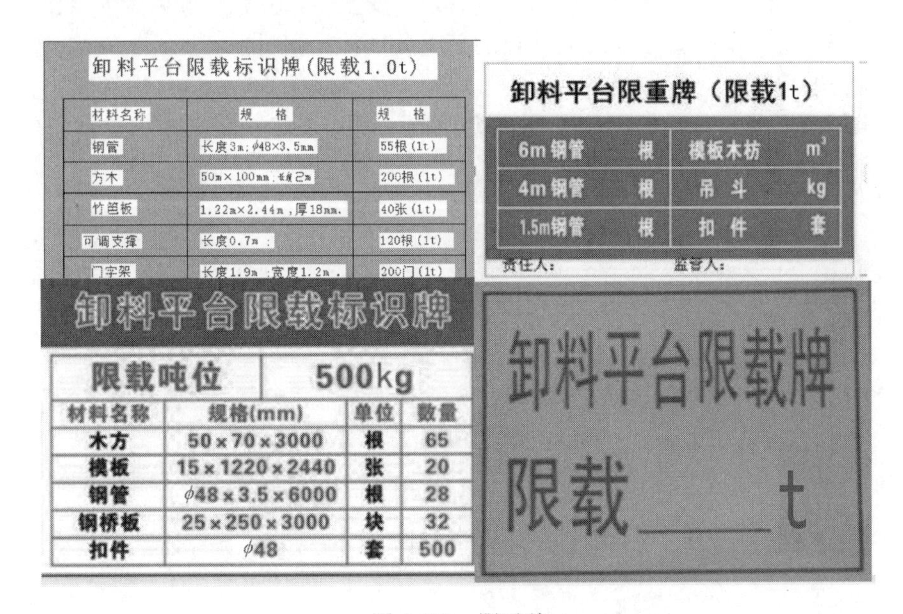

图 4-153　限重牌

（12）不得在卸料平台上嬉戏、打闹、闲逛，严禁酒后在卸料平台上作业。

（13）严禁从卸料平台上往下抛掷物体。

（14）若卸料平台正上方有人施工，则卸料平台上不得作业。

（15）用塔吊从卸料平台上吊材料时，特别是钢筋、钢管，一定要有塔吊指挥，不得碰撞、刮擦卸料平台的栏杆或钢丝绳。

（16）用塔吊往卸料平台上吊东西时，一定要轻放，不得有较大的冲击力。起吊重物要稳、匀速上升。因卸料平台紧靠脚手架，若重物晃动，不仅会发生伤人事故，而且撞击脚手架，影响稳定性。

（17）吊运材料时应分类、分钢管长短进行吊运，材料必须码放整齐，吊运钢管时 2 点起吊，吊运铁笼时 4 点起吊。

10. 卸料平台的拆除

（1）卸料平台拆除时，必须清理所有堆放的材料，并用笤帚清扫干净。

（2）吊装或拆除时用 4 根同样长的钢丝绳吊绳挂在卸料平台的 4 个吊环上。

（3）吊装或拆除时，卸料平台上不得站人或堆放东西。

（4）吊装或拆除过程中，塔吊指挥必须手势清楚，信号明确。

（5）卸料平台拆除或吊装时，下方坠落半径范围内应设警戒线，并设专人看管，不得有操作人员或有人通过。坠落半径如表 4-7 所示。

坠落半径 表 4-7

坠落半径作业高度(m)	坠落半径(m)	坠落半径作业高度(m)	坠落半径(m)
2～5	3	15～30	5
5～15	4	>30	6

(6) 卸料平台拆除或吊装时，操作人员必须系安全带，并且正确佩戴安全帽。

(7) 卸料平台拆除时，用 4 根同样长的吊绳分别挂在卸料平台上，另一端挂在塔吊的大钩上，慢慢起吊，待固定卸料平台的钢丝绳稍微松动时停止。2 人扶住卸料平台的锚固端，防止卸料平台摆动。然后操作人员上去卸钢丝绳，全部卸完操作人员离开卸料平台后，松开地面上的锚固环，塔吊向外摆动。

第5章 防 水 工 程

第1节 房建工程防水问题现状与策略

1. 防水问题现状

防水工程是既古老又年轻的话题。按使用功能不同，可分为公路、铁路、桥梁、隧道、设备工程、地下工程和房屋建筑工程等。其分布领域广阔，行业特点不同，重点难点各异，不能一概而论。现仅就房屋建筑工程防水设计与施工中遇到的普遍性问题案例，以供参考。

防水工程质量，涉及设计、选材、决策、施工、监督、管理等诸多环节，需要有科学的态度和严谨的工作作风。而我们常常遇到类似情况：一旦发现房屋建筑工程中存在渗水现象，不管其原因是什么，开发商（甲方）总会毫不犹豫地把责任首先推向防水施工单位，这似乎已成为一种惯性思维。其实，这种结论非常草率，事实往往并非如此，如图 5-1 所示。

图 5-1 防水问题现状

（1）地下室渗水。地下室渗水包括很多原因：比如，外墙在主体结构施工阶段，穿越墙板的管道封堵不规范；回填土不按施工操作规程要求分层夯实，施工随意性大，各种杂物不加清理野蛮回填，破坏了外墙防水层的保护层；地下室外墙根部混凝土振捣不密实或漏振，出现蜂窝、空洞，夹带木头等杂物；地下室外墙混凝土板中残留钢丝、钢筋，且未经防锈、防水处理，如图 5-2 所示。

图 5-2 地下室渗水

（2）结构外墙渗水。外墙施工缝处接缝不严、开裂，导致渗水；外墙主体结构局部混凝土漏捣，设备用穿墙管部位，未按施工操作规程施工，导致渗水；外墙结构施工时，固定外脚手架的钢丝绳遗留在墙板中，导致渗水；螺杆洞未清理、封堵深度不足、未采用防水砂浆封堵，导致渗水；主体结构施工时，混凝土振捣不密实，雨水沿着管线从配电箱内、开关插座处等部位流出，如图 5-3 所示。

图 5-3 结构外墙渗水

（3）厨房、卫生间渗水。穿楼板的下水管、消防管等各种管道周围，预留孔二次封堵施工不规范，导致渗水。屋面渗水。主体结构施工时，屋面板上多余的预留孔洞未作任何封堵处理，其上仅用挤塑聚苯板加盖，然后做屋面的保护层、防水层、保温层、面层等构造层，如图 5-4 所示。

（4）屋面变形缝渗水，变形缝处构造设计不当，造成屋面渗水，如图 5-5 所示；外墙变形缝出屋面的顶端，设计无防水措施，建筑构造设计严重失误。图纸会审时，建设、施工、监理各方均未发现并提出，导致雨水从顶端长驱直入到外墙构造层中，带来外墙尤其是外窗四周渗水。

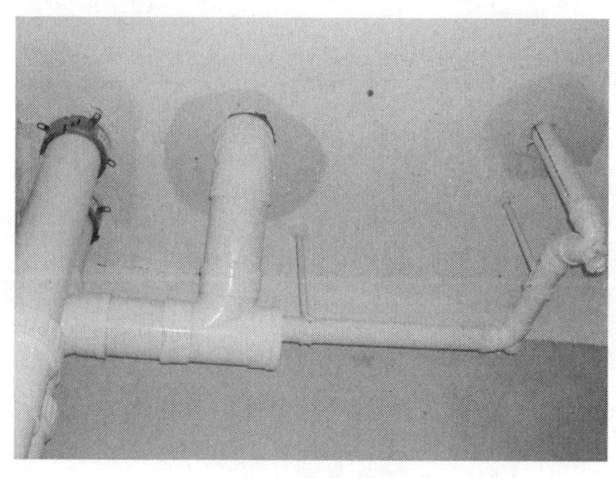

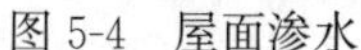
图 5-4 屋面渗水

图 5-5 屋面变形缝渗水

2. 防水问题出现的原因

有症状就会有相应的原因，质量不过关，背后所隐藏的是各种各样的综合因素。

（1）设计方面：

1）设计人员对防水专业知识缺乏系统的了解，更谈不上深入的研究。普遍的情况是套用设计规范、标准图集就万事大吉。而影响防水质量的关键在细部节点，尤其是不同项目、不同材料、不同部位、不同结构形式及其相互交界面，很少有建筑师去仔细琢磨、认真推敲。

2）缺少合理的设计周期。一旦接到设计任务，设计公司为了满足开发商的赶工要求，往往是按照开发商规定的时间倒排设计计划，全体设计人员基本是连续加班至深夜、疲劳作战，直至任务完成。这种工作状况只有年轻人才能承受。而刚从学校毕业不久的设计人员缺少现场经验，缺乏防水施工的感性认识，导致防水设计方案先天不足，如图 5-6 所示。

图 5-6 设计人员缺少现场经验

（2）材料方面：

低价中标，恶果蔓延。上规模的房地产开发企业，主要建筑材料为甲供材、甲指定或甲分包，通常采用统一招标、集中采购的方式。因行业自律性差，市场管理不规范，诚信制度不健全，使得“张冠李戴”“以次充好”“以假乱真”等现象时有发生。

开发商在招标时，往往注重报价而忽视材料品质、厂家信誉和售后服务，通过强行压价来降低成本。这就给诚信较差的企业以可乘之机。多数情况是：恶意竞争。材料品质好、信誉高的企业因报价较高首轮即遭淘汰；材料品质差、信誉低的企业因报价低而中标，如图 5-7 所示。

图 5-7　恶意竞争

其后果是，中标企业为了获得理想的利润空间，不择手段降低产品成本：采用质量等级较低的原材料，在生产过程中违规加入再生材料或其他添加剂，降低了防水材料的耐老化性能和长期耐久性能，有的工程刚竣工交付使用就出现裂缝、渗水，造成大量房屋业主投诉、诉诸法律，带来高额赔偿，甚至演变成影响社会稳定的群体事件。

（3）施工方面：

1）盲目压缩工期，缺少必要的施工周期。开发商往往违背客观规律，采用行政命令，强行要求施工方必须在几天内完成防水施工任务，迫使施工单位不得不采用人海战术抢工期。由于没有必要的技术间隙时间，给防水施工质量留下长期隐患，如图 5-8 所示。

图 5-8　盲目压缩工期

2）施工人员技术水平参差不齐，部分防水企业缺少经常性、制度性、专业性的上岗操作培训，临时凑人仓促上马的情况较为普遍，不专业的人员施工，质量很难得到可靠保证。

（4）管理方面：

1）过度追求利润最大化。项目是成本中心，企业是利润中心。为了追求利润最大化，开发商缺乏科学态度、违反客观规律、瞎指挥的现象并不少见。有的领导表面上非常重视工程质量，但都是停留在口头上、写在文件上，并未落实在行动上，如图 5-9 所示。

2）外行领导决策的弊病：非相关专业的外行领导在决策时，不能正确处理好质量、进度、成本三者之间的辩证关系，往往把成本、进度放在第一位，质量放在最后一位；“不懂装懂”“似懂非懂”“自以为是”的现象屡见不鲜。

3）有的内行领导，由于长期脱离专业技术工作岗位，在决策时，也早已把工程质量抛于脑后，屁股指挥脑袋、盲目压价、强制性倒排开发计划，形成恶性循环，严重影响工程质量。

4）绩效考核导向的影响。开发商一般以交房日期为主要考核指标，而以工程质量为主要考核指标的情况并不多见。因此，一切工作都围绕确保交房日期来展开。开发商关键岗位的技术人员，受上述绩效考核导向的影响，几乎忘记了自己的职业准则，不敢坚持原则、严格把关；不敢说实话，而是唯命是听。这也是工程质量问题重复发生的重要原因，如图 5-10 所示。

图 5-9　管理现状

图 5-10　绩效考核导向的影响

5）监理工程师的尴尬地位

监理公司与开发商的关系，法律上是双方平等，理论上是独立的第三方，而实际上是被雇佣与雇主的关系，这已是不需争辩的事实。

实际工作中经常发生的是：监理工程师对工程质量控制力度只要稍微严格，施工单位就会以开发商要求抢进度为由搪塞、推诿、糊弄，不按规范要求整改，开发商主要领导就会出面协调、暗示，为施工单位开脱，将大事化小、小事化了（其实工程质量无小事），使监理工程师处于进退两难的境地。一旦事故发生，悔之晚矣！国内每年发生的质量、安全事故案例中，大多数都存在类似情况。

第 2 节　典型案例解析

1. 案例 1

（1）项目概况

某项目高 90m，其地下室共三层，采用掺加 UEA 的抗渗混凝土，基底埋深 21m，底板厚 3m 和 2m，外墙厚 70cm，整个大楼为现浇混凝土双筒外框结构。项目基础深、施工难度大、结构复杂、工程量大，材料耗用大。

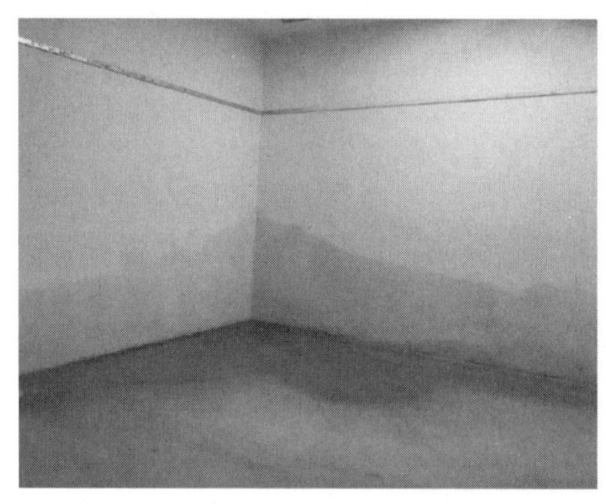

图 5-11 地下室渗漏水

地下室为整体现浇钢筋混凝土，无变形沉降缝，施工缝采用钢板止水带防水，底板为抗渗混凝土结构自防水。

由于设计等多方面原因，造成了地下室部分底板和外墙大面积的渗漏水，严重影响了施工进度和工程质量，如图 5-11 所示。

（2）渗漏部位与形式

1）渗漏部位主要在地下 3 层地下室四周外墙和距墙 6.4m 范围内底板上。

2）渗漏表现形式：外墙大面积慢渗、点漏和裂缝漏水。底板表现为高水压慢渗水、点漏和裂缝漏水、底板水压据测达 0.8MPa，高压渗漏给堵漏防水施工带来了很大的难度，特别是高压慢渗水处理和裂缝渗漏水处理。

（3）渗漏原因分析

1）水文资料失实：原勘测地下水位较深，而实际施工中发现地下水位比勘测水位要高。降水方案中虽采用井点降水，但地下水位仍然高于地下室底板。

2）防水设计未高度重视：底板未设置防水层，只考虑了抗渗混凝土结构自防水一道防线设计。

3）施工缝处理不当：由于施工面积大、施工组织不力、所用抗渗混凝土由于运送不及时，所以不得不留施工缝，而这些施工缝成为地下室渗漏的薄弱环节；

4）混凝土施工质量差：由于大楼地下室底板以及外墙钢筋较密，造成了抗渗混凝土浇捣不密实，多处出现露筋、蜂窝麻面。给渗漏水带来了严重隐患，致使抗渗混凝土不抗渗，影响了结构自防水的防水质量，如图 5-12 所示。

图 5-12 多处出现露筋、蜂窝麻面

5）浇筑防水混凝土：只注意了级配和外加剂，而忽略了施工质量；水灰比控制不严，施工养护不足等，直接影响了防水混凝土的质量，如图 5-13 所示。

图 5-13　施工养护不足

6）地下室外墙防水施工质量差：地下室外墙防水设计选用聚氨酯涂膜防水，设计厚度为 2mm，实际施工中，多未达到此厚度。基层不够平整，且多处有小孔，因赶工期，基层未达到聚氨酯涂膜防水的施工要求，就进行防水施工，如图 5-14、图 5-15 所示。

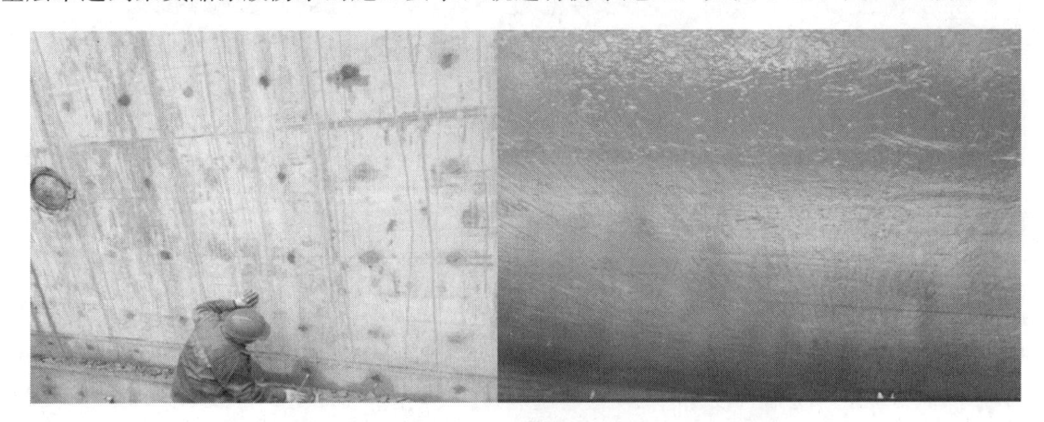

图 5-14　现场防水施工

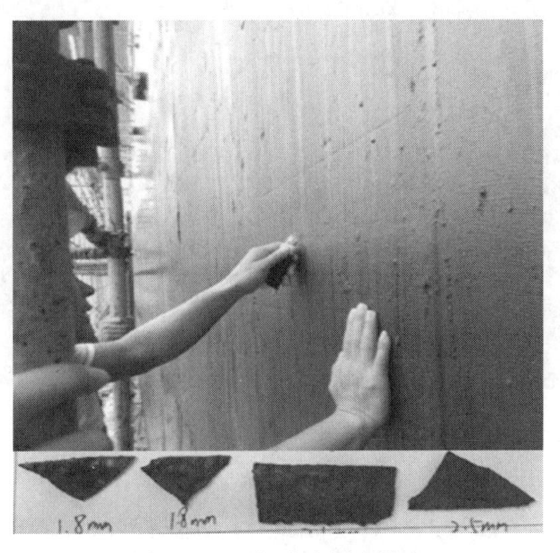

图 5-15　现场防水厚度检查

7）地下外墙防水施工完毕，因赶工期土方回填未分层、压实，未形成防水帷幕，造成工程周围汇水区，一旦结构和防水层出现问题，就会漏水，如图5-16所示。

图5-16　土方回填未分层、压实

（4）渗漏处理方案

堵漏部位采用整体防水、堵防结合、封排结合，具体做法为：

1）面渗处理

面渗采用促凝灰浆处理，压力大时集中于一点，下管引入。

施工中先用火焰喷灯烘烤渗水基面，紧接着用SJ堵漏剂化学浆材与42.5普通硅酸盐水泥配制成复合胶浆涂抹在渗水部位上，这种做法，收到了“内病外治”的功效。其作用机理是：将复合的速凝防水胶浆涂抹于渗水部位后，复合胶浆中的无机材料由于渗入了化学材料，不仅早强速凝，且易于控制，大大改善了胶浆固化后的力学性能，并依靠亲水细微的渗水通道，使渗水压力孔道内的化学材料，在水泥材料的约束下，在有限侧压力的状态下，聚合而根植于基层，从而大大提高了粘结质量和防水效果，如图5-17所示。

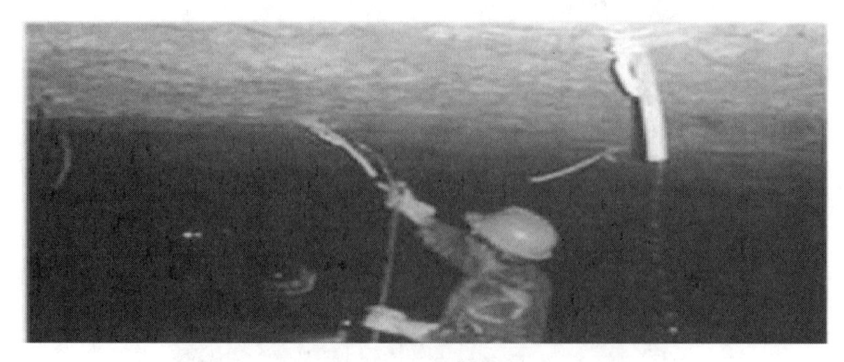

图5-17　面渗处理

2）线渗处理

人工沿漏水缝凿V形槽，接着抽管引水，待做好抗渗增强砂浆防水层后，注浆堵漏，如图5-18所示。

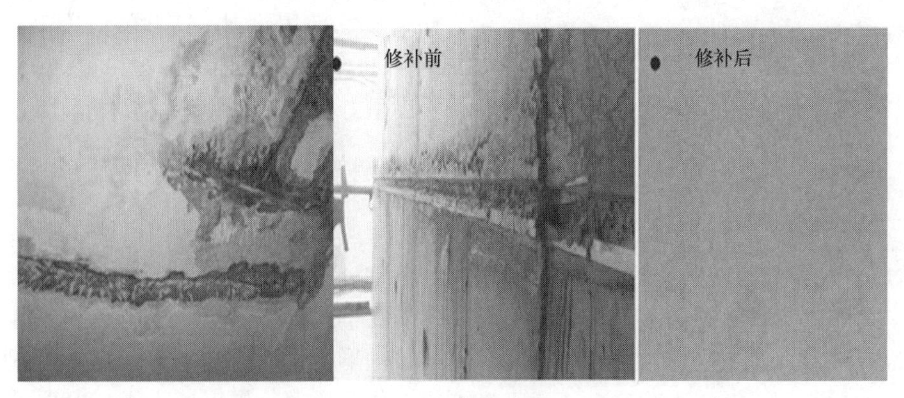

图 5-18 线渗处理

3）点渗处理

发现严重的渗水点，先用冲击钻在渗水点上打眼，然后用 SJ 堵漏直接封堵。SJ 堵漏剂固化时间为 45s，如图 5-19 所示。

图 5-19 点渗处理

4）水浮力裂缝处理

① 裂缝表面处理，在混凝土裂缝处先用冲击钻打两个眼，然后埋置注浆引水管，并从引水管中用压缩空气清理缝中的杂质，沿缝用 SJ 堵漏剂堵缝，使漏水从引水管中向外排出水，最后进行化学注浆，如图 5-20 所示。

图 5-20 水浮力裂缝处理 1

② 由于裂缝漏水较大，现场估测漏水压力约为 0.8MPa，根据以往水浮力产生裂缝处理的经验教训，采用 3cm 厚防水砂浆作为抗渗增强措施抵抗水压是不够的，经过认真研

图 5-21　水浮力裂缝处理 2

究，最后采用绑扎钢筋网片，浇筑 80mm 混凝土，以抵抗漏水压力，待混凝土达到强度后，进行注浆堵漏，如图 5-21 所示。

5）抗渗增强防水砂浆施工

抗渗增强防水砂浆，平均厚度 2.5cm，做法采用刚性五层抹面防水施工方法，基层经凿毛处理，抗渗防水砂浆中掺加 3%的复合抗渗早强剂，早强剂的加入一是提高防水砂浆的早期强度，二是缩短了施工作业时间，提高作业效率。据现场实测，抗渗砂浆初凝为 2h，终凝为 4h，如图 5-22 所示。

图 5-22　抗渗增强防水砂浆施工

6）注浆堵漏

① 试注浆：待封闭裂缝或漏水点抗渗砂浆防水层具有一定强度后，压水试验，检查封闭情况确定注浆压力；

图 5-23　注浆堵漏

② 注浆：注浆顺序按水平缝自一端向另一端，垂直缝先下后上进行，先选其中一孔注浆，待浆液沿着引入通道向前推进，注到不再进浆时停止。如此逐个进行直至结束，注浆材料用单组分聚氨酯化学注浆液，如图 5-23 所示。

（5）堵漏效果分析与经验总结

项目采用上述堵漏方案，取得了很好的堵漏效果。两千多平方米的堵漏面积，各种不同的渗漏水情况处理，共用 12d 时间，就完成了整个地下室的堵漏工作，并为后期的聚氨酯涂膜防水施工创造了条件。

1）裂缝注浆堵漏：开始是在未做钢筋网现浇混凝土的情况下，就进行注浆堵漏，结果是堵住了一条缝，而从旁边又出现了两条缝漏水，恶性循环，如图 5-24 所示。

2）堵防结合、封排结合、综合治理的堵漏方案，是前期经验教训中总结出来的，在学习和消化国内外近年来几十项地下工程堵漏施工的新技术、新成果的基础上制定堵漏的

图 5-24　裂缝注浆堵漏

施工方案。从堵漏效果看，此方案满足了项目地下室的堵渗漏水的要求，方案是科学的，其技术水平代表了目前国内地下工程堵漏防水的技术水平，如图 5-25 所示。

图 5-25　现场制作钢筋网

3）堵漏施工中，采用了喷灯、冲击钻、注浆泵、电动搅拌器等施工工具。这些机具的使用，大大降低了工人的劳动强度，提高了工作效率，降低了材料消耗，缩短了施工时间，加快了施工进度，为整个工程的早日完工争取了宝贵的时间。注浆使用工具如图 5-26 所示。

地下工程与屋面工程不同，水的作用是长期的，渗透压随埋深而增大，有时地下水含有侵蚀性介质对地下工程危害较大。即使处于地下水位以上的地下工程，地下水也会对工程造成危害，还有地面水下渗、上层滞水、排水管道破

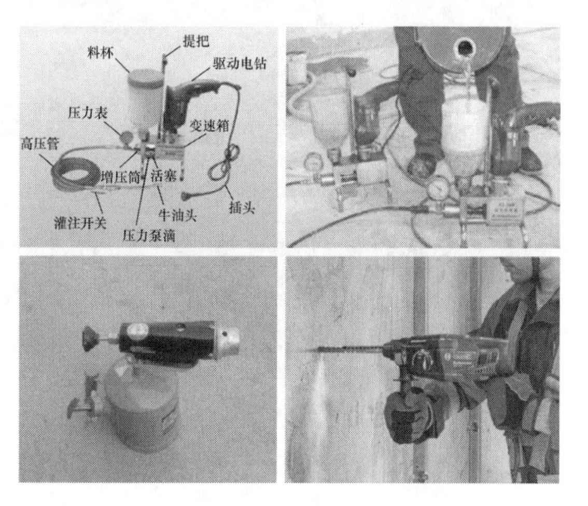

图 5-26　注浆使用工具

裂都会危害地下工程。地下水浮力作用，往往能将整体地下工程浮起，造成工程破坏淹没，我国这面的沉痛教训太多了。防水和渗漏水治理是一门综合性技术，与多方面的因素有关。把一种防水材料看成是万能的，想要看到“药到病除”的效果，这种想法还是片面了。

经过了工程技术人员和工人十几天的努力，最终根治了项目地下室渗漏。取得了不少处理地下室渗漏的施工技术和施工经验，但代价是巨大的，要彻底做好地下工程防水，重要的是设计和施工严格把关，各个部门密切协作，把工程质量放在首位，真正做到以防为主，杜绝渗漏现象，否则一旦造成渗漏，费工费时，造成不必要的损失。

2. 案例 2

某住宅楼 2000 年竣工，自 2003 年始，地下室连续两年不断出现渗漏水。严重时内墙面 1/3 以上渗水潮湿，地面积水 30cm 以上，整个地下室无法使用，2005 年 3 月开始修复。

（1）工程概况

某住宅楼，地下一层地上六层，建筑面积 $9854m^2$。楼的西边有热电厂回水河、南临通惠河，因此地下水位较高，地下水位标高 31.12m，基础底板标高 31.45m，槽底标高 30.85m。钢筋混凝土底板厚度 30cm，基础反梁高 30cm，混凝土内掺 UEA 防水剂，设计抗渗标号 S8。

（2）渗漏分析

根据国家标准《地下工程防水技术规范》GB 50108—2008 的规定，“地下工程必须进行防水设计，防水设计应定级准确、方案可靠、经济合理”。该工程地下室未定防水等级。在长年地下水位高、地理环境恶劣的情况下，该工程地下防水应设计二级防水，即一道结构自防水，一道柔性防水层。而本工程只设计一道结构自防水，未设计柔性防水层，属防水设防不足，留下渗漏隐患。

根据现场观察，地下室北端墙角与地面接触处冒水，地面多处出现裂缝、渗漏水。说明地下室底板或反梁施工时，有可能振捣不实、养护不到位，造成混凝土遗留孔洞、裂缝；房心回填土夯实不足，致使土层充水，造成渗漏。地下室渗漏如图 5-27 所示。

图 5-27　地下室渗漏

（3）渗漏治理原则与内容

1）治理原则：

在不影响居民生活、方便居住条件下，进行修漏施工。采取优选材料、刚柔结合的修漏方案，在室内背水面进行修复，如图 5-28 所示。

图 5-28 现场注浆

2）修漏内容：

① 北端墙角明水漏点的治理；

② 变形缝处修漏治理；

③ 地面裂缝修漏处理；

④ 墙面、地面防水抗渗处理。

（4）渗漏治理的基本做法

明水漏点堵漏：找出明水漏点，做标记，采用水不漏逐个堵住明水漏点。

变形缝处修漏：变形缝处采用遇水膨胀橡胶止水条及聚合物水泥砂浆等进行刚柔相济的复合修漏处理。

地面裂缝修漏：将地面裂缝凿槽，用水泥基渗透结晶型防水材料浓缩剂及修补堵漏剂处理。

墙面、地面修漏：防水抗渗墙面、地面先用聚合物水泥防水涂料（简称 JS 防水涂料）满刷四遍，形成防水涂膜，作为柔性防水层；然后墙面抹聚合物（PCM）防水砂浆，地面浇筑聚合物（PCM）防水混凝土的刚性防水层，形成刚柔结合防水抗渗，如图 5-29 所示。

（5）修漏操作要点

先将地下室内杂物清理干净，已做装修的墙、地砖凿掉，并将整个地下室的渗漏水抽干，墙、地面扫净。

1）堵明水漏点

① 找出明水漏点将明水漏点处的水泥地面砸掉，对有漏水点处的房心回填土挖出至底板混凝土表面及反梁处，将面层的泥土清理干净，找出明水漏点。

② 剔凿和堵漏

剔凿漏水孔洞，直径×深度＝ϕ20cm×30cm，如图 5-30 所示。取一光滑有一定刚度的软管作为导水管，插入其中并固定，以减缓水流压力。在导水管周围的孔洞中分层填压水不漏（速凝剂）调成硬腻子状的面团，用以止住导水管周围漏水。移开导水管后，用水不漏（速凝剂）腻子封堵孔洞，并按压至完全凝固。

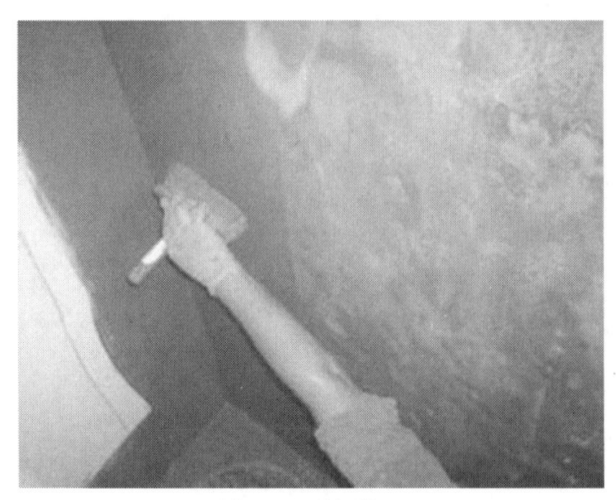

图 5-29　涂刷 JS

图 5-30　剔凿漏水孔洞

③ 涂刷防水涂料

将水泥基渗透结晶型防水材料按粉料：水＝3：1（重量比）调成水泥基渗透结晶型防水涂料，在孔洞周围 150mm 范围内，抹一层涂料。

2）变形缝修漏

① 找出变形缝的渗漏水位置，用色笔画出。

② 清理变形缝，将变形缝渗漏处的酥松混凝土碎块清理干净。

③ 填背衬材料，缝内填聚苯乙烯或聚乙烯泡沫塑料。

④ 填塞遇水膨胀橡胶止水条，在泡沫塑料上面填塞遇水膨胀橡胶止水条，要求压紧、固定。

⑤ 填塞防水堵漏材料

用水泥基渗透结晶型防水材料配成腻子（粉料：水＝4：1）填塞缝及两侧各 100mm，如图 5-31 所示。

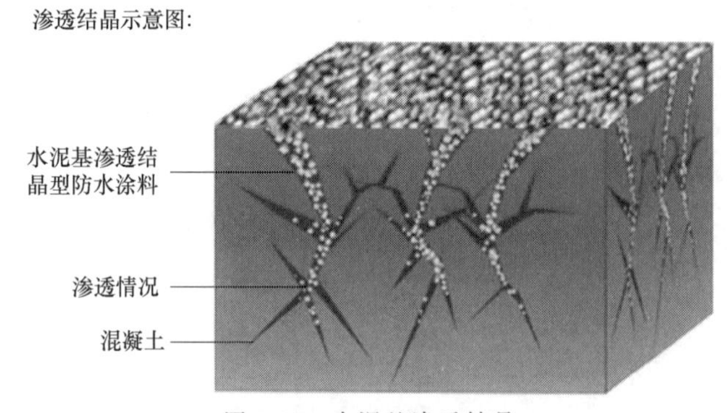

图 5-31　水泥基渗透结晶

⑥ 卷材盖缝

表面用高聚物改性沥青防水卷材（SBS 卷材）盖缝，卷材宽度不小于 300mm，如图 5-32 所示。

3）地面裂缝修漏处理

① 找出地面裂缝位置将地面清理干净，并将待修裂缝用笔画出。

② 裂缝剔槽

在地面裂缝处剔凿出 2cm 宽、2.5cm 深的凹槽。用水将缝内灰渣杂物冲掉，并擦去表面明水。

③ 刷灰浆

将水泥基渗透结晶型防水材料按粉料：水＝3：1（重量比）调成灰浆，在槽内和槽口两侧面宽 150cm 处涂抹一层，厚约 2cm。（当有水渗出时应先用水不漏堵漏止水），如图 5-33 所示。

图 5-32 卷材盖缝

图 5-33 刷灰浆

④ 缝槽内填防水腻子

当槽内灰浆层干燥约 10min 有黏性的时候，用水泥基渗透结晶型防水材料按粉料：水＝4：1（重量比）拌成腻子料填满槽沟，与地面平齐，并用腻子刀刮平压实。

⑤ 涂刷涂料

用水润湿填缝表面，在 300mm 宽范围内再刷一道水泥基渗透结晶型防水材料涂料（粉料：水＝3：1）。

⑥ 湿养护

所有裂缝均照上述修漏方法处理，当涂层灰浆初凝后，用雾状洁净水进行湿养护 3d，每天喷 2～3 次。养护期内避免碰坏涂层。

4）墙面、地面涂刷聚合物水泥防水涂料

在墙面及地面，满刷四遍聚合物水泥防水涂料（简称 JS 防水涂料）作为柔性防水层，厚约 1.5～2.0cm，墙面涂刷高度 1.5m。墙面及地面可分别涂刷四遍 JS 防水涂料，涂刷顺序可先墙面、后地面，要求涂刷薄厚均匀，玻纤网格布铺展平整。每遍之间间隔约 6～8h，待上遍涂膜干固后再涂刷下遍涂膜，如图 5-34 所示。

图 5-34 涂刷 JS

5）墙面抹 PCM 防水砂浆

① 配料（重量比）

PCM 防水胶 1，粉料 5，中砂 12.5，洁净水 1.8，按上述比例用机械搅拌均匀。

② 涂刷 PCM 界面剂

将 PCM 防水胶：水：水泥按 1：10：15 的比例配合，用电动搅拌器搅拌均匀，无粉团后即可涂刷在墙表面，涂刷时不得漏涂，不得堆积。

③ 抹 PCM 防水砂浆

按配合比要求，先将粉料、中砂放入砂浆搅拌机中干拌 1～2min，再将 PCM 防水胶与水按规定比例混合均匀，倒入搅拌机中，继续搅拌 2min，倒出待用。将拌合好的 PCM 防水砂浆及时铺抹在未干的界面剂墙面，逐间进行。铺抹砂浆时，需二遍成活。尽量不留施工缝，如有施工缝时应离开阴阳角处不得少于 20cm。抹压时墙面应将第一遍砂浆抹压密实，表面搓毛，第二道砂浆抹平压光，总厚度为 1.2cm。

④ 养护墙面应及时进行湿养护，不少于 7d。

6）地面浇筑 PCM 细石防水混凝土

① 配料（重量比）

PCM 防水胶 1、粉料 5、砂子 10、细石 15～17.5、洁净水 2～2.3。

② 基层处理及涂刷 PCM 界面剂同墙面防水砂浆处理方法。

③ 浇筑 PCM 细石防水混凝土。

7）成品保护

① 在地下室修漏的全过程中，应注意各防水层的成品保护。

② 柔性防水层涂刷后应设专人保护，不得破坏防水层。

③ 在地面浇筑防水混凝土时，推车倒料应铺设垫板，保护防水层不破坏。

第 3 节　地下工程渗漏水原因分析及综合治理

地下工程防水是建筑工程防水的一个主要组成部分，一般工业与民用全地下或半地下的建筑工程、防护工程、隧道工程、人防地铁工程、构筑物水池等地下工程的防水。由于对钢筋混凝土本身防水功能的片面认识、新型防水材料性能了解欠全面、施工技术跟不上实际需要、建筑物功能对防水提出了更高的要求等，致使地下工程渗漏严重，许多地下室建成后泡在水里不能发挥效益。为了根治渗漏，必须找准渗漏原因、再对症进行综合治理，达到符合使用的目的。

1. 渗漏水的主要原因分析

（1）对钢筋混凝土本身防水功能的认识片面

认为混凝土或钢筋混凝土是防水的，不了解混凝土或钢筋混凝土是一种非匀质性材料，体内布有许多大大小小的孔隙，通常是渗水的通道。只有从材料和施工两方面采取措施，提高混凝土的密实性，抑制和减少混凝土孔隙的生成，改变孔隙的特征，堵塞渗水通路，才能提高混凝土抗渗能力。

不了解混凝土的碳化将加速钢筋混凝土中钢筋的锈蚀，进而促使钢筋混凝土强度下降，产生各种裂缝导致渗漏。混凝土变干后，空气里的碳酸可侵入水泥面的微细孔中，与这里的氢氧化钙结合生成碳酸钙，从而降低 pH 值，混凝土中的钢筋在很大程度上是依靠介质的高碱度（高 pH 值）来预防锈蚀的。pH 值大于 10 时，可在钢筋表面上生成“纯化层”，保护钢筋免遭锈蚀；pH 值如因混凝土强度偏低，混凝土捣固不密实或养护不良、保护层偏薄等加速碳化作用，pH 值下降到小于 9，则“纯化层”不稳定，即产生锈蚀问题。

对混凝土耐久性的认识片面，有时把混凝土的强度与耐久性混为一谈。实际上强度与耐久性从来就被当作混凝土的两大基本性能。在水工或海边建筑中耐久性比强度更为重要。应该认识到：在建筑物使用期间，强度受到耐久性的影响发生变化。作为安全保证的强度，乃是耐久性影响下的强度，而不是原来的混凝土设计强度。

绝大多数的混凝土建筑物的破坏原因与耐久性有关，而单独由于荷载或其他原因的却很少。提高混凝土的耐久性，可延长建筑物的使用期限，减少维修工作，节约大量经费与能源，收到巨大的经济效益。

（2）对 1∶3 和 1∶2.5 配比以上水泥砂浆抗渗性认识不清

客观上 1∶3 与 1∶2.5 配比以上的水泥砂浆除强度差外，而 1∶3 水泥砂浆由于毛细孔能贯通而渗水，而 1∶2.5、1∶2 等水泥砂浆由于提高了砂浆的密实性、使孔隙密闭，可少渗水或不渗水，故当用水泥砂浆作保护层时，应不用 1∶3 水泥砂浆，而采用 1∶2.5 以上配比的水泥砂浆。

（3）设计方案考虑不周

1）由于对地下水的运动规律认识不足

一般只根据勘察资料是否有潜水、承压水来确定，忽视了上层滞水的危害，该设防的未予设防，造成工程防水标高确定不合理。再加上围护砖墙毛细作用，水可上升，因此在工程建成后，即发生严重渗漏。

勘察时地下水位低于工程埋置深度，或防水层高度按当时地下水位设计，工程建成后，由于生产用水和生活用水排放不当或管道漏水，特别是厂区附近大型农田水利工程的建设等原因，在地基土壤透水性较差时造成水位上升，有时上升幅度可达 2～8m；有的地处沿海，由于海水水位不断上升等致使工程不予设防或设防高度不够，造成渗漏。

2）对地下水中侵蚀性介质造成工程渗漏水的危害重视不够

目前我国地下水已测出的化学元素就有六十多种，其中硫酸根离子，重碳酸根离子，碳酸根离子含量过多时，则将对不密实的混凝土和砖墙引起结晶性侵蚀和分离性侵蚀破坏。如我国西北某些地区，有些地下工程虽设置在地下水位以上，但砖砌体表面常常出现疏松，砖皮层层剥落或砌体表面长出针状的白毛和粉状的白霜。对这种侵蚀性破坏，设计时本应考虑防腐蚀措施而没有考虑。

3）采用的防水方案与应用条件及结构特点不相适应，造成工程渗漏

地下通廊设计中一般只取通廊的横断面计算，纵向均为构造配筋。因此，长达几十米甚至几百米的通廊刚度较差，采用混凝土本体防水时，虽然设置了变形缝，但混凝土仍出现环向裂缝而漏水。

4）防水定额偏低，防水工程等级不清

地下工程类别繁多，其重要性和使用要求各异，有时工程对防水有特殊要求，有的工程在少量渗漏水情况下并不影响使用，在同一工程上防水要求也不相同，应根据其重要性

按规范中依据围护结构允许渗漏水量而划分的防水等级进行方案设计及选材。但设计中由于防水定额标准所限、工程造价偏低，选用的防水材料难以满足工程防水要求而造成渗漏。

5）变形缝、穿墙管等细部构造不当，以及选材不妥

变形缝采用紫铜片及钢板止水片、沥青井的做法早在 20 世纪 50 年代～20 世纪 60 年代即已问世，当时的渗漏率分别为 50%～70%，而用橡胶止水带的变形缝渗漏水现象较少，但是随着橡胶止水带材质的劣化，有的用塑料止水带代之，施工队伍以及施工人员素质的下降，不少橡胶止水带定位时被钉子或钢筋碰坏，被利器割伤，位置偏斜、扭曲，又未及时纠正和处理，导致变形缝渗漏水现象日趋严重。

穿墙管也是防水工程中的一个薄弱环节，由于穿墙孔部位没有做或没有按要求做好防水处理造成渗漏。有的管道穿墙孔是交付使用后加的。往往用水泥砂浆填孔隙，由于填嵌不实或砂浆收缩出现缝隙而造成漏水，如图 5-35 所示。

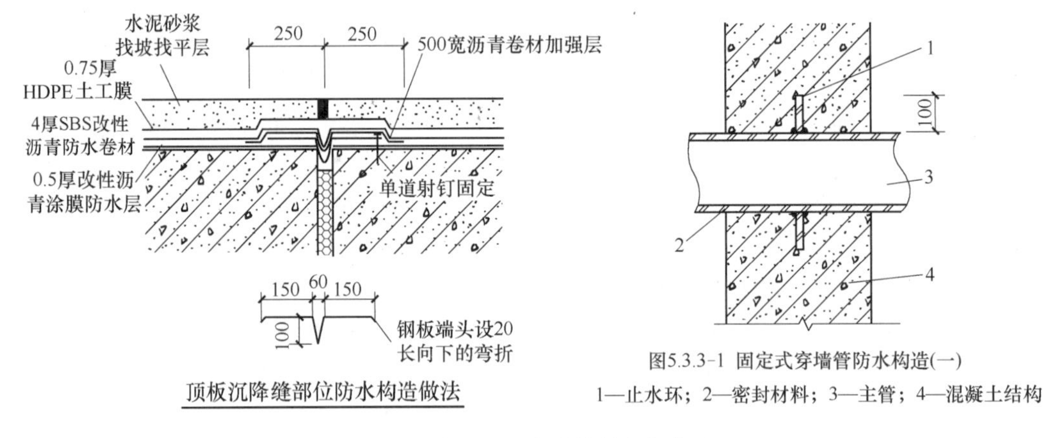

图 5-35　变形缝、穿墙管等细部构造

（4）施工质量达不到要求造成渗漏

地基处理不好，产生不均匀沉降，造成结构断裂。地基不均匀沉降如图 5-36 所示。

图 5-36　地基不均匀沉降

防水混凝土浇筑间隔时间太长，形成通长冷缝，浇灌时不按配制原则施工，随意加水、漏振、混入杂物、绑扎钢丝或内部联系钢筋穿透混凝土、外加铁件不注意阻水处理、混凝土养护不良、浇灌之后水分快速散失、温差太大（超过10℃）、施工缝留设位置或处理不当，有的甚至随意留设、下次施工不进行凿毛去浮浆处理接着浇灌从而形成渗水通道，还有局部模板漏浆等形成混凝土的薄弱环节。

防水抹面施工时，基层处理不净，各层衔接不好，粘接不牢，素灰层厚度不够，留槎、接槎未按要求做，砂浆层未抹压密实等，如图5-37所示。

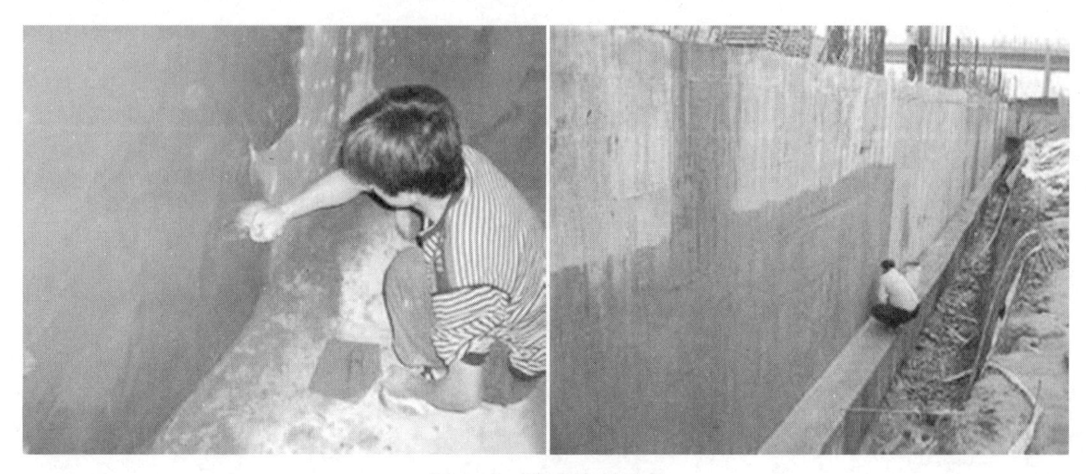

图5-37 防水抹面施工

施工工艺粗糙，振捣不实，养护不足或不养护，露筋、蜂窝麻面严重，质量低劣；基层达不到干燥、干净、平整和坚固，虽用高档防水材料做附加层同样达不到杜绝渗漏之目的，如图5-38所示。

图5-38 振捣不实，露筋、蜂窝麻面严重

对附加防水层应用的材料施工方法不熟悉，质量达不到标准。对防水材料的材料性能了解不够，互相亲和性不好，形成与本体粘结不牢；互相之间粘结不牢，失去防水功能；拐角、管道通过处留槎处理不好或防水层被碰伤等形成渗漏。

变形缝或穿墙套管等部位的施工未认真将橡胶止水带或塑料止水带等进行定位，浇灌两侧混凝土时，使其任意碰撞，形成止水带扭曲偏斜，搭接不良，用铁钉固定而造成更严重的渗漏。

(5) 原材料质量达不到设计要求或选材与配比不当造成渗漏

近十多年来，我国的建筑防水材料工业发展很快，高分子卷材，聚合物改性沥青卷材、防水涂料、密封材料，新型刚性防水材料等生产厂家已达数千家，产品名目繁多，但真正能解决地下防水工程渗漏的产品仍较少，劣质产品大量充斥市场，很多不合格的防水材料用于工程留下渗漏隐患，如图 5-39 所示。

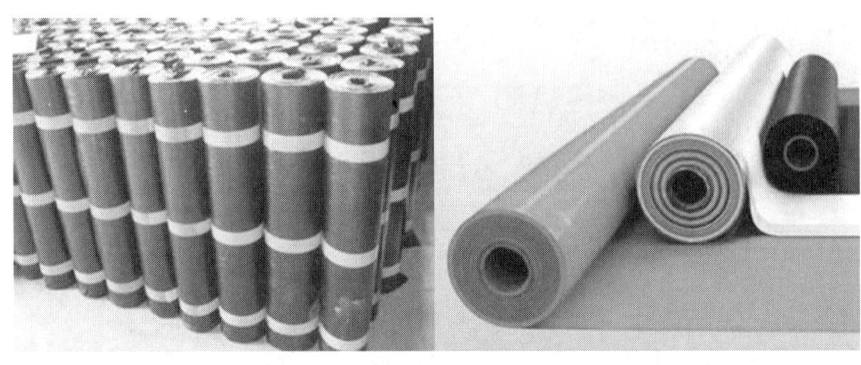

图 5-39　防水卷材及高分子卷材

概念混淆，误认为高标号混凝土就是防水混凝土，所以有的设计只标明 C40 或 C45，不标明抗渗标号，误认为这样就可以防水；另外认为水泥加量越多越防水，结果反而会加大混凝土内部的水化热，造成构筑物内部和外部的温差，产生温差收缩裂纹，出现渗漏，如图 5-40 所示。

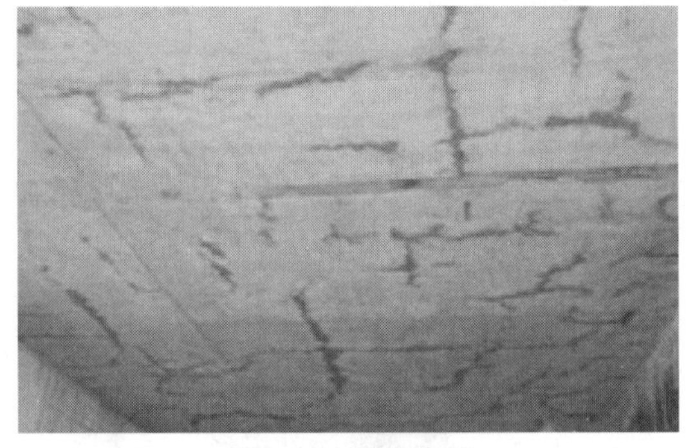

图 5-40　顶板渗漏

随着商品混凝土的推广应用，防水混凝土的配置原则，很难实现，特别是泵送混凝土坍落度较大、水灰比往往超过限值，有的则以增加水泥用量的方法来满足大坍落度的要求，致使混凝土收缩增大，出现裂缝造成渗漏。

对新型防水材料的性能、作用、应用，对混凝土及钢筋的影响等认识不清，不管矿渣水泥或普硅水泥都机械地应用 UEA 复合膨胀剂（等量取代水泥 10%～12%），明矾石膨胀水泥、防水灵、无机铝盐防水剂、减水剂及防冻剂等，施工、养护仍按“传统”施工工艺，未能取得预期的效果。例如山东新泰某工程地下室用了几十吨 UEA，仍发生渗漏待返修。另外一般地下工程地坪墙体比较潮湿，有些防水材料需要干燥基层，勉强施工，与本体（基层）不能很好粘结。

(6) 管理不善和环境因素造成渗漏

工程交付使用后，使用部门随意在“设计地下水位”以下开洞、又未按要求进行密封处理，在地下水位低时不渗漏，待地下水位上升时就渗漏。

使用部门不按原设计要求使用，任意改变用途，致使地下室因超载发生裂缝而渗漏。

由于对地下室四周环境整治差，地下室四周积水，形成地表水、上层滞水、毛细管水对地下室渗透；再加上对附加防水层保护不好，造成损坏；或地下室放置酸性较大的物品，空气中酸浓度增加影响了本体防水的酸碱度，加速本体发生碳化，使钢筋混凝土出现线状裂纹或放射性裂纹，锈蚀钢筋等出现渗漏；由于冰冻破坏，体积反复膨胀收缩，形成表面起鳞分层，逐步深入内部而出现渗漏。

2. 渗漏水综合治理

地下工程防水本体自防水（刚性防水）是基础、是依托，要优先把好设计、施工和选材关；根据地下工程防水的重要程度，确定刚柔结合、防排结合、多道防线的防水体系，做到优势互补、取长补短，充分发挥新型防水材料各自特长和各道防线的防水作用，达到杜绝地下工程渗漏水现象的发生。综上所述，造成地下工程渗漏的原因很多，为做好地下工程防水、必须深入勘察、设计合理、选材认真、施工精心、管理严格。并要实现防水专业施工承包责任制，集科研、材料、设计、施工、管理于一体，建立具有中国特色的防水质保期制度，才是杜绝地下工程渗漏的有力措施。

第 4 节　地下工程防水设计与施工

1. 地下工程防水设计

（1）地下工程应进行防水设计，防水设计应定级准确、方案可靠、施工简便、耐久适用、经济合理。地下工程种类繁多，其重要性和使用要求各有不同，有的工程对防水有特殊要求，有的工程在少量渗水情况下并不影响使用，在同一工程中其主要部位要求不渗水，但次要部位可允许有少量渗水。为避免过分要求高指标或片面降低防水标准，造成工程造价高或维修使用困难，因此地下工程防水应做到定级准确、方案可靠、经济合理。后浇带防水设计构造如图 5-41 所示。

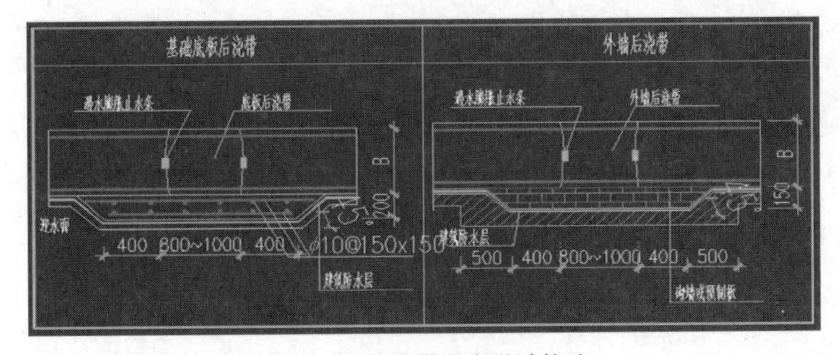

图 5-41　后浇带防水设计构造

（2）地下工程防水方案应根据工程规划、结构设计、材料选择、结构耐久性和施工工艺等确定。

（3）地下工程的防水设计，应考虑地表水、地下水、毛细管水等的作用，以及由于人为因素引起的附近水文地质改变的影响。单建式的地下工程应采用全封闭、部分封闭防排水设计；附建式的全地下或半地下工程的防水设防高度，应高出室外地坪高程 500mm 以上。

（4）地下工程迎水面主体结构应采用防水混凝土，并应根据防水等级的要求采用其他防水措施。

（5）地下工程的变形缝、施工缝、诱导缝、后浇带、穿墙管（盒）、预埋件、预留通道接头、桩头等细部构造，应加强防水措施，如图 5-42、图 5-43 所示。

图 5-42　穿墙套管防水处理

图 5-43　桩头防水构造及现场效果

（6）地下工程的防水设防要求，应根据使用功能、使用年限、水文地质 、结构形式、环境条件、施工方法及材料性能等因素合理确定。

地下工程的防水可分为两部分，一是结构主体防水，二是细部构造特别是施工缝、变形缝、诱导缝、后浇带的防水。目前结构主体采用防水混凝土结构自防水，其防水效果尚好；而细部构造，特别是施工缝、变形缝的渗漏水现象较多。

对于结构主体，目前普遍应用的是防水混凝土自防水结构，当工程的防水等级为一级时，应再增设两道其他防水层；当工程的防水等级为二级时，可视工程所处的水文地质条件、环境条件、工程设计使用年限等不同情况，应再增设一道其他防水层。

（7）地下工程防水设计内容应包括：

1）地下工程防水等级标准及适用范围，如图 5-44 所示。

防水等级	标准
一级	不允许渗水，结构表面无湿渍 不允许漏水，结构表面可有少量湿渍
二级	工业与民用建筑：总湿渍面积不应大于总防水面积（包括顶板、墙面、地面）的1/1000；任意$100m^2$防水面积上的湿渍不超过2处，单个湿渍的最大面积不大于$0.1m^2$ 其他地下工程：总湿渍面积不应大于总防水面积的2/1000；任意$100m^2$防水面积上的湿渍不超过3处，单个湿渍的最大面积不大于$0.2m^2$
三级	有少量漏水点，不得有线流和漏泥砂 任意$100m^2$防水面积上的漏水点数不超过7处，单个漏水点的最大漏水量不大于2.5L/d，单个湿渍的最大面积不大于$0.3m^2$
四级	有漏水点，不得有线流和漏泥砂 整个工程平均漏水量不大于$2L/m^2 \cdot d$；任意$100m^2$防水面积的平均漏水量不大于$4L/m^2 \cdot d$

防水等级	适用范围
一级	人员长期停留的场所；因有少量湿渍会使物品变质、失效的贮物场所及严重影响设备正常运转和危及工程安全运营的部位；极重要的战备工程、地铁车站
二级	人员经常活动的场所；在有少量湿渍的情况下不会使物品变质、失效的贮物场所及基本不影响设备正常运转和工程安全运营的部位；重要的战备工程
三级	人员临时活动的场所；一般战备工程
四级	对渗漏水无严格要求的工程

图 5-44 地下工程防水等级标准及适用范围

2）防水混凝土抗渗等级和其他技术指标，质量保证措施，如图 5-45 所示。

工程埋置深度(m)	设计抗渗等级
<10	P6
10～20	P8
20～30	P10
≥30	P12

注：1. 本表适用于Ⅳ、Ⅴ级围岩（土层及软弱围岩）。
2. 山岭隧道防水混凝土的抗渗等级可按铁道部门的有关规范执行

图 5-45 防水混凝土抗渗等级

3）其他防水层选用的材料及其技术指标，质量保证措施。

4）工程细部构造的防水措施，选用的材料及其技术指标，质量保证措施。

5）工程的防排水系统，地面挡水、截水系统及工程各种洞口的防倒灌措施。

2. 地下工程防水施工

（1）防水混凝土结构底板的混凝土垫层，强度等级不应小于C15，厚度不应小于100mm，在软弱土层中不应小于150mm。迎水面钢筋保护层厚度不应小于50mm。防水混凝土采用预拌混凝土时，入泵坍落度宜控制在120～160mm，入泵前坍落度每小时损失值不应大于20mm，坍落度总损失值不应大于40mm。

（2）防水混凝土拌合物在运输后如出现离析，必须进行二次搅拌。当坍落度损失后不能满足施工要求时，应加入原水胶比的水泥浆或掺加同品种减水剂进行搅拌，严禁直接加水。

（3）防水混凝土应通过调整配合比，掺加外加剂、掺合料配制而成，抗渗等级不得小于 P6。

（4）防水混凝土结构，应符合下列规定：

1）结构厚度不应小于 250mm；

2）裂缝宽度不得大于 0.2mm，并不得贯通。

（5）当混凝土内部的阻力大于外部水压力时，地下水就只能渗透到混凝土中一定距离而停下来，因此防水混凝土结构必须有一定厚度才能抵抗地下水的渗透。考虑到现场施工的不利因素及钢筋混凝土中钢筋的引水作用，把防水混凝土的最小厚度定为 250mm。

（6）防水混凝土水泥宜采用普通硅酸盐水泥、硅酸盐水泥，采用其他品种水泥应经试验确定。

因为硅酸盐水泥无任何矿物混合料，普通硅酸盐水泥掺有 5%～15%的掺合料，而其他三个品种的水泥生产时均掺有大量的矿物掺合料取代等量的硅酸盐熟料，如：矿渣硅酸盐水泥允许掺有 20%～70%的粒化高炉矿渣粉；火山灰质硅酸盐水泥掺有 20%～50%的火山灰质材料；粉煤灰硅酸盐水泥掺有 20%～40%的粉煤灰。由于所掺入的矿物掺合料品种、质量、数量的不同，生产出的水泥性能有很大差异。

（7）防水混凝土所用的石子最大粒径不宜大于 40mm，泵送时其最大粒径不应大于输送管径的 1/4；吸水率不应大于 1.5%；不得使用碱活性骨料。

在混凝土硬化过程中，石子不收缩，石子周围的水泥浆则收缩，两者变形不一致。石子越大、周长越大，与砂浆收缩的差值越大，使砂浆与石子间产生微细裂缝。这些缝隙的存在使混凝土的有效阻水截面显著减少，压力水容易透过。因此，防水混凝土的石子粒径不宜过大，以不超过 40mm 为宜。

（8）防水混凝土的配合比，应符合下列规定：

胶凝材料用量不宜少于 320kg/m^3；水泥用量不得少于 260kg/m^3；随着混凝土技术的发展，现代混凝土的设计理念也在更新，尽可能减少硅酸盐水泥用量而掺入一定量且具有活性的粉煤灰、粒化高炉矿渣、硅灰等矿物掺合料，使混凝土在获得所需抗压强度的同时，能获得良好的耐久性、抗渗性、抗化学侵蚀性、抗裂性等技术性能，并可降低成本，获得明显的经济效益。但水泥用量也不能过低。

（9）水胶比不得大于 0.50；有侵蚀性介质时不宜大于 0.45。水泥以外的其他胶凝材料，均具有不同程度的活性，对改善混凝土性能起着重要作用。胶凝材料活性的激发，同样要依赖其与水的结合反应，因此必须有足够的水分才能使混凝土充分水化。以胶凝材料的用量取代传统的水泥用量，并以水胶比（即水与胶凝材料之比）取代传统的水灰比，并提出水胶比不得大于 0.50 的要求。

（10）防水混凝土应连续浇筑，宜少留施工缝。当留设施工缝时，墙体水平施工缝不应留在剪力与弯矩最大处或底板与侧墙的交接处，应留在高出底板表面不小于 300mm 的墙体上。拱（板）墙结合的水平施工缝，宜留在拱（板）墙接缝线以下 150～300mm 处。墙体有预留孔洞时，施工缝距孔洞边缘不应小于 300mm。

（11）施工缝的施工应符合下列规定：

1）水平施工缝浇灌混凝土前，应将其表面浮浆和杂物清除，先铺净浆或涂刷混凝土界面处理剂、水泥基渗透结晶型防水涂料等，再铺 30～50mm 厚的 1∶1 水泥砂浆，并及时浇灌混凝土。

2）垂直施工缝浇灌混凝土前，应将其表面清理干净，并涂刷水泥净浆或混凝土界面处理剂，并及时浇灌混凝土；施工缝凿毛也是增强新老混凝土结合力的有效方法，如图 5-46 所示。

图 5-46 施工缝凿毛

（12）遇水膨胀止水条应与接缝表面密贴。遇水膨胀止水条（胶），国内常用的有腻子型和制品型两种。腻子型止水条必须具有一定柔软性，与混凝土基面结合紧密，在完全包裹的状态下使用才能更好地发挥作用，达到理想的止水效果，消除渗水隐患，如图 5-47 所示。

工程实践和试验证明，腻子型止水条的硬度（用 C 型微孔材料硬度计测试）小于 40 度（相当邵氏硬度 10 度左右）时，其柔软度方符合工程使用要求，如硬度过大，安装时与混凝土基面很难密贴，浇筑混凝土后止水条与混凝土界面间留下缝隙造成渗水隐患。

遇水膨胀止水条应具有缓胀性能，其 7d 的膨胀率不宜大于最终膨胀率的 60%；最终膨胀率宜大于 220%。止水条遇水膨胀效果如图 5-48 所示。

图 5-47 遇水膨胀止水条

图 5-48 止水条遇水膨胀效果

关于遇水膨胀止水条的缓胀性，目前有两种解决方法，一是采用自身具有缓胀性的橡胶制作，二是在遇水膨胀止水条表面涂缓胀剂。在选用遇水膨胀止水条时，可将 21d 的膨胀率视为最终膨胀率。

在完全包裹约束状态的施工缝、后浇带、穿墙管等部位，可使用腻子型的遇水膨胀止水条。

（13）大体积防水混凝土的施工，在设计许可的情况下，掺粉煤灰混凝土设计强度等级的龄期宜为 60d 或 90d。

大体积混凝土施工时，一是要尽量减少水泥水化热，推迟放热高峰出现的时间，如采用 60d 龄期的混凝土强度作为设计强度（必须征得设计单位的同意），以降低水泥用量；掺粉煤灰可替代部分水泥，降低水泥用量，且由于粉煤灰的水化反应较慢，可推迟放热高峰的出现时间；掺外加剂也可减少水泥、水的用量，推迟放热高峰出现的时间；以上这些措施可减少混凝土硬化过程中的温度应力值。

（14）在炎热季节施工时，采取降低原材料温度、减少混凝土运输时吸收外界热量等降温措施；入模温度不应大于 30℃。

（15）夏季施工时采用冰水拌合、砂石料场遮阳等措施可降低混凝土的出机和入模温度。这些措施可减少混凝土硬化过程中的温度应力值。混凝土内部预埋管道，进行水冷散热。

（16）采取保温保湿养护。混凝土中心温度与表面温度的差值不应大于 25℃，混凝土表面温度与大气温度的差值不应大于 20℃。温降梯度不得大于 3℃/d，养护时间不应少于 14d。

大体积混凝土开裂主要是水泥水化热使混凝土温度升高引起的，采取掺加矿物掺合料或采用水化热低的水泥等措施控制混凝土温度升高和温度变化速度在一定范围内，就可以避免出现裂缝。

（17）防水混凝土结构内部设置的各种钢筋或绑扎铁丝，不得接触模板。固定模板用的螺栓必须穿过混凝土结构时，可采用工具式螺栓或螺栓加堵头，螺栓上应加焊方形止水环。拆模后应采取加强防水措施将留下的凹槽封堵密实，并应用聚合物水泥砂浆抹平。

（18）防水混凝土终凝后应立即进行养护，养护时间不得少于 14d。防水混凝土的养护是至关重要的。在浇筑后，如混凝土养护不及时，混凝土内部的水分将迅速蒸发，使水泥水化不完全。而水分蒸发会造成毛细管网彼此连通，形成渗水通道，同时混凝土收缩增大，出现龟裂，抗渗性急剧下降，甚至完全丧失抗渗能力。若养护及时，防水混凝土在潮湿的环境中或水中硬化，能使混凝土内的游离水分蒸发缓慢，水泥水化充分，水泥水化生成物堵塞毛细孔隙，因而形成不连通的毛细孔，提高混凝土的抗渗性。

（19）防水混凝土的冬期施工，混凝土入模温度不应低于 5℃；地下工程进行冬期施工时，必须采取一定的技术措施。因为混凝土温度在 4℃时，强度增长速度仅为 15℃时的 1/2。当混凝土温度降到－4℃时，水泥水化作用停止，混凝土强度也停止增长。水冻结后，体积膨胀 8%～9%，使混凝土内部产生很大的冻胀应力。如果此时混凝土的强度较低，就会被冻裂，使混凝土内部结构破坏，造成强度、抗渗性显著下降。

（20）水泥砂浆包括聚合物水泥防水砂浆、掺外加剂或掺合料防水砂浆等，宜采用多层抹压法施工。

根据目前国内外刚性防水材料发展趋势及近 10 年来国内防水工程实践的情况，掺外加剂、防水剂、掺合料的防水砂浆和聚合物水泥防水砂浆的应用越来越多，由于普通水泥砂浆操作程序较多，在地下工程防水中的应用相应减少。

聚合物水泥砂浆防水层厚度单层施工宜为 6～8mm，双层施工宜为 10～12mm，掺外加剂、掺合料等的水泥砂浆防水层厚度宜为 18～20mm。

水泥砂浆防水层基层，其混凝土强度或砌体用的砂浆强度均不应低于设计值的 80%。

基层表面平整、坚实、清洁，并充分湿润、无明水。基层表面的孔洞、缝隙，应用与防水层相同的砂浆堵塞抹平。

（21）施工前应将预埋件、穿墙管预留凹槽内嵌填密封材料后，再施工防水砂浆层。穿墙管防水构造如图 5-49 所示。

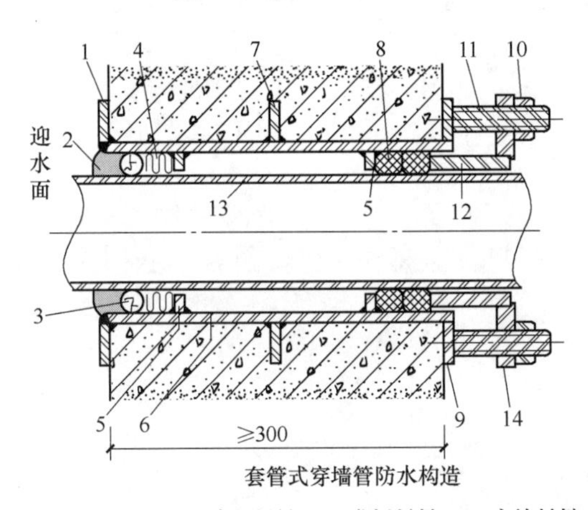

套管式穿墙管防水构造

1—翼环；2—密封材料；3—背衬材料；4—充填材料；
5—挡圈；6—套管；7—止水环；8—橡胶圈；9—翼盘；
10—螺母；11—双头螺栓；12—短管；13—主管；14—法兰盘

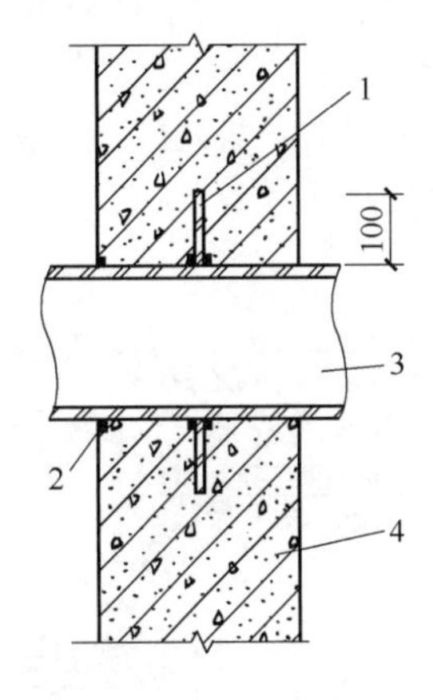

固定式穿墙管防水构造(一)

1—止水环；2—密封材料；3—主管；4—混凝土结构

图 5-49 穿墙管防水构造

（22）水泥砂浆防水层各层应紧密贴合，每层宜连续施工，如必须留施工缝时，采用阶梯坡形茬，但离阴阳角处不得小于 200mm，如图 5-50 所示。

（23）水泥砂浆防水层不宜在雨天及 5 级以上大风中施工。冬季施工时，气温不应低于 5℃；夏季施工时，不宜在 30℃以上或烈日照射下施工。

（24）水泥砂浆防水层终凝后，应及时进行养护，养护温度不宜低于 5℃，养护时间不得少于 14d，养护期间应保持湿润。

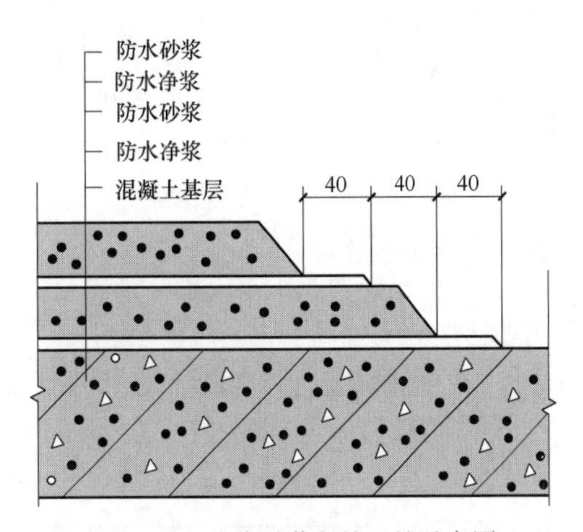

图 5-50 防水砂浆留施工缝示意图

聚合物水泥砂浆早期（硬化后 7d 内）采用潮湿养护的目的是使水泥充分水化而获得一定的强度；后期采用自然养护的目的是使胶乳在干燥状态下使水分尽快挥发而固化形成连续的防水膜，赋予聚合物水泥砂浆良好的防水性能。

（25）卷材防水层适用于经常处于地下水环境，且受侵蚀性介质作用或受振动作用的地下工程。

（26）卷材防水层应铺设在混凝土结构主体的迎水面上，其作用有三：一是保护结构不受侵蚀性介质侵蚀；二是防止外部压力水渗入结构内部引起锈蚀钢筋；三是克服卷材与混凝土基面的粘结力小的缺点。

卷材防水层用于建筑物地下室，应铺设在结构主体底板垫层至墙体防水设防高度的结构基面上，在外围形成封闭的防水层。

在渗漏治理工程中，经常遇到有些工程地下室的卷材防水层只铺设外墙，底板部位不做，防水层不交圈，导致产生渗漏水。

附建式地下室采用卷材防水层时，卷材应从结构底板垫层连续铺设至外墙顶部防水设防高度的基面上。

(27) 基层阴阳角处应做成圆弧（半径 50mm）或 45°坡角，其尺寸视卷材品质确定。在阴阳角等特殊部位，应做卷材加强层，每侧宽度宜为 250mm，如图 5-51 所示。

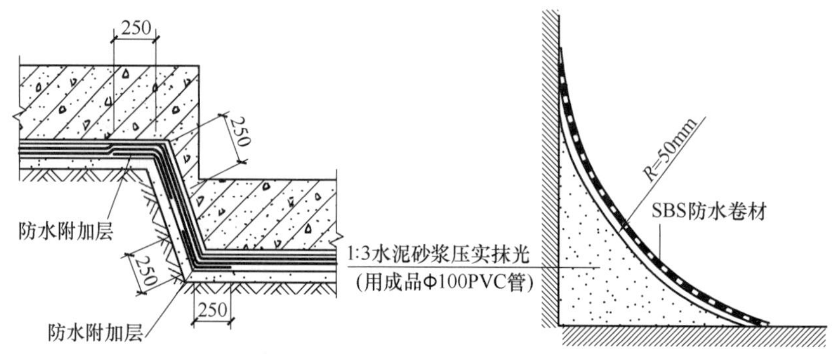

图 5-51　防水附加层及圆弧角

(28) 铺贴卷材严禁在雨天、雪天施工；五级风及以上时不得施工；冷粘法、自粘法施工气温不宜低于 5℃，热溶法、焊接法施工气温不宜低于－10℃。

(29) 铺贴卷材前，应在基面上涂刷基层处理剂，当基面较潮湿时，应涂刷湿固化型胶粘剂或潮湿界面隔离剂。基层处理剂配制与施工应符合下列规定：

1) 基层处理剂应与卷材及胶粘剂的材性相容；

2) 基层处理剂可采取喷涂法或涂刷法施工，喷、涂应均匀一致、不露底，待表面干燥后，方可铺贴卷材。

(30) 底板垫层混凝土平面部位的卷材宜采用空铺法或点粘法，侧墙及顶板部位卷材应采用满粘法。

采用双层卷材时，上下两层和相邻两幅卷材的接缝应错开 1/3～1/2 幅宽，且两层卷材不得相互垂直铺贴。防水卷材错缝铺贴如图 5-52 所示。

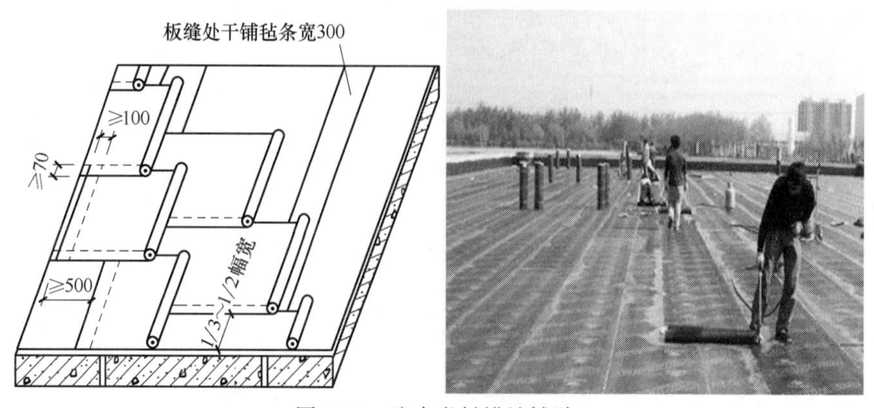

图 5-52　防水卷材错缝铺贴

（31）采用外防外贴法铺贴卷材防水层时，应符合下列规定：

1）铺贴卷材应先铺平面，后铺立面，交接处应交叉搭接；

2）砖胎模应用水泥砂浆砌筑，内表面应用水泥砂浆做找平层。如图 5-53 所示。

（32）采用外防外贴法铺贴卷材防水层时，应从底面折向立面的卷材与永久性保护墙的接触部位，应采用空铺法施工。与临时性保护墙或围护结构模板接触的部位，应临时贴附在该墙上或模板上，卷材铺好后，其顶端应临时固定。卷材空铺法施工如图 5-54 所示。

图 5-53 砖胎模

图 5-54 卷材空铺法施工

（33）采用外防外贴法铺贴卷材防水层时，从底面折向立面的卷材的接缝部位应采取可靠的保护措施；外防外贴防水构造如图 5-55 所示。

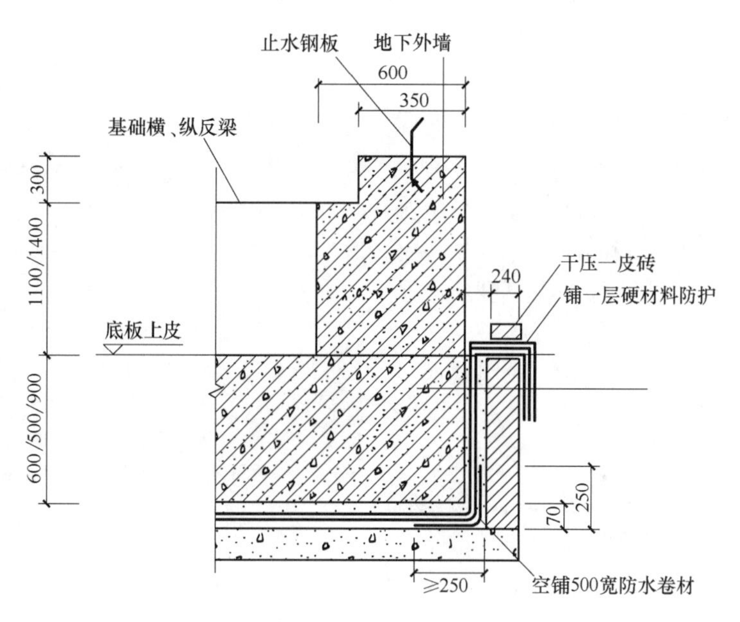

图 5-55 外防外贴防水构造

（34）主体结构完成后，铺贴立面卷材时，应先将接缝部位的各层卷材揭开，并将其表面清理干净，如卷材有局部损伤，应及时进行修补。卷材接缝的搭接长度，高聚物改性沥青卷材为 150mm，合成高分子卷材为 100mm。当使用两层卷材时，卷材应错茬接缝，上层卷材应盖过下层卷材。立面卷材铺贴示意图如图 5-56 所示。

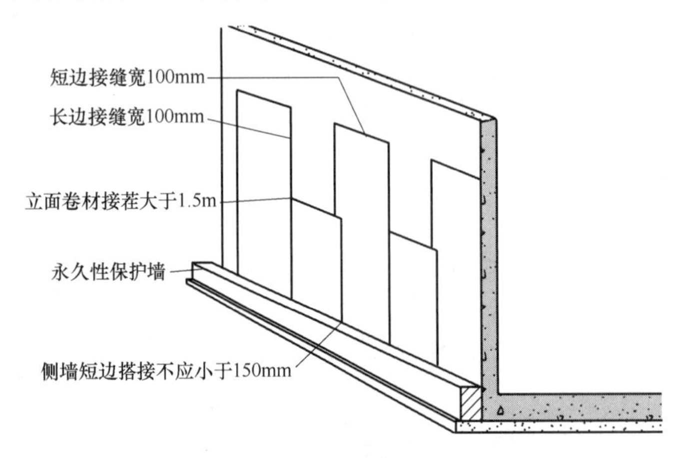

图 5-56　立面卷材铺贴示意图

（35）采用外防内贴法铺贴卷材防水层，应符合下列规定：

主体结构的保护墙内表面应抹 20mm 厚 1∶3 水泥砂浆找平层，然后铺贴卷材，并根据卷材特性选用保护层。

卷材宜先铺立面，后铺平面。铺贴立面时，应先铺转角，后铺大面。

采用外防内贴法铺设卷材防水层，混凝土结构的保护墙也可为支护结构（如喷锚支护或灌注桩）。近年来研发的预铺反粘施工技术是针对外防内贴施工的一项新技术，可以保证卷材与结构全粘结，若防水层局部受到破坏，渗水不会在卷材防水层与结构之间到处窜流。

（36）顶板卷材防水层上的细石混凝土保护层厚度：采用机械碾压回填土时保护层厚度不宜小于 70mm，采用人工回填土时保护层厚度不宜小于 50mm，在防水层与保护层之间宜设置隔离层；底板卷材防水层上的细石混凝土保护层厚度不应小于 50mm。

（37）侧墙卷材防水层宜采用软保护或抹 20mm 厚的 1∶2.5 水泥砂浆。软质保护材料可采用沥青基防水保护板、塑料排水板或聚苯乙烯泡沫板等材料。挤塑板卷材保护层如图 5-57 所示。

图 5-57　挤塑板卷材保护层

（38）涂料防水层包括无机防水涂料和有机防水涂料。无机防水涂料可选用水泥基防水涂料、水泥基渗透结晶型涂料。有机涂料可选用反应型、水乳型、聚合物水泥防水涂料。

（39）有机类防水涂料主要为高分子合成橡胶及合成树脂乳液类涂料。无机类防水涂料主要是水泥类无机活性涂料，水泥基防水涂料中可掺入外加剂、防水剂、掺合料等，水泥基渗透结晶型防水涂料是一种以水泥、石英砂等为基材，掺入各种活性化学物质配制的一种新型刚性防水材料。如图 5-58 所示。

图 5-58 有机类防水涂料和无机类防水涂料

（40）无机防水涂料宜用于结构主体的背水面，有机防水涂料宜用于结构主体的迎水面。用于背水面的有机防水涂料应具有较高的抗渗性，且与基层有较强的粘结性。有机防水涂料常用于工程的迎水面，这是充分发挥有机防水涂料在一定厚度时有较好的抗渗性，在基面上（特别是在各种复杂表面上）能形成无接缝的完整的防水膜的长处，又能避免涂料与基面粘结力较小的弱点。目前有些有机涂料的粘结性、抗渗性均较高，已用在埋深 10～20m 地下工程的背水面。无机防水涂料由于凝固快，与基面有较强的粘结力，最宜用于背水面混凝土基层上做防水过渡层。

（41）潮湿基层宜选用与潮湿基面粘结力大的无机涂料或有机涂料，或采用先涂无机防水涂料而后涂有机涂料的复合涂层。

地下工程由于受施工工期的限制，要想使基面达到比较干燥的程度较难，因此在潮湿基面上施作涂料防水层是地下工程常遇到的问题之一。一些有机或无机涂料在潮湿基面上均有一定的粘结力，可从中选用粘结力较大的涂料。在过于潮湿的基面上还可采用两种涂料复合使用的方法，即先涂无机防水涂料，利用其凝固快和与其他涂层防水层粘结好的特点，做成防水过渡层。

（42）冬期施工宜选用反应型涂料。

冬期施工时，由于气温低，用水乳型涂料已不适宜，此时宜选用反应型涂料。溶剂型涂料也适于在冬期施工使用，但由于涂料中溶剂挥发会给环境造成污染，故不宜在封闭的地下工程中使用。

（43）聚合物水泥防水涂料应选用Ⅱ型产品。

聚合物水泥防水涂料分为Ⅰ型和Ⅱ型两个产品，Ⅱ型是以水泥为主的防水涂料，主要用于长期浸水环境下的建筑防水工程。

聚合物水泥防水涂料，是以丙烯酸酯等聚合物乳液和水泥为主要原料，加入其他外加剂制得的双组分水性建筑防水涂料。

（44）采用有机防水涂料时，基层阴阳角应做成圆弧形，阴角直径宜大于 50mm，阳角直径宜宜大于 10mm，在底板转角处应增加胎体增强材料，并应增涂防水涂料。阴阳角处因不好涂刷，故要在这些部位设置增强材料，并增加涂刷遍数，以确保这些部位的施工质量。底板相对工程的其他部位来说承受水压力较大，且后续工序有可能损坏涂层防水层，故也应予以加强。

（45）防水涂料可采用外防外涂、外防内涂两种构造做法，如图 5-59、图 5-60 所示。

（46）掺外加剂、掺合料的水泥基防水涂料的厚度不得小于 3.0mm；水泥基渗透结晶型防水涂料的厚度不应小于 1.0mm，用量不应小于 1.5kg/m^2；有机防水涂料厚度不得小于 1.2mm。

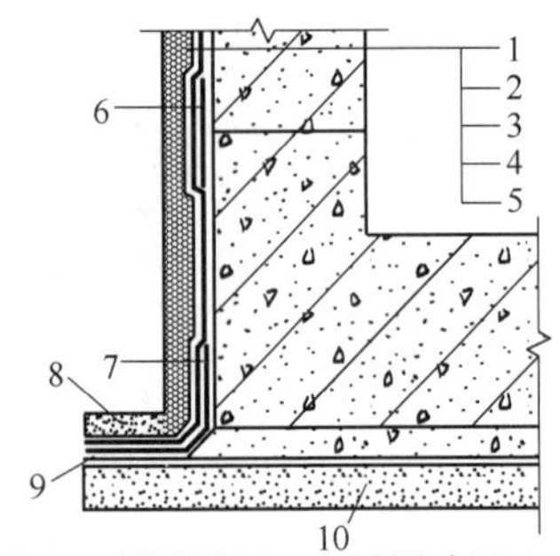

1—保护墙；2—砂浆保护层；3—涂料防水层；4—砂浆找平层；5—结构墙体；6—涂料防水层加强层；7—涂料防水加强层；8—涂料防水层搭接部位保护层；9—涂料防水层搭接部位；10—混凝土垫层

图 5-59　防水涂料外防外涂构造做法

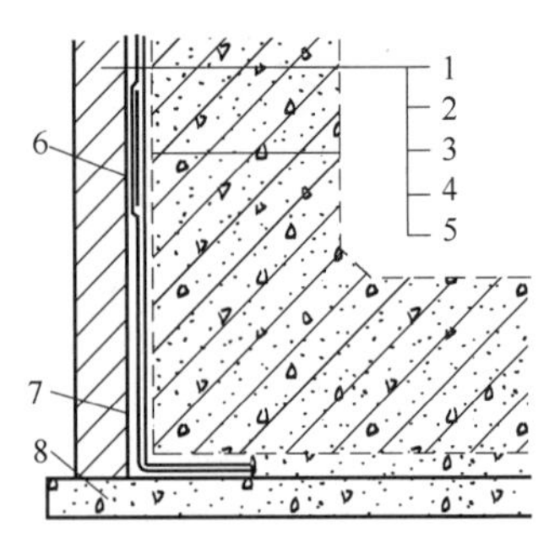

1—结构墙体；2—砂浆保护层；3—涂料防水层；4—砂浆找平层；5—保护墙；6—涂料防水加强层；7—涂料防水加强层；8—混凝土垫层

图 5-60　防水涂料外防内涂构造做法

从水泥基渗透结晶型防水涂料的应用情况看，反映了不少问题，一是涂层厚度不好控制，二是单位用量与抗渗性的关系，再加上该产品标准中存在的问题，使这类材料目前市场比较混乱，产品质量良莠不齐，假冒伪劣产品时常出现，严重影响了地下工程的防水质量。水泥基渗透结晶型防水涂料中活性成分的拥有量是一定的，要想得到更多的生成物堵塞混凝土结构的毛细孔隙，必须有一定的厚度或单位面积。

（47）有机防水涂料施工完成后应及时做好保护层，保护层应符合下列规定：

1）底板、顶板应采用 20mm 厚 1∶2.5 水泥砂浆层和 40～50mm 厚的细石混凝土保护，顶板防水层与保护层之间宜设置隔离层；

2）侧墙背水面应采用 20mm 厚 1∶2.5 水泥砂浆层保护；

3）侧墙迎水面宜选用软保护层或 20mm 厚 1∶2.5 水泥砂浆层保护。

（48）塑料防水板应符合下列规定：幅宽宜为 2～4m；厚度不得小于 1.2m；耐刺穿性好；耐久性、耐水性、耐腐蚀性、耐菌性好。

（49）变形缝处混凝土结构的厚度不应小于 300mm。

因变形缝处是防水的薄弱环节，特别是采用中埋式止水带时，止水带将此处的混凝土分为两部分，会对变形缝处的混凝土造成不利影响。

变形缝应满足密封防水、适应变形、施工方便、检修容易等要求。设置变形缝的目的是适应地下工程由于温度、湿度作用及混凝土收缩、徐变而产生的水平变位，以及地基不均匀沉降而产生的垂直变位，以保证工程结构的安全和满足密封防水的要求。在这个前提下，还应考虑其构造合理、材料易得、检修方便等要求。

用于伸缩的变形缝宜不设或少设，可根据不同的工程结构类别及工程地质情况采用诱导缝、加强带、后浇带等替代措施。

（50）用于沉降的变形缝其最大允许沉降差值不应大于 30mm。

沉降缝和伸缩缝统称变形缝，由于两者防水做法有很多相同之处，故一般不细加区分。但实际上两者是有一定区别的，沉降缝主要用在上部建筑变化明显的部位及地基差异较大的部位，而伸缩缝是为了解决因干缩变形和温度变化所引起的变形以避免产生裂缝而设置的。沉降缝的渗漏水比较多，除了选材、施工等诸多因素外，沉降量过大也是一个重要原因。目前常用的止水带中，带钢边的橡胶止水带虽大大增加了与混凝土的粘结力，但如沉降量过大，也会造成钢边止水带与混凝土脱开，使工程渗漏。

（51）变形缝的宽度宜为20～30mm，对防水要求来说，如果用于沉降的变形缝宽度过大，则会使处理变形缝的材料在同一水头作用下所承受的压力增加，这对防水是不利的，但如变形缝宽度过小，在采取一些防水措施时施工有一定难度，无法按设计要求施工。根据目前工程实践，规定了变形缝宽度的取值范围，如果工程有特殊要求，可根据实际需要确定宽度。接缝宽了不利于结构受力与控制沉降。

（52）变形缝的防水措施可根据工程开挖方法、防水等级选用，如图5-61、图5-62所示。

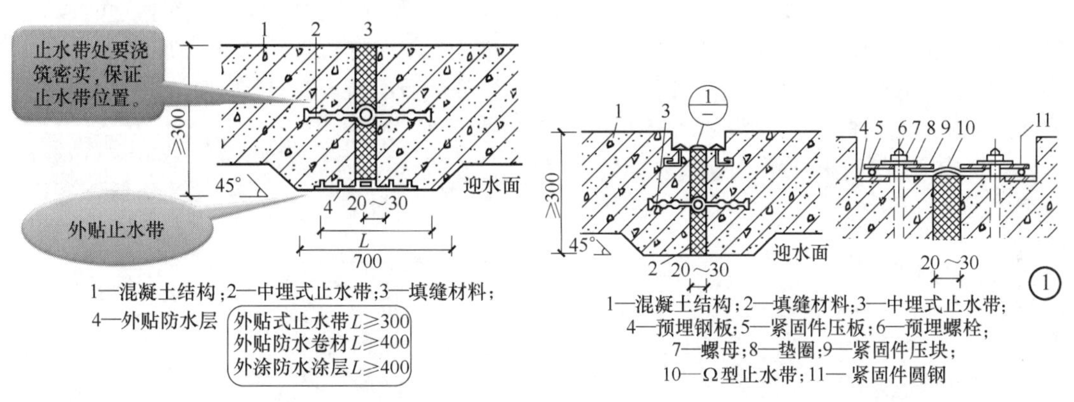

图5-61 中埋式止水带与外贴防水层复合使用　　图5-62 中埋式止水带与可拆卸式止水带复合使用

环境温度高于50℃的变形缝，可采用金属止水带，如图5-63所示。

（53）中埋式止水带先施工一侧混凝土时，其端模应支撑牢固，严防漏浆；止水带的接缝宜为一处，应设在边墙较高位置上，不得设在结构转角处，接头宜采用热压焊；中埋式止水带在转弯处并应做成圆弧形，橡胶止水带的转角半径应不小于200mm，转角半径应随止水带的宽度增大而相应加大，如图5-64所示。

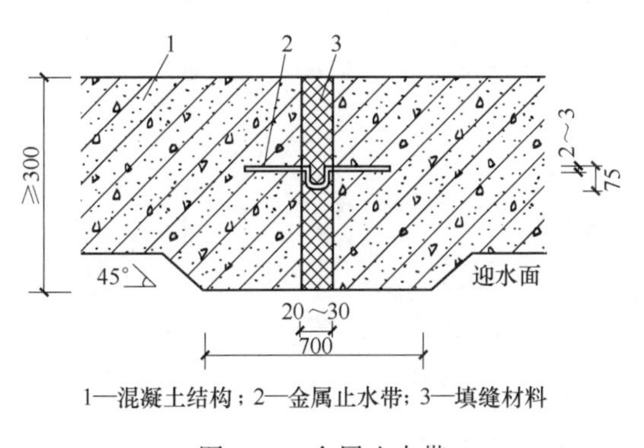

图5-63 金属止水带

图5-64 中埋式止水带施工

中埋式止水带施工时常存在以下问题：一是顶、底板止水带下部的混凝土不易振捣密实，气泡也不易排出，且混凝土凝固时产生的收缩易使止水带与下面的混凝土产生缝隙，从而导致变形缝漏水。顶、底板中的止水带安装成盆形，有助于消除上述弊端。二是中埋式止水带的安装，在先浇一侧混凝土时，端模被止水带分为两块，给模板固定造成困难，故端模要支撑牢固，防止漏浆。三是止水带的接缝是止水带本身的防水薄弱处，因此接缝越少越好，考虑到工程规模不同，缝的长度不一，故对接缝数量未做严格的限定。四是规定转角处应做成圆弧形，以便于止水带的安设。

（54）后浇带应在其两侧混凝土龄期达到 42d 后再施工，但高层建筑的后浇带应按规定时间进行；后浇带应在两侧混凝土干缩变形基本稳定后施工，混凝土的收缩变形一般在龄期为 6 周后才能基本稳定，在条件许可时，间隔时间越长越好；后浇带混凝土的养护时间不得少于 28d。

（55）后浇带应设在受力和变形较小的部位，间距和位置按设计要求确定，宽度宜为 700～1000mm。

后浇带的间距是根据近年来工程实践总结出来的。采用补偿收缩混凝土时，底板后浇带的最大间距可延长至 60m；超过 60m 时，可用膨胀加强带代替后浇带。加强带宽度宜为 1～2m，加强带外用限制膨胀率大于 0.015％的补偿收缩混凝土浇筑，带内用限制膨胀率大于 0.03％、强度等级提高 5MPa 的膨胀混凝土浇筑。

（56）后浇带可做成平直缝或阶梯缝，如图 5-65 所示。

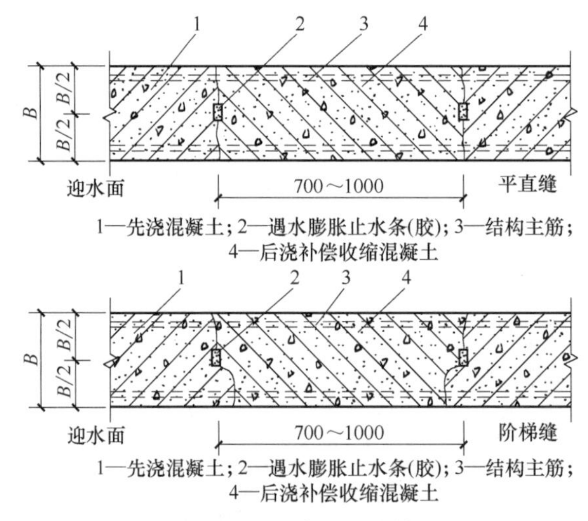

图 5-65　平直缝和阶梯缝

（57）后浇带超前止水构造，如图 5-66 所示。

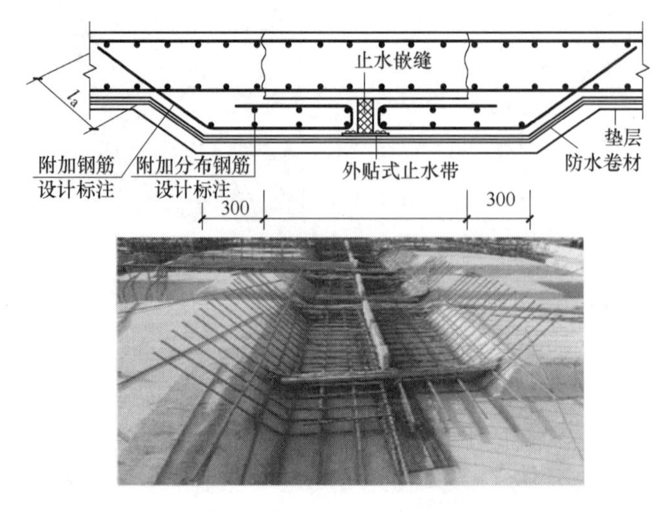

图 5-66　后浇带超前止水构造

(58) 穿墙管与内墙角、凹凸部位的距离应大于250mm。便于防水施工和管道安装施工操作。

(59) 结构变形或管道伸缩量较小时，穿墙管可采用主管直接埋入混凝土内的固定式防水法，主管应加焊止水环并应在迎水面预留凹槽，槽内用嵌缝材料嵌填密实。

(60) 结构变形或管道伸缩量较大或有更换要求时，应采用套管式防水构造，套管应加焊止水环。如图5-67所示。

(61) 相邻穿墙套管的间距应大于300mm，如图5-68所示。

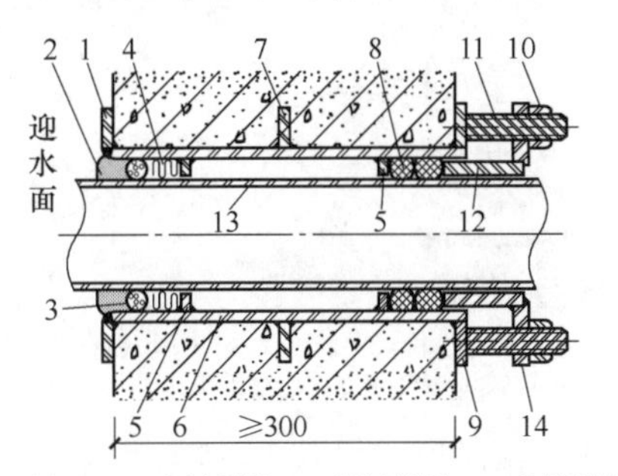

1—翼环；2—密封材料；3—背衬材料；4—充填材料；
5—挡圈；6—套管；7—止水环；8—橡胶圈；9—翼盘；
10—螺母；11—双头螺栓；12—短管；13—主管；14—法兰盘

图5-67 套管式防水构造

图5-68 穿墙套管

(62) 穿墙管线较多时，宜相对集中，采用穿墙盒方法。穿墙盒的封口钢板应与墙上的预埋角钢焊接，并从钢板上的预留浇筑孔注入改性沥青柔性密封材料或细石混凝土。穿墙群管防水构造如图5-69所示。

(63) 穿墙管伸出外墙的部位，应采取有效措施防止回填时将管损坏。

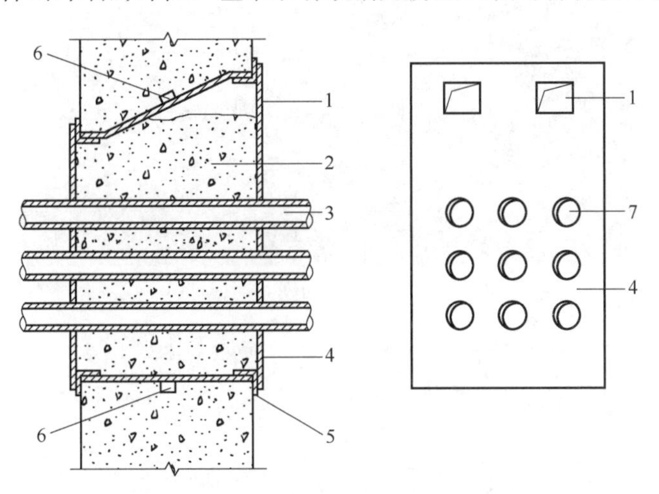

1—浇注孔；2—柔性材料或细石混凝土；3—穿墙管；4—封口钢板；
5—固定角钢；6—遇水膨胀止水条；7—预留孔

图5-69 穿墙群管防水构造

(64) 预留通道接缝处的最大沉降差值不得大于30mm。预留通道接缝处防水构造如图5-70、图5-71所示。

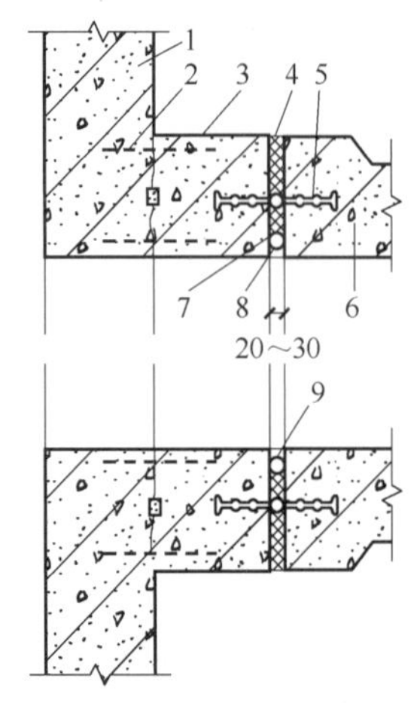

1—先浇混凝土结构；2—连接钢筋；3—遇水膨胀止水条(胶)；
4—填缝材料；5—中埋式止水带；6—后浇混凝土结构；
7—遇水膨胀橡胶条(胶)；8—密封材料；9—填充材料

图 5-70　预留通道接缝处防水构造一

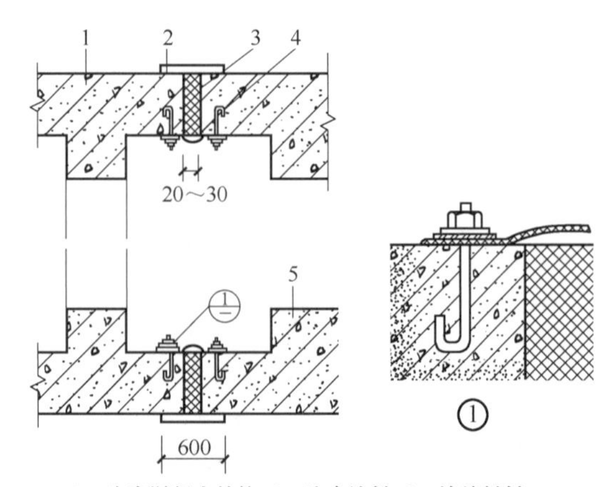

1—先浇混凝土结构；2—防水涂料；3—填缝材料；
4—可卸式止水带；5—后浇混凝土结构

图 5-71　预留通道接缝处防水构造二

(65) 预留通道先施工部位的混凝土、中埋式止水带、与防水相关的预埋件等应及时保护，确保端部表面混凝土和中埋式止水带清洁，埋件不锈蚀。

(66) 桩头防水构造，如图 5-72 所示。

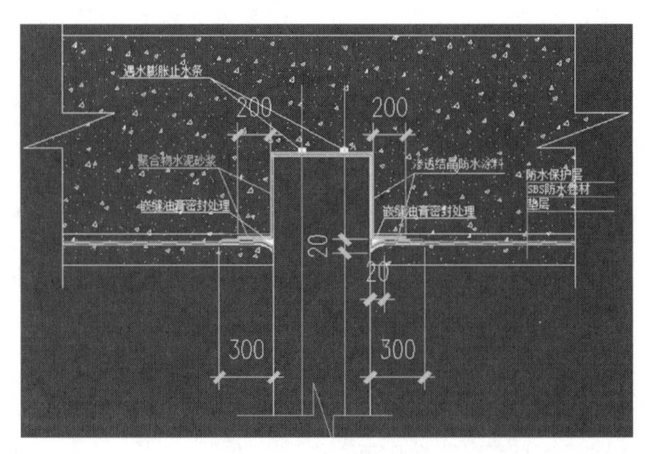

图 5-72　桩头防水构造

(67) 地下工程通向地面的各种孔口应设置防地面水倒灌措施。人员出入口应高出地面不小于 500mm，汽车出入口设明沟排水时，其高度宜为 150mm，并应有防雨措施。车库出入口如图 5-73 所示。

(68) 窗井的底部在最高地下水位以上时，窗井的底板和墙应做防水处理并宜与主体结构断开，如图 5-74 所示。

(69) 窗井或窗井的一部分在最高地下水位以下时，窗井应与主体结构连成整体，其防水层也应连成整体，并在窗井内设集水井。

(70) 窗井内的底板，应比窗下缘低 300mm。窗井墙高出地面不得小于 500mm。窗井外地面应做散水，散水与墙面间应采用密封材料嵌填。窗井防水施工如图 5-75 所示。

图 5-73 车库出入口

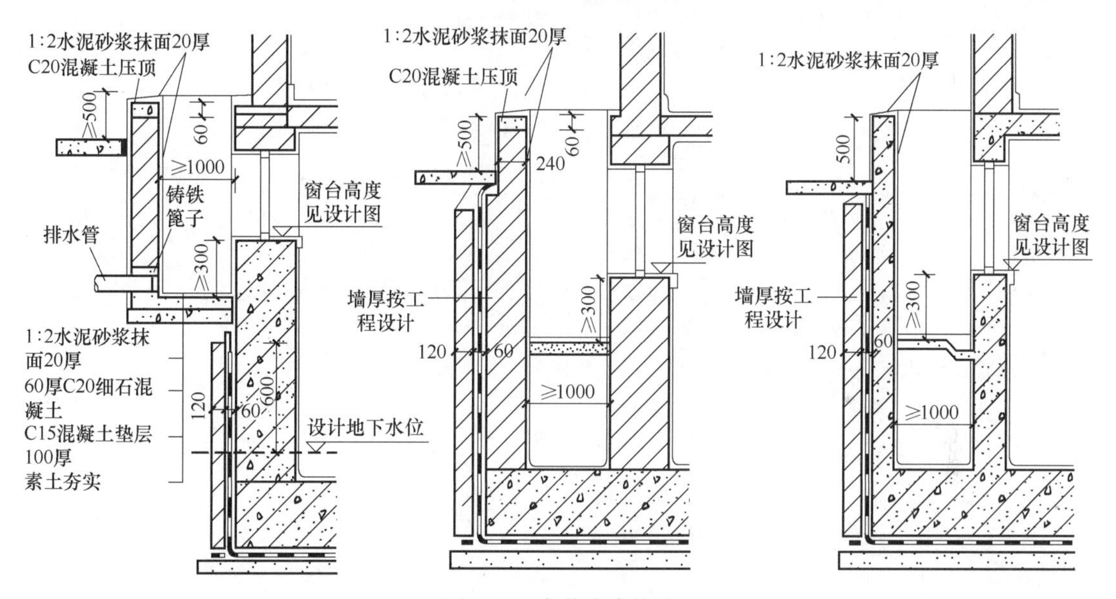

图 5-74 窗井防水构造

(71) 通风口应与窗井同样处理，竖井窗下缘离室外地面高度不得小于 500mm。

(72) 在工程开挖前，预计涌水量大的地段、软弱地层，应采用预注浆；开挖后有大股涌水或大面积渗漏水时，应采用衬砌前围岩注浆。

衬砌后渗漏水严重的地段或充填壁后的空隙地段，应进行回填注浆；衬砌后或回填注浆后仍有渗漏水时，宜采用衬砌内注浆或衬砌后围岩注浆。衬砌后围岩注浆应在回填注浆固结体强度达到以 70%后进行。高壁式衬砌如图 5-76 所示。

图 5-75 窗井防水施工

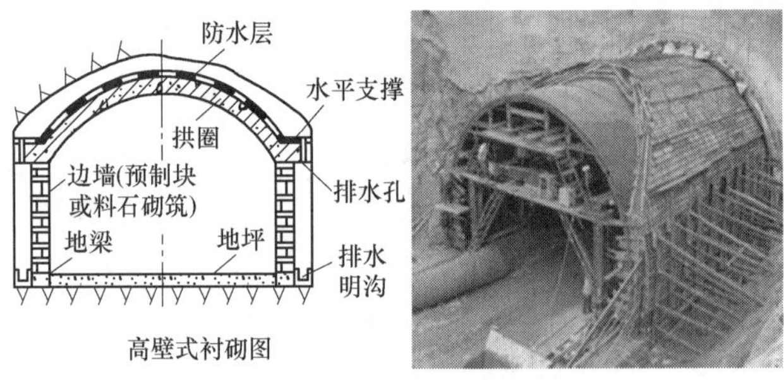

图 5-76　高壁式衬砌

(73) 衬砌前围岩注浆的布孔，应符合下列规定：

1) 在软弱地层或水量较大处布孔；

2) 大面积渗漏，布孔宜密，钻孔宜浅；

3) 裂隙渗漏，布孔宜疏，钻孔宜深；

4) 大股涌水，布孔应在水流上游，且从涌水点四周由远到近布设。

(74) 回填注浆、衬砌后围岩注浆施工顺序，应符合下列要求：

1) 沿工程轴线由低到高，由下往上，从少水处到多水处；

2) 在多水地段，应先两头，后中间；

3) 对竖井应由上往下分段注浆，在本段内应从下往上注浆。

(75) 注浆过程中应加强监测，当发生围岩或衬砌变形、堵塞排水系统、串浆、危及地面建筑物等异常情况时，可采取下列措施：

1) 降低注浆压力或采用间歇注浆，直到停止注浆；

2) 改变注浆材料或缩短浆液凝胶时间；

3) 调整注浆实施方案。

(76) 沉井的干封底应符合下列规定：

1) 地下水位应降至底板底高程 500mm 以下，降水作业应在底板混凝土达到设计强度，且沉井内部结构完成并满足抗浮要求后，方可停止；

2) 封底前井壁与底板连接部位应凿毛并清洗干净；

3) 待垫层混凝土达到 50%设计强度后，浇筑混凝土底板，应一次浇筑，分格连续对称进行；

4) 降水用的集水井应用微膨胀混凝土填筑密实。

(77) 地下连续墙应根据工程要求和施工条件划分单元槽段，应尽量减少槽段数量。墙体幅间接缝应避开拐角部位。地下连续墙导墙施工如图 5-77 所示。

图 5-77　地下连续墙导墙施工

（78）地下连续墙用作结构主体墙体时应符合下列规定：单层地下连续墙不应直接用于防水等级为一级的地下工程墙体；单墙用于地下工程墙体时，应使用高分子聚合物泥浆护壁材料，墙的厚度宜大于 600mm。

（79）浇筑混凝土前必须清槽、置换泥浆和清除沉渣，沉渣厚度不应大于 100mm，并将接缝面的泥土、杂物用专用刷壁器清刷干净。地下连续墙施工如图 5-78 所示。

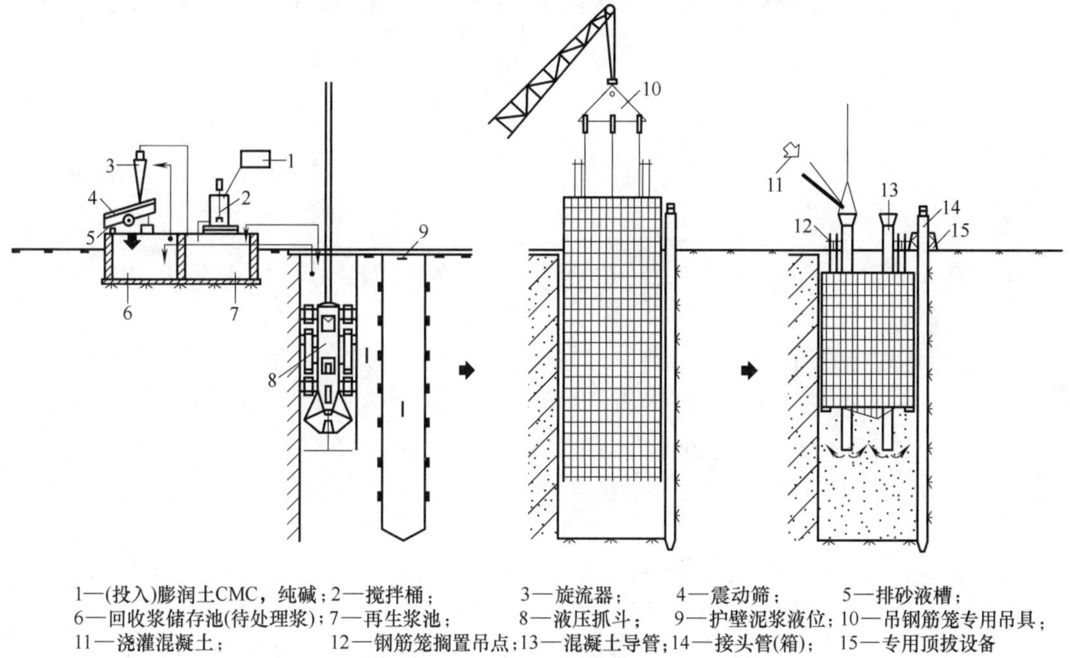

图 5-78 地下连续墙施工

（80）钢筋笼浸泡泥浆时间不应超过 10h。钢筋保护层厚度不应小于 70mm。

第6章 钢筋工程

第1节 平法图集（22G101）介绍和钢筋施工组织管理

建筑结构施工图平面整体设计方法（简称平法）表述形式，概括来讲，是把结构构件的尺寸和配筋等，按照平面整体表示方法制图规则，整体直接表达在各类构件的结构平面布置图上，再与标准构造详图相配合，即构成一套新型完整的结构设计。

22G101系列图集是指《混凝土结构施工图平面整体表示方法制图规则和构造详图》包括：

22G101-1《混凝土结构施工图平面整体表示方法制图规则和构造详图（现浇混凝土框架、剪力墙、梁、板）》

22G101-2《混凝土结构施工图平面整体表示方法制图规则和构造详图（现浇混凝土板式楼梯）》

22G101-3《混凝土结构施工图平面整体表示方法制图规则和构造详图（独立基础、条形基础、筏形基础、桩基础）》

第2节 钢筋工程施工质量预控

1. 钢筋工程施工组织

（1）首先了解钢筋工程概况，如表6-1所示。

钢筋工程概况 表6-1

结构形式	基础形式	梁板式筏板基础
	结构形式	框架-剪力墙结构
结构断面尺寸（mm）	基础底板厚度(mm)	
	剪力墙厚度(mm)	
	楼板厚度(mm)	
抗震等级	地下一层框架为一级，地下二、三层为三级；地下一层剪力墙，商业综合体范围内为一级，其他区域为一级，地下二、三层为三级	
钢筋类别	HPB235级钢筋、HRB335级钢筋、HPB400级钢筋	

续表

钢筋直径(mm)	6、8、10、12、14、16、18、20、22、25、28、32
钢筋接头形式	直径≥18mm 的钢筋采用直螺纹连接,直径<18mm 的钢筋优先采用搭接接头,直螺纹连接应用在基础底板、基础梁、地下室外墙、剪力墙、框架柱、梁,搭接主要应用在楼板

(2) 技术准备:

1) 熟悉施工图纸,学习有关规范、规程,按规范要求编制钢筋施工方案,包括基础底板、基础反梁、剪力墙、框架柱、框架梁、板钢筋等的加工、绑扎等施工内容。

2) 组织工人学习直螺纹接头的工艺操作、钢筋加工、绑扎等施工工艺标准。

熟悉钢筋直螺纹连接工艺规程及规范要求。

3) 按设计要求放样,检查已加工好的钢筋规格、形状、数量全部正确。

做好抄平放线工作,弹好水平标高线,柱、墙外皮尺寸线。

4) 按设计、规范列出本工程墙柱筋接头锚固一览表(包括错开百分比、错开长度、百分比系数),根据弹好的外皮尺寸线,检查下层预留搭接钢筋的位置、接头百分比、错开长度。如不符合要求时,要进行处理。

(3) 施工机具准备:

根据项目实际进度情况、工程量情况配备所需要的施工机具,施工常用机具如表 6-2 所示。

施工常用机具 **表 6-2**

序号	机械设备名称	型号	功率
1	调直机	GT4/14	11.9kW
2	弯曲机	GW40 型	3kW
3	无齿锯		2.2kW
4	直螺纹套丝机		4kW
5	电焊机	BX1-300A	22.5kVA
6	电焊机	BX1-500A	38kVA

(4) 劳动力准备:

根据施工进度、流水段划分、项目实际情况,配备所需要的劳动力,并在过程中进行动态调整。劳动力准备如表 6-3 所示。

劳动力准备 **表 6-3**

序号	区域	工种	备注
1	A 区 (一区 1~6 段和三区 12~16 段)	钢筋工	根据工程施工进度和实际情况,各工种人数会有所变化
2		起重工	
3		力工	
4	B 区 (二区 1~4 和三区 1~2)	钢筋工	
5		起重工	
6		力工	
7	C 区 (三区 3~11 段)	钢筋工	
8		起重工	
9		力工	

2. 预控要点

(1) 钢筋场地要求：钢筋原材堆放区、半成品钢筋堆放区、钢筋机械加工棚等场地道路混凝土硬化，且排水通畅。原材堆放地铺碎卵石和砂。在钢筋堆场设4m宽的通道，加工好的半成品钢筋放在有防雨篷的堆放场区。

(2) 堆放要求：进场钢筋原材按未检验钢筋、检验合格钢筋、检验不合格钢筋分别堆放并挂标识牌。不得直接堆放在地面上，应用100mm×100mm木方垫块架空堆放，以免被水浸泡而生锈。

(3) 成品与半成品：已加工好的钢筋按绑扎顺序分类、分区码放整齐，成行成列，挂标识牌，以防混淆，防止不同部位钢筋在吊运时出错，运入现场后待用成品或半成品钢筋应绑标识卡（标明规格、编号、使用部位及数量），标识卡的材料为塑料胸卡材质，填写表格采用机器打印，手工填写，标识卡可重复使用，见表6-4。

钢筋标识卡 **表6-4**

施工单位			
工程名称			
楼层		施工段	
结构部位	□基础底板 □集水坑 □外墙 □内墙 □连梁 □框架梁 □楼板 □柱 □暗柱		
轴线位置		钢筋编号	
钢筋名称			
加工班组		加工日期	

采用脚手架钢管搭设钢筋存放钢管支架，每一型号加工完成的钢筋上不得少于两个标识。

(4) 材料要求：检查钢筋出厂合格证、质量证明文件及备案，按规定进行见证取样复试，并经检验合格后方能使用。钢筋的外观应平直、无损伤，表面不得有裂纹、油污、颗粒状或片状老锈。

铁丝：钢筋绑扎用的铁丝可采用20～22号铁丝（火烧丝）或镀锌铁丝，其中22号铁丝只用于绑扎直径12mm以下的钢筋，钢筋绑扎铁丝长度（mm）参照表6-5。

钢筋绑扎铁丝长度（mm） **表6-5**

钢筋直径(mm)	6～8	10～12	14～16	18～20	22	25	28	32
6～8	150	170	190	220	250	270	290	320
10～12	—	190	220	250	270	290	310	340
14～16	—	—	250	270	290	310	330	360
18～20	—	—	—	290	310	330	350	380
22	—	—	—	—	330	350	370	400

(5) 钢筋加工要求：对成型较复杂、较密集处实地放样，找到与之相邻钢筋的关系后，再确定钢筋加工尺寸，以保证加工准确。

施工班组严格按配料单尺寸、形状进行加工，对钢筋加工进行技术交底，并在钢筋加工过程中必须进行指导和抽查，每加工一批必须经质检员验收合规后，才能进入施工现场使用。

直螺纹、顶模棍、模板支撑卡、梯子筋材料的截断应采用无齿锯进行下料。结构钢筋严禁采用气焊切割。

（6）钢筋抽样中结合现场实际情况，考虑搭接、锚固等规范要求，进行放样下料，下料时必须兼顾钢筋长短搭配，最大限度地节约钢筋。如需钢筋代换时，技术部应会同设计人员协商，办理设计变更文件，方可进行钢筋代换施工。

（7）使用前应清除干净钢筋表面的浮锈、油渍、漆污等，盘条钢筋生锈时可通过钢筋调直机调直除锈，螺纹钢筋应采用钢丝刷或除锈剂进行除锈，以保证混凝土与钢筋之间的握裹力。

钢筋调直的方法和设备，直径 12mm 以下盘条采用钢筋调直机进行调直，同时可以根据需要的钢筋长度切断。

（8）采用切断机和无齿锯，断料之前必须先进行尺量。对于直螺纹连接用钢筋必须采用无齿锯切割，保证切割面垂直于钢筋的轴线，确保加工的直螺纹丝头全部为有效丝头；对于非直螺纹连接用钢筋切断选用钢筋切断机，钢筋断口不得有马蹄形或起弯现象，确保钢筋长度准确。

（9）钢筋弯曲采用弯曲机，钢筋弯曲前要划线，对各类型的弯曲钢筋都要先试弯，检查其弯曲质量是否与设计要求相符，经过调整后，再进行成批生产，不同直径钢筋的加工采用不同弯曲成型轴。

（10）钢筋连接，直径≥16mm 的钢筋采用直螺纹连接，直径≤14mm 的钢筋优先采用搭接接头。直螺纹连接应用在基础底板、基础主梁、剪力墙、框架柱、框架梁、暗柱和部分楼板，搭接主要应用在剪力墙和楼板。钢筋连接位置参照表 6-6。

钢筋连接位置 **表 6-6**

<table>
<tr><th colspan="2">结构部位</th><th>跨中 1/3 范围内</th><th>支座处 1/3 范围内</th><th>备注</th></tr>
<tr><td rowspan="2">底板</td><td>下铁</td><td>√</td><td>/</td><td rowspan="9">1. 设置在同一构件内机械接头应相互错开，在任一机械接头中心至长度为钢筋直径 d 的 35 倍且不小于 500mm 的区段内
2. Ⅲ区底板及基础梁不考虑接头位置
3. 板下铁该范围指后浇带中轴线远离板支座侧 2m 范围，板上铁在支座处连接；上述接头等级为Ⅰ级；Ⅲ区钢筋在后浇带范围钢筋连接应满足上述要求</td></tr>
<tr><td>上铁</td><td>/</td><td>√</td></tr>
<tr><td rowspan="2">基础梁</td><td>下铁</td><td>√</td><td>/</td></tr>
<tr><td>上铁</td><td>/</td><td>√</td></tr>
<tr><td rowspan="2">楼板</td><td>下铁</td><td>/</td><td>√</td></tr>
<tr><td>上铁</td><td>√</td><td>/</td></tr>
<tr><td rowspan="2">框架梁</td><td>下铁</td><td>/</td><td>√</td></tr>
<tr><td>上铁</td><td>√</td><td>/</td></tr>
<tr><td colspan="2">框架柱主筋</td><td colspan="2">钢筋接头位置必须错开，第一排接头位置离板面不小于 500mm 且不小于 $H_n/6$，第二排位置距第一个接头不小于 $35d$ 且不小于 500mm</td></tr>
<tr><td rowspan="2">墙体</td><td>竖向筋</td><td colspan="2">留在楼板面以上搭接长度 $1.2l_{aE}$，且相邻接头错开不小于 $35d$ 且不小于 500mm</td><td rowspan="2">墙体的搭接百分率≤25，纵向受拉钢筋的搭接长度修正系数 ξ 取 1.2</td></tr>
<tr><td>水平筋</td><td colspan="2">墙体水平钢筋搭接长度 $1.2l_{aE}$，且相邻接头错开不小于 $35d$ 且不小于 500mm</td></tr>
</table>

（11）工艺检验：在正式施工前，按同批钢筋、同种机械连接形式的接头试件不少于3根，同时对应截取接头试件的母材，进行抗拉强度试验。

现场检验：按检验批进行同一施工条件下采用同一批材料的同等级、同形式、同规格的接头每500个为一验收批，不足500个接头的也按一个验收批，取样后的钢筋用电弧焊焊接。

（12）钢筋的搭接：同一连接区段内，纵向受力钢筋的接头面积百分率应符合设计要求。当设计无具体要求时，应符合GB 50204—2015中的下列规定：

1）对梁类、板类及墙类构件，不宜大于25%；

2）对柱类构件，不宜大于50%。

（13）钢筋的焊接，采用帮条焊或搭接焊。在正式焊接之前，先进行现场条件下的焊接工艺试验，并经试验合格后，方可正式焊接。每300个接头为一个检验批。单面焊接长度$10d$，双面焊接长度$5d$。

（14）基础钢筋绑扎，按图纸标明的钢筋间距，算出底板实际需用的钢筋，一般让靠近底板模板的钢筋距模板边为50mm，在底板上弹出钢筋位置线（包括基础梁钢筋位置线）和墙、柱插筋位置线。

先铺底板下层钢筋。根据设计要求，决定下层钢筋哪个方向钢筋在下面。在铺底板下层钢筋前，先铺集水坑、设备基坑的下层钢筋。距基础梁边的第一根钢筋为底板筋的1/2间距。

绑完下层钢筋后，搭设钢管支撑架，立杆间距不超过1500mm设一根，水平杆不超过2000mm设一道，各道梁的支撑架之间每间隔4500mm设一道剪刀撑。摆放钢筋马凳（间距不大于2.1m）。

（15）底板混凝土浇筑时，在距柱边线3000mm处、2000mm处要预留ϕ22短钢筋，间距1000mm；作为墙、柱支模加固用地锚，插筋外露200mm，锚入混凝土200mm。

（16）墙筋生根定位：基础底板绑完后，并沿边线先绑2根水平通长筋，使其内侧为墙筋外皮，沿两根通筋内侧插入墙筋，并按间距绑牢在这两根钢筋上，墙筋定位即确定。

（17）为保证竖向墙体筋的间距和排距及墙筋保护层厚度准确，在每层墙体的上口设置一道水平向梯子筋。水平梯子筋位于墙顶接茬处，待墙体混凝土浇筑有强度后，拆下可重复使用，根据墙身厚度设置用ϕ14钢筋焊成“梯子筋”作为钢筋网限位。

（18）为确定墙体水平钢筋的上下尺寸，固定墙体水平筋的横向间距，并顶住模板，在绑扎墙筋时设置竖向梯子筋。竖向梯子筋采用比墙体筋大一个规格的钢筋焊接而成，代替原墙筋并与其他墙筋绑扎到一起，一同浇筑混凝土。

竖向梯子筋接头同原墙体竖筋一样按要求错开。沿墙高在竖向梯子筋上设三道顶模棍，长度等于墙厚减2mm（每端减1mm），顶模棍两端刷防锈漆（每端长度为保护层厚度），梯子钢筋按2m间距放置，每个柱（暗柱）之间不少于2个。

（19）工程结构中要预埋各种机电预埋管和线盒。在埋设时为了防止位置偏移，将预埋管和线盒用4根附加钢筋箍起来，再与主筋绑扎牢固。限位筋紧贴线盒，与主筋用粗铁丝绑扎，不允许点焊主筋。

（20）为保证柱钢筋保护层厚度及钢筋正确位置，在柱顶位置柱筋内侧设一道定距框，定距框用ϕ12钢筋制作；在柱根部设置顶模钢筋，塑料定型垫块每0.6m留置一点。

（21）梁主筋直径≥16mm时采用剥肋滚轧直螺纹连接，连接接头避开箍筋加密区，相邻接头间距大于500mm。连接接头位置：上铁在净跨跨中1/3范围内，下铁在支座，避开箍筋加密区，腰筋采用绑扎搭接。

（22）梁板钢筋如有弯钩时，原则是上层钢筋弯钩朝下，下层钢筋弯钩朝上。当梁上铁在墙内锚固向下锚固无法满足锚固长度时，允许向上弯折锚固。

（23）板内上皮钢筋不得在支座1/3范围内搭接，其锚入梁内长度不得小于l_a；板内下皮钢筋不得在跨中1/3范围内搭接，应延伸至梁中心线，且锚固长度不小于$12d$。

（24）楼板负弯矩筋弯钩垂直向下，为防止跑位，在弯钩下方绑扎$\phi 6$钢筋一根。板面上铁下注尺寸为墙边或梁边至上铁端部的距离。板面上铁端部直钩尺寸为板厚减上、下板面保护层各20mm。

（25）当休息平台有梁时，在浇筑墙混凝土先在梁位置处预留梁豁，梯梁伸入墙内与梯板一同浇筑混凝土。梁豁深度为3/4墙厚，在楼梯剪力墙外侧留出1/4墙厚，确保梁钢筋满足锚固长度且混凝土不出现色差。

第3节 钢筋施工质量过程控制

1. 钢筋的原材料质量控制

（1）钢筋的外观质量控制：进场的每捆（盘）钢筋均应有标牌，按炉批号、批次及直径分批验收，分类堆放整齐，严防混料，并应对其检验状态进行标识，防止混用。外观应平直、无损伤，表面不得有裂纹、油污、折叠、颗粒状及片状老锈、结疤及夹杂。盘条允许有压痕及局部的凸块、凹块、划痕、麻面。

（2）钢筋的吊牌、质量证明、合格证核查（先看原件，由销售单位人员做复印件）。

（3）钢筋的直径和重量检测；现场抽样复试：做力学性能及重量偏差检验。

（4）钢筋进场按批次的级别、品种、直径、外形分垛堆放，悬挂标识牌，注明产地、规格、品种、数量、进场时间、使用部位、检验状态、标识人、试验编号（复试报告单）等，内容填写齐全清晰。

2. 钢筋加工质量控制

（1）钢筋施工常用机械，施工前要验收，如图6-1所示。

钢筋调直：以盘圆供货的钢筋调直一般采用冷拉进行，Ⅰ级钢筋冷拉率不宜大于4%，Ⅱ、Ⅲ级钢筋不宜大于1%。钢筋调直机兼有除锈、调直、切断三项功能。

钢筋除锈：为保证钢筋与混凝土之间的握裹力，严重锈蚀的钢筋应除锈。除锈方法有调直或冷拉过程中除锈、电动除锈机除锈、手工除锈或喷砂、酸洗除锈。

钢筋切断：直螺纹用钢筋加工需用专用直口钢筋切断机。钢筋下料时须按下料长度切断。钢筋切断可用钢筋切断机（直径40mm以下）、手动切断器（直径小于12mm）、乙炔或电弧割切或锯断（直径大于40mm）。

钢筋弯曲：用钢筋弯曲机或弯箍机进行，弯曲形状复杂的钢筋应画线、放样后进行。

（2）钢筋下料：

钢筋下料：钢筋因弯曲或弯钩会使其长度变化，配料中不能直接根据图纸尺寸下料，必须了解混凝土保护层、钢筋弯曲、弯钩等规定，再根据图示尺寸计算其下料长度。

图 6-1　钢筋施工常用机械

直钢筋下料长度＝构件长度－保护层厚度＋弯钩增加长度；

弯起钢筋下料长度＝直段长度＋斜段长度－弯曲调整值＋弯钩增加长度；

箍筋下料长度＝箍筋周长＋箍筋调整值。

弯曲调整值：钢筋弯曲后特点，一是外壁伸长、内壁缩短，轴线长度不变；二是在弯曲处形成圆弧。钢筋的量度方法是沿直线量外包尺寸，因此弯起钢筋的量度尺寸大于下料尺寸，两者之间的差值称为弯曲调整值。

不同弯曲角度的钢筋调整值见表 6-7。

不同弯曲角度的钢筋调整值　　　　**表 6-7**

钢筋弯起角度	30°	45°	60°	90°	135°
钢筋弯曲调整值	$0.35d$	$0.54d$	$0.85d$	$1.75d$	$2.5d$

弯钩增加长度：钢筋弯钩有 180°、90°和 135°弯钩三种。180°弯钩常用于Ⅰ级钢筋；90°弯钩常用于柱立筋的下部、附加钢筋和无抗震要求的箍筋中；135°弯钩常用于Ⅱ、Ⅲ级钢筋和有抗震要求的箍筋中。当弯弧内直径为 $2.5d$（Ⅱ、Ⅲ级钢筋为 $4d$）、平直部分为 $3d$ 时，其弯钩增加长度的计算值为：半圆弯钩为 $6.25d$，直弯钩为 $3.5d$、斜弯钩为 $4.9d$，参见图 6-2。

箍筋调整值：即为弯钩增加长度和弯曲调整值两项之差或和，根据箍筋量外包尺寸或内皮尺寸而定，见表 6-8。

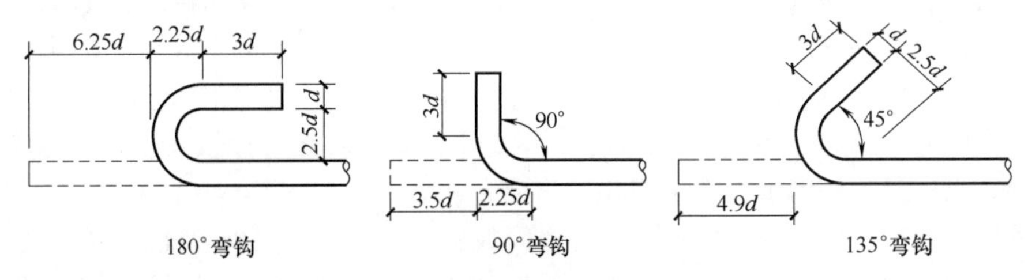

图 6-2 钢筋弯钩增加长度

箍筋调整值 **表 6-8**

箍筋量度方法	箍筋直径(mm)			
	4～5	6	8	10～12
量外包尺寸(mm)	40	50	60	70
量内皮尺寸(mm)	80	100	120	150～170

(3) 受力钢筋加工质量控制：

1) 受力钢筋的弯钩和弯折；HPB235 级钢筋末端应作 180°弯钩，其弯弧内直径不应小于钢筋直径的 2.5 倍，弯钩的弯后平直部分长度不应小于钢筋直径的 3 倍。

2) 当设计要求钢筋末端须做 135°弯钩时，HRB335 级、HRB400 级钢筋的弯弧内直径不应小于钢筋直径的 4 倍，弯钩的弯后平直部分长度应符合设计要求。

(4) 箍筋加工质量控制：

1) 箍筋弯钩的弯弧内直径应满足不小于受力钢筋直径；箍筋弯钩的弯折角度对一般结构不应小于 90°，对有抗震等要求的结构应为 135°。

2) 箍筋弯后平直部分长度对一般结构，不宜小于箍筋直径的 5 倍；对有抗震等要求的结构，不应小于箍筋直径的 10 倍。

3) 箍筋加工常见问题：

① 10d 不到位原因一是不重视，二是不理解其重要性、必要性。

② 套子 4～10 个一次成型，成型后不打开，也不检查 135°是否到位。

③ 下料就短了，造成 10d 不足。

④ 下料够长，加工偏位了，一钩长、一钩短。

⑤ 不足 135°，成型后工长未对钢筋制作做预检。

3. 钢筋连接

(1) 钢筋连接分为：焊接连接、绑扎搭接、机械连接，钢筋连接机理及优缺点见表 6-9。

钢筋连接机理及优缺点 **表 6-9**

类型	机理	优点	缺点
绑扎搭接	利用钢筋与混凝土之间的粘结锚固作用实现传力	应用广泛，连接形式简单	浪费钢筋
机械连接	利用连接套筒的咬合力实现钢筋连接	比较简便、可靠	机械连接接头区域的混凝土保护层厚度、净距将减小
焊接连接	利用热加工熔钢筋实现钢筋连接	节省钢筋、接头成本低	焊接接头的连接质量稳定性较差

(2) 钢筋连接的原则：钢筋接头宜设置在受力较小处，同一根钢筋不宜设置 2 个以上接头，同一构件中的纵向受力钢筋接头宜相互错开。直径大于 12mm 以上的钢筋，应优先采用焊接接头或机械连接接头。轴心受拉和小偏心受拉构件的纵向受力钢筋；直径 $d>28$mm 的受拉钢筋、直径 $d>32$mm 的受压钢筋不得采用绑扎搭接接头。直接承受动力荷载的构件，纵向受力钢筋不得采用绑扎搭接接头。

(3) 同一台班、同一焊工完成的 300 个同牌号、同直径接头为一批；当同一台班完成的接头数量较少，可在一周内累计计算，仍不足 300 个时应作为一批计算。从每批接头中随机切取 6 个接头，其中 3 个做抗拉试件，3 个做弯曲试验。焊工必须持证操作，施焊前应进行现场条件下的焊接工艺试验，试验合格后，方可正式施焊。

(4) 电渣压力焊外观合格标准：四周焊包均匀凸出钢筋表面的高度应大于或等于 4mm；钢筋与电极接触处，应无烧伤缺陷；接头处的弯折角不大于 4°；接头处的轴线偏移不得大于钢筋直径的 0.1 倍，且不得大于 2mm。

(5) 钢筋机械连接又称为“冷连接”，是继绑扎、焊接之后的第三代钢筋接头技术。具有接头强度高于钢筋母材、速度比电焊快、无污染、节省钢材等优点。

机械连接的分类如图 6-3 所示。

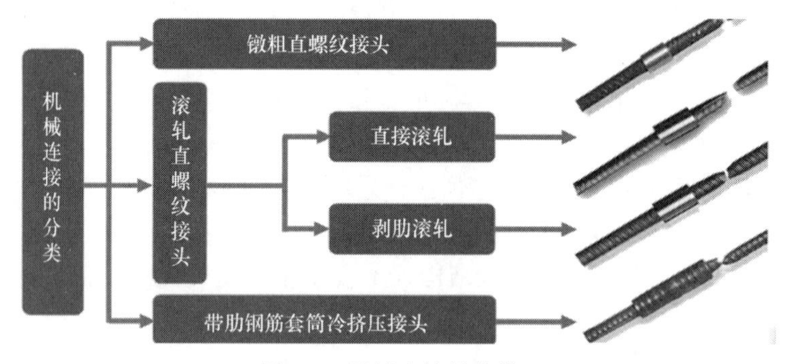

图 6-3 机械连接的分类

常用钢筋机械连接接头对比分析见表 6-10。

常用钢筋机械连接接头对比分析 **表 6-10**

对比内容 \ 接头类型	套筒冷挤压	镦粗直螺纹	直接滚轧直螺纹	剥肋滚轧直螺纹
连接施工用具	压接器	管钳或力矩扳手	管钳或力矩扳手	管钳或力矩扳手
丝头或接头加工设备	径向挤压机	镦头机和直螺纹机	滚轧直螺纹机	剥肋滚轧直螺纹机
容易损耗件	压接模具	型模、疏刀	滚丝轮	刀片、滚丝轮
易损耗件使用寿命	5000～20000 头	型模 500 头左右 疏刀 500 头左右	300～500 头	刀片 1000～2000 头 滚丝轮 5000～8000 头
单个接头损耗件成本	一般	较大	大	小
套筒成本	高	低	较低	较低
操作工人工作强度	大	一般	一般	一般
现场施工速度	一般	快	快	快
施工污染情况	有时液压油污染钢筋	无	无	无

续表

对比内容＼接头类型	套筒冷挤压	镦粗直螺纹	直接滚轧直螺纹	剥肋滚轧直螺纹
耗电量	小	较小	小	小
接头抗拉强度性能	与母材等强	与母材等强	与母材等强	与母材等强
接头质量稳定性	好	较好	一般	好
螺纹精度	—	好	差	好
接头综合成本	高	一般	一般	一般

1）剥肋滚轧直螺纹连接：是先将钢筋接头纵、横肋剥切处理，使钢筋滚丝前的柱体直径达到同一尺寸，然后滚轧成型。它集剥肋、滚轧于一体，成型螺纹精度高，滚丝轮寿命长，是目前直螺纹套筒连接的主流技术。

螺纹套筒能连接16～40mm同径、异径的竖向、水平或任何倾角的钢筋，它连接速度快、对中性好、工艺简单、安全可靠、节约钢材和能源。

2）连接时，先取下连接端的塑料保护帽，检查丝扣是否完好无损，规格与套筒是否一致；确认无误后，把拧上连接套一头钢筋拧到被连接钢筋上，并用力矩扳手按规定的力矩值，拧紧钢筋接头，当听到扳手发出“咔哒”声时，表明钢筋接头已被拧紧，做好标记，以防钢筋接头漏拧。

3）套丝成型前，必须保证钢筋切口平齐，成型丝头戴好保护帽。

（6）直螺纹不合格原因及预控措施见表6-11。

直螺纹不合格原因及预控措施 **表6-11**

序号	要因	对策	目标	措施	地点
1	套丝时长度控制不准	要求钢筋接头套丝工人按接头加工标准施工	检验合格率达到100%	1. 重新对操作工人进行详细的技术交底 2. 将技术操作规程及相关标准张贴在加工区 3. 加强加工后检验制度	钢筋加工棚
2	拧紧力小	施工中增大扭力	检验合格率达到100%	1. 重新对操作工人进行详细的技术交底 2. 将技术操作规程及相关标准张贴在施工区 3. 加强施工后检验制度	施工工作面
3	行程挡板松动	进行机械维修	检验合格率达到100%	联系厂家维修人员对场区套丝机进行维修，并按规定设置行程	套丝加工棚
4	连接施工工序搭配混乱	理顺工序	工序合理，有条不紊	对连接施工进行现场调查工序细分，对人员重新配置	连接现场

4. 梁、板钢筋安装

（1）梁、板钢筋绑扎前要清除模板内的杂物。

（2）大梁绑扎时经常出现少主筋、弯钩、箍筋问题，工长要在绑扎开始就和班组长交代好主筋根数。

（3）箍筋间距均匀，绑扎顺直，无倾斜；拉钩梅花形布置，全数绑扎；腰筋排布均匀。

（4）梁侧面加垫块保证两侧保护层厚度，梁上部2排筋与面筋之间用钢筋隔开。

（5）梁钢筋1排筋与2排筋采用分隔筋隔开，分隔筋直径≥主筋直径或25mm；分隔筋距支座边500mm设置一道，中间每隔3m设置一道。

（6）悬挑梁：当梁下部钢筋为螺纹钢时伸入支座12d，为圆钢时伸入支座为15d。

（7）框支梁：加密区0.2倍净跨、1.5倍梁高取大，下部主筋锚固能直锚就直锚。

（8）板筋绑扎前需按图纸要求弹线。

（9）板钢筋底层绑扎完毕后要给水电预埋留工作时间。

（10）梁筋绑扎均为满绑，板筋间距均匀。

（11）板筋排布顺直，板筋搭接长度需满足要求。

（12）水电预埋及垫块设置符合要求。

（13）马凳筋设置符合要求。

（14）特别注意板上部的负筋，一要保证其绑扎位置准确，二要防止施工人员的踩踏，尤其是雨篷、挑檐、阳台等悬臂板，防止其拆模后断裂垮塌；板筋负筋未绑扎在梁上，易偏位。

（15）板、次梁、主梁交叉处，板筋在上，次梁钢筋居中，主梁钢筋在下；当有圈梁、垫梁时，主梁钢筋在上。

5. 墙、柱钢筋安装

（1）柱、墙钢筋垫块：墙、柱采用成品塑胶内撑条，纵横间距≤600mm；柱主筋垫块采用成品塑胶垫块，沿柱角部≤600mm设置一个，墙体纵横间距≤600mm。

（2）框柱加密区：地下室层净高1/6、柱长边尺寸、500mm取大值。一层净高1/3、柱长边尺寸、500mm取大值，中间层及顶层净高1/6、柱长边尺寸、500mm取大值。

（3）墙柱钢筋绑扎完毕要吊垂直，不能仅仅依赖于模板吊垂直。

（4）暗柱第一根箍筋距离混凝土板面50mm。连系梁距暗柱边箍筋起步50mm。

（5）暗柱边第一根墙筋距柱边的距离为50mm。墙第一根墙筋距离混凝土板面50mm。

（6）使用皮数杆控制箍筋间距及加密区。

（7）钢筋绑扎完必须安装垫块。

（8）钢筋绑扎完毕进行隐蔽验收。

（9）墙体钢筋搭接长度一定要够，搭接区段跨三根钢筋。

（10）墙体拉钩按照要求进行布置。

（11）一定要注意封顶时钢筋封边下料长度及锚固长度。

（12）钢筋在浇筑混凝土前，用PVC管保护主筋不受污染，距离浇筑板面500mm处加箍筋，固定柱主筋避免偏位。

（13）墙、柱钢筋定位措施：双F卡制作见图6-4。

（14）定距框：设计定距框，就是预先把墙柱钢筋位置卡死，令其保护层完全到位，卡住不动，再浇混凝土，这样浇完的混凝土，钢筋不探测其保护层，也有100%的把握保护层绝对正确。水平定距框控制墙柱立筋位置：必须靠“内撑外顶”才能起到作用。只“内撑”无“外顶”、只“外顶”无“内撑”均白费功。“内撑定距框”要与“外顶”相配套。

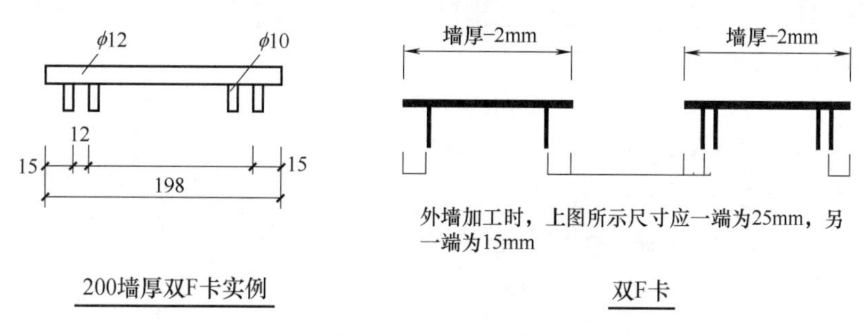

图 6-4 双 F 卡制作

（15）当柱（包括芯柱）纵筋采用搭接连接，且为抗震设计时，在柱纵筋搭接长度范围（应避开柱端的箍筋加密区）的箍筋均应按≤5d（d 为柱纵筋较小直径）及≤100mm 的间距加密。

（16）预埋管用焊接固定，焊接钢筋需附加，不需点焊主筋。

（17）钢筋施工七不绑：

1）没有弹线不绑；

2）没有剔除浮浆不绑；

3）没有清刷污筋不绑；

4）未查钢筋偏位不绑；

5）没有纠正偏位钢筋不绑；

6）没有检查钢筋甩头长度不绑；

7）没有检查钢筋接头合格与否不绑。

6. 钢筋隐蔽验收

（1）验收内容：

1）纵向受力钢筋的品种、规格、数量、位置等。

2）钢筋的连接方式、连接质量、接头位置、数量及占截面的百分率等。

3）箍筋、横向钢筋的品种、规格、数量、间距，保护层厚度等（重点检查悬挑梁、板下铁保护层）。

4）预埋件的规格、数量、位置等。

（2）控制要点：

1）钢筋绑扎时，钢筋级别、直径、根数和间距应符合设计图纸的要求。

2）柱子钢筋的绑扎，主要是控制搭接部位和箍筋间距（尤其是加密区箍筋间距和加密区高度），这对抗震地区尤为重要。若竖向钢筋采用焊接，要做抽样试验，保证钢筋接头的可靠性。

3）对梁钢筋的绑扎，主要控制锚固长度和弯起钢筋的弯起点位置。对抗震结构则要重视梁柱节点处，梁端箍筋加密范围和箍筋间距。主次梁节点处钢筋加密。

4）对楼板钢筋，主要控制防止支座负弯矩钢筋被踩踏而失去作用，再是垫好保护层垫块。尤其是挑梁、挑板。

5）对墙板的钢筋，要控制墙面保护层和内外皮钢筋间的距离，撑好双 F 卡，防止两排钢筋向墙中心靠近，对受力不利。

6）对楼梯钢筋，主要控制梯段板的钢筋锚固，以及钢筋变折方向不要弄错；防止弄错后在受力时出现裂缝。

7）钢筋规格、数量、间距等在做隐蔽验收时一定要仔细核实。保证钢筋配置的准确，也就保证了结构的安全。

7. 钢筋施工质量成品保护

（1）应注意钢筋成品保护措施：

1）楼板、底板钢筋防踩措施（铺跳板、通道）。

2）防止把钢筋当作爬墙柱梯凳，必经路口应设爬梯设施。

3）严禁水电、木工、钢筋工种对受力筋作电弧点焊，明确违规重罚的规定。

4）定距框的修理。

（2）成品保护的重要性：

成品保护不好，往往前功尽弃。例如楼板筋绑完，不铺跳板、马凳不放，双层网完全踩到一起；再如绑墙钢筋，在必经之路不设爬梯，上下进出人员全踩墙筋，墙筋绑得再好，也全部踩变形；还有电工安盒、木工安模用顶撑随便在受力筋上作电弧点焊，全都能造成绑好的钢筋工程被毁损。如何做好钢筋成品保护，应纳入钢筋方案、交底作为一项重要内容。

第4节　钢筋施工质量问题及防范措施

1. 钢筋标识牌不齐全。
2. 钢筋码放混乱，场地无硬化，无排水措施。
3. 钢筋重量偏差、力学性能不符合要求。
4. 桩基锚固钢筋长度不够。
5. 土钉墙钢筋网片间距过大。
6. 直螺纹钢筋未及时套筒保护，接头未打磨，丝扣长度不一致，端部马蹄形。
7. 同一跨内钢筋存在多个接头。
8. 电渣压力焊未顺肋焊，电渣压力焊错位。
9. 桩头纵筋随意弯折，锈蚀严重，漏设箍筋；纵筋采用热熔方式切断。
10. 梁钢筋未锚入支座内，梁钢筋在支座处截断。
11. 加密区箍筋间距过大。
12. 框架柱与梁交接处缺少核心箍筋。
13. 楼板线盒、线管在楼板模板上固定，使下层板筋的保护层缺失且无法添加。
14. 对直径大于800mm的洞口，未按规范要求上下加设过梁，两侧加设暗柱补强。
15. 主、次梁交接处箍筋未加密。
16. 箍筋弯钩的平直段长度不足。
17. 箍筋未有效套住纵筋，绑扎不到位。
18. 楼板负弯矩钢筋端部任意弯折。
19. 梯板下排钢筋伸入梯梁长度严重不足。
20. 楼板钢筋绑扎不到位，漏绑或绑扎点过少。

21. 现场浇筑混凝土未设马道、垫板。
22. 三层线管叠加，导致露筋。
23. 混凝土浇筑时未进行钢筋成品保护，无专人看管、整理。
24. 构造柱根部未植筋，且上下均无加密区，构造柱箍筋弯钩不足135°。
25. 钢筋位移，绑扎点不牢靠或绑扎丝质量太次，强度不足。
26. 剪力墙保护层厚度不足，垫块布设过少。
27. 梁顶钢筋弯折错位，间距过密。
28. 框架柱纵筋在（梁、柱节点）非连接区进行搭接。

第7章　混凝土工程

第1节　混凝土工程的施工策划与实施

1. 总述

为了加强建筑工程质量管理，统一混凝土结构工程施工质量的验收，保证工程质量，制定《混凝土结构工程施工质量验收规范》。规范适用于建筑工程混凝土结构施工质量的验收，不适用于特种混凝土结构施工质量的验收。

混凝土结构分为：素混凝土结构、钢筋混凝土结构、预应力混凝土结构、装配式混凝土结构。各种类型混凝土结构如图7-1所示。

图7-1　各种类型混凝土结构

现浇混凝土结构：在现场支模整体浇筑而成的混凝土结构，如图7-2所示。

图7-2　现浇混凝土结构

装配式混凝土结构：以预制构件为主要受力构件经装配、连接而成的混凝土结构，如图 7-3 所示。

严重缺陷：对结构构件的受力性能或安装使用性能有决定性影响的缺陷，如图 7-4 所示。

图 7-3 装配式混凝土结构

图 7-4 严重缺陷

一般缺陷：对结构构件的受力性能或安装使用性能无决定性影响的缺陷，如图 7-5 所示。

施工缝：在混凝土浇筑过程中，因设计要求或施工需要分段浇筑而在先、后浇筑的混凝土之间所形成的接缝，如图 7-6 所示。

结构性能检验：针对结构构件的承载力、挠度、裂缝控制性能等各项指标所进行的检验，如图 7-7 所示。

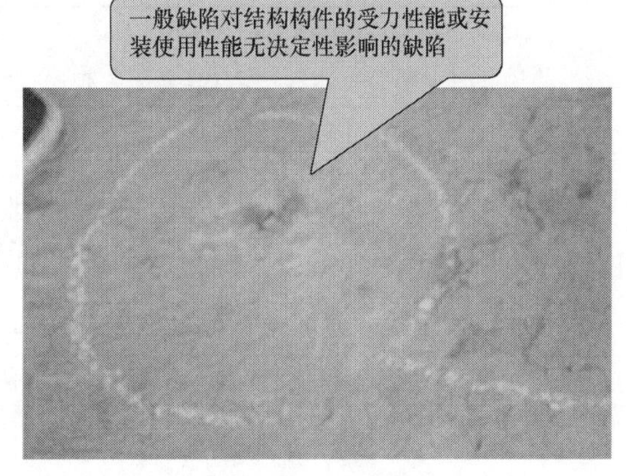

图 7-5 一般缺陷

2. 工程概况

策划前，要了解建筑设计概况和结构设计概况，如图 7-8 所示。

图 7-6 施工缝

图 7-7 结构性能检验

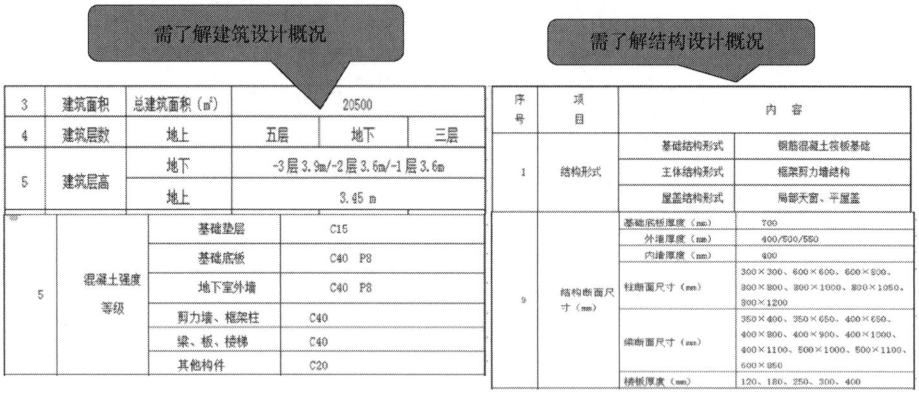

需了解建筑设计概况

3	建筑面积	总建筑面积（㎡）	20500		
4	建筑层数	地上	五层	地下	三层
5	建筑层高	地下	-3层3.9m/-2层3.6m/-1层3.6m		
		地上	3.45 m		

5	混凝土强度等级	基础垫层	C15
		基础底板	C40 P8
		地下室外墙	C40 P8
		剪力墙、框架柱	C40
		梁、板、楼梯	C40
		其他构件	C20

需了解结构设计概况

序号	项目	内容	
1	结构形式	基础结构形式	钢筋混凝土筏板基础
		主体结构形式	框架剪力墙结构
		屋盖结构形式	局部天窗、平屋盖
9	结构断面尺寸（mm）	基础底板厚度（mm）	700
		外墙厚度（mm）	400/500/550
		内墙厚度（mm）	400
		柱断面尺寸（mm）	300×300、600×600、600×800、800×800、800×1000、800×1050、800×1200
		梁断面尺寸（mm）	350×400、350×650、400×650、400×800、400×900、400×1000、400×1100、500×1000、500×1100、600×850
		楼板厚度（mm）	120、180、250、300、400

图7-8　工程概况

3. 施工部位及工期要求

要保证与施工总计划相一致，如表7-1所示。

施工部位及工期要求　　表7-1

	开始时间	结束时间	备注
±0.00以下结构	2014年4月21日	2014年9月7日	
±0.00以上结构	2014年9月8日	2014年11月11日	

4. 项目部及劳务施工管理人员安排

根据工程实际进度，工程量、流水段的划分、机电安装配合的需要，及时调配劳动力。人员安排要做到各负其责、分工明确，如表7-2所示。

项目部及劳务施工管理人员安排　　表7-2

岗位	负责人	数量	岗位职责	要求
现场总协调		1	总负责人	及时解决现场调度处理不了的事情
混凝土工长		1	负责混凝土浇筑施工前技术交底和现场人、机、料的全面指挥、调度、协调	要求对现场进行合理有序的组织，准确控制收盘混凝土数量
质检员		1	负责在混凝土浇筑过程中检查、监督混凝土浇筑质量	要求防止出现冷缝，控制混凝土平整度
试验员		1	试验取样、做坍落度，控制混凝土质量	做坍落度，对混凝土小票进行登记，不合格的混凝土整车退回
收票员		1	负责混凝土罐车收票	混凝土浇完后准确及时将小票交库房保管
泵管接拆责任人		5	负责马道搭设、泵管接拆及撒漏混凝土的清理	保证前台混凝土能及时、准确到位
泵车放料		2	负责指挥灌车就位，及下料	保证混凝土能及时入泵
前台混凝土振捣手		6	负责指挥混凝土浇筑，负责混凝土的找平、收光、养护	指挥分层下料、分层振捣，控制混凝土面标高、平整度，防止出现冷缝
找平人		5		

续表

岗位	负责人	数量	岗位职责	要求
钢筋保护责任人		2	负责钢筋保护层的控制，钢筋位置的校正，钢筋的修理，模板位置的控制	及时修复损坏的钢筋，控制好钢筋保护层
木工工长及看模负责人		2	负责在混凝土浇筑过程中检查模板施工质量	控制模板不漏浆、不跑模

5. 商混站选择

工程使用预拌混凝土。混凝土供应通过招标选有实力的混凝土公司供应，如图 7-9 所示。

图 7-9　商混站选择

采用预拌混凝土供料施工，现场试验员负责供货验收，对不符合要求的预拌混凝土予以退回。

6. 施工机械准备

根据工程工期、工作量、平面尺寸和施工需要安排施工机械，如表 7-3 所示。

施工机械准备　　**表 7-3**

机具种类	塔吊	混凝土拖式泵	布料器	振捣器	平板振动器	备注
数量	1 台	1 台	1 台	8 台	2 台	地下结构
数量	1 台	1 台	1 台	6 台	2 台	地上结构

注：底板施工时可增设一台汽车泵，配置 4 台备用振捣器。必要时，可随时调用一台汽车泵

7. 施工现场管理

（1）混凝土坍落度选择：

地下抗渗混凝土：120±20mm；

剪力墙结构：160±20mm；

梁板、柱：140±20mm。

注：夏季高温期间可加大 20mm。现场测坍落度如图 7-10 所示。

（2）班组生产建立两班轮番作业的施工小组，每一小组安排一名具有丰富施工经验的领班班长，如图 7-11 所示。

图 7-10 现场测坍落度

图 7-11 混凝土现场浇筑

（3）现场安排一名混凝土工长，每次混凝土浇筑前，负责现场机械、器具的调试等准备工作，混凝土浇筑后负责清理现场并安排下道工序的衔接施工，确保工程整体施工的均衡流水作业。

（4）每次组织浇筑混凝土前，必须充分做好施工前的准备工作，如人员调整、泵管固定、接料斗、行走马道、施工缝结合浆。

（5）新旧混凝土结合面及木模面洒水湿润，振捣机具修理，电源配置，天气气候预报，分层浇筑厚度控制杆的配置等。

图 7-12 混凝土试块标养室

（6）在施工现场设一养护室，养护室顶板使用保温隔热材料，保证水电供应，室内配备温湿度计（须检定合格，且在有效期以内）和调温、调湿设备。标养室内温度保持在 20±2℃，相对湿度保持在 95%以上。混凝土试件拆模后及时送试验室标养。混凝土试块标养室如图 7-12 所示。

（7）明确混凝土的浇筑顺序、倾倒要求、分层厚度、振捣原则和方法以及表面处理。

（8）明确施工缝的留置位置、处理方法，如表 7-4 所示。

施工缝的留置位置 **表 7-4**

序号	部位	留设部位
1	基础底板	地下一、二底板水平缝施工缝留在板上返 300mm 处
2	墙	（竖向缝）梁跨中 1/3 范围位置；（水平缝）底板导墙上口 300mm 处、顶板梁上、下皮位置
3	柱	（水平缝）底板上皮、顶板上、下皮位置
4	梁板	（竖向缝）梁板跨中 1/3 范围位置
5	楼梯	施工缝留在楼梯休息平台板 1/3 处（从梯梁外侧向内 900mm 处）

（9）混凝土泵管的布置，宜缩短管线长度，少用弯头和软管。输送管的铺设保证施工

安全，便于清洗、排除故障和装拆维修，如图 7-13 所示。

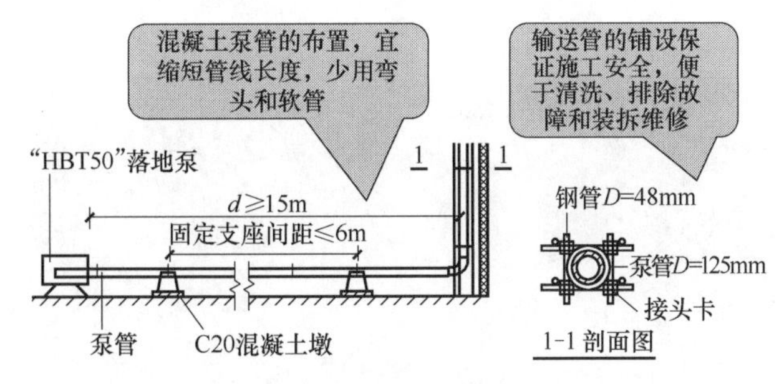

图 7-13　混凝土泵管的布置

（10）预拌混凝土的运送采用混凝土搅拌运输车，混凝土搅拌运输车的数量根据所选用混凝土泵的输出量决定。

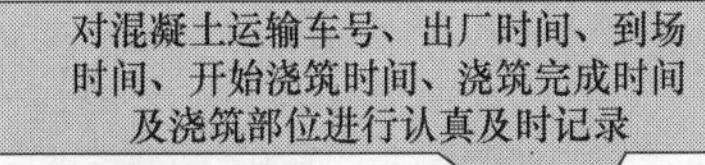

图 7-14　混凝土浇筑

（11）严格混凝土收料制度，对混凝土运输车号、出厂时间、到场时间、开始浇筑时间、浇筑完成时间及浇筑部位进行认真及时记录，如图 7-14 所示。

（12）泵管采用搭设钢管脚手架固定，钢管与结构物连接牢固，在泵管转弯或接头部位均应固定，达到卸荷的目的。泵送前先用适量的与混凝土内成分相同的水泥砂浆润滑输送管，再压入混凝土。混凝土泵管固定如图 7-15 所示。

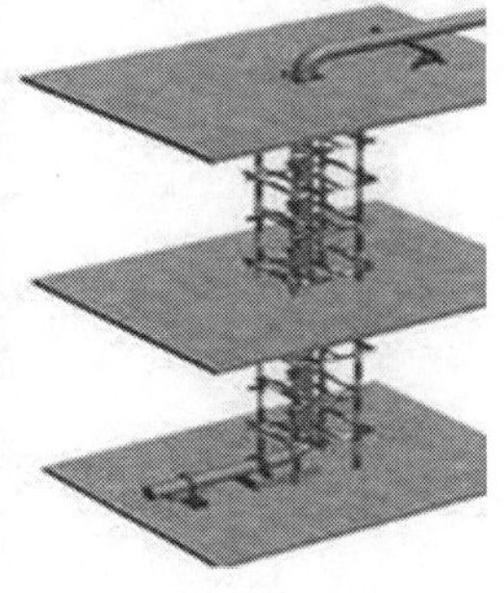

图 7-15　混凝土泵管固定

（13）墙体混凝土分层浇筑，分层振捣，分层厚度不大于 400mm，选用 50 振捣棒进行振捣。分层杆示意图如图 7-16 所示。

400　400　400　400　400　400　400　400　400　400

分层杆尺示意图(每隔400刷红白漆)

图 7-16　分层杆示意图

（14）墙上口找平：墙体混凝土浇筑完后，将上口甩出的钢筋加以整理，用木抹子按标高线添减混凝土，将墙上表面混凝土找平，高低差控制在 10mm 以内。

（15）基础底板、外墙，浇筑完毕后12h内，浇水养护，并覆盖麻袋片，养护时间不少于14d，如图7-17所示。

图7-17　混凝土养护

8. 规范基本规定

（1）混凝土结构施工项目应有施工组织设计和施工技术方案，并经审查批准。

（2）混凝土结构子分部工程可根据结构的施工方法分为两类：现浇混凝土结构子分部工程和装配式混凝土结构子分部工程，如图7-18所示。

图7-18　混凝土结构子分部工程

（3）根据结构的分类，还可分为钢筋混凝土结构子分部工程和预应力混凝土结构子分部工程等。

（4）混凝土结构子分部工程可划分为模板、钢筋、预应力、混凝土、现浇结构和装配式结构等分项工程。

（5）根据与施工方式相一致且便于控制施工质量的原则，按工作班、楼层结构、施工缝或施工段划分为若干检验批。检验批划分如图7-19所示。

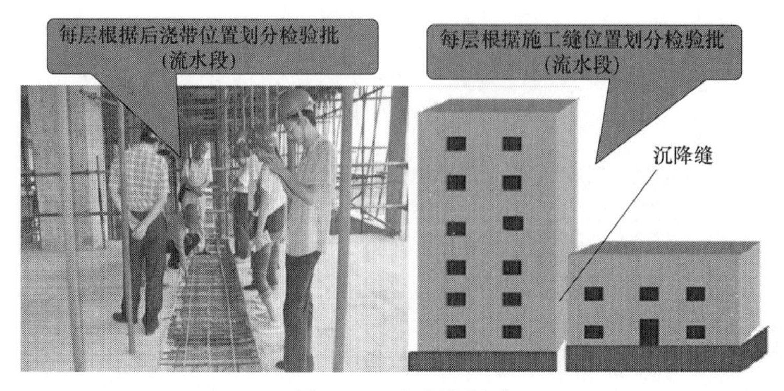

图7-19　流水段划分

(6) 混凝土结构子分部工程的质量验收，应在钢筋、预应力、混凝土、现浇结构或装配式结构等相关分项工程验收合格的基础上，进行质量控制资料检查及观感质量验收，并应对涉及结构安全的材料、试件、施工工艺和结构的重要部位进行见证检测或实体检验，如图 7-20 所示。

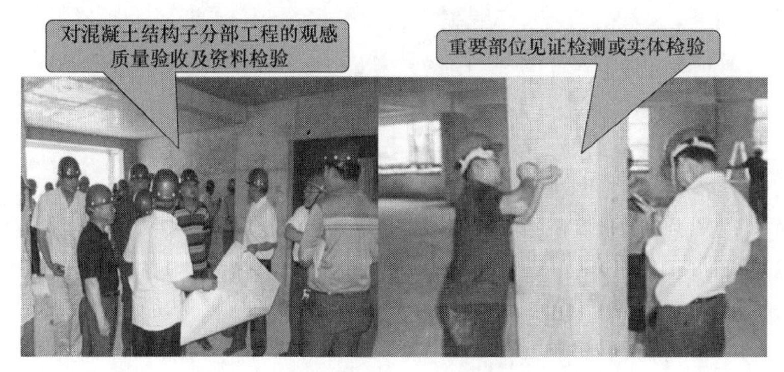

图 7-20 混凝土结构子分部工程质量验收

(7) 分项工程的质量验收应在所含检验批验收合格的基础上，进行质量验收记录检查。

(8) 检验批的质量验收应包括如下内容：

1) 对原材料、构配件和器具等产品的进场复验，应按进场的批次和产品的抽样检验方案执行，如图 7-21 所示。

图 7-21 进场复验

2) 对混凝土强度、预制构件结构性能等，应按国家现行有关标准和规范规定的抽样检验方案执行。

3) 对规范中采用计数检验的项目，应按抽查总点数的合格点率进行检查。

检验批资料检查，包括原材料、构配件和器具等的产品合格证（中文质量合格证明文件、规格、型号及性能检测报告等）及进场复验报告、施工过程中重要工序的自检和交接检记录、抽样检验报告、见证检测报告、隐蔽工程验收记录等。

(9) 检验批合格质量应符合下列规定：

1) 主控项目的质量经抽样检验合格。

2) 一般项目的质量经抽样检验合格，当采用计数检验时，除有专门要求外，一般项目的合格点率应达到 80%及以上，且不得有严重缺陷。

3）具有完整的施工操作依据和质量验收记录。

（10）检验批、分项工程、混凝土结构子分部工程的质量验收程序和组织应符合国家标准《建筑工程施工质量验收统一标准》GB 50300—2013 的规定。

9. 混凝土分项工程

（1）混凝土强度，按现行国标《混凝土强度检验评定标准》，对采用蒸汽法养护的混凝土结构构件，其混凝土试件应先随同结构构件同条件蒸汽养护，再转入标准条件养护，两段养护时间共 28d，当混凝土中掺用矿物掺合料时，确定混凝土强度时的龄期可按现行国家标准《粉煤灰混凝土应用技术规范》等的规定取值。

（2）检验评定混凝土强度用的混凝土试件的尺寸及强度的尺寸换算系数应按相关规范取用，其标准成型方法、标准养护条件及强度试验方法应符合普通混凝土力学。

（3）结构构件拆模、出池、出厂、吊装、张拉放张及施工期间临时负荷时的混凝土强度，应根据同条件养护的标准尺寸试件的混凝土强度确定。

（4）当混凝土试件强度评定不合格时，可采用非破损或局部破损检测方法，按国家现行有关标准的规定对结构构件中的混凝土强度进行推定，并作为处理的依据，如图 7-22 所示。

图 7-22　非破损或局部破损检测方法

（5）混凝土的冬期施工应符合国家现行标准《建筑工程冬期施工规程》JGJ/T 104 和施工技术方案的规定。

（6）水泥进场时应对其品种、级别、包装或散装仓号、出厂日期等进行检查，并应对其强度、安定性及其他必要的性能指标进行复验，其质量必须符合现行国家标准《通用硅酸盐水泥》GB 175 等的规定。

当在使用中对水泥质量有怀疑或水泥出厂超过三个月（快硬硅酸盐水泥超过一个月）时，应进行复验，并按复验结果使用。

钢筋混凝土结构、预应力混凝土结构中，严禁使用含氯化物的水泥。

检查数量：按同一生产厂家、同一等级、同一品种、同一批号且连续进场的水泥，袋装不超过 200t 为一批，散装不超过 500t 为一批，每批抽样不少于一次。

检验方法：检查产品合格证、出厂检验报告和进场复验报告。

（7）混凝土中掺用外加剂的质量及应用技术应符合现行国家标准《混凝土外加剂》GB 8076—2008、《混凝土外加剂应用技术规范》GB 50119—2013 等和有关环境保护的规定。预应力混凝土结构中，严禁使用含氯化物的外加剂。钢筋混凝土结构中，当使用含氯化物的外加剂时，混凝土中氯化物的总含量应符合现行国家标准《混凝土质量控制标准》GB 50164 的规定。

（8）混凝土中氯化物和碱的总含量应符合现行国家标准《混凝土结构设计规范》GB 50010—2010 和设计的要求。

检验方法：检查原材料试验报告和氯化物、碱的总含量计算书。

（9）混凝土中掺用矿物掺合料的质量应符合现行国家标准《用于水泥和混凝土中的粉煤灰》GB/T 1596—2017 等的规定。矿物掺合料的掺量应通过试验确定。

检查数量：按进场的批次和产品的抽样检验方案确定。

检验方法：检查出厂合格证和进场复验报告。

（10）普通混凝土所用的粗、细骨料的质量，应符合国家现行标准《普通混凝土用砂、石质量及检验方法标准（附条文说明）》JGJ 52—2006 的规定。

检查数量：按进场的批次和产品的抽样检验方案确定。

检验方法：检查进场复验报告。

（11）拌制混凝土宜采用饮用水，当采用其他水源时，水质应符合国家现行标准《混凝土用水标准（附条文说明）》JGJ 63—2006 的规定。

检查数量：同一水源检查不应少于一次。

检验方法：检查水质试验报告。

（12）混凝土应按国家现行标准《普通混凝土配合比设计规程》JGJ 55—2011 的有关规定，根据混凝土强度等级、耐久性和工作性等要求进行配合比设计。

对有特殊要求的混凝土，其配合比设计尚应符合国家现行有关标准的专门规定。

检验方法：检查配合比设计资料。

（13）首次使用的混凝土配合比应进行开盘鉴定，其工作性应满足设计配合比的要求。开始生产时应至少留置一组标准养护试件，作为验证配合比的依据。

检验方法：检查开盘鉴定资料和试件强度试验报告。

（14）混凝土拌制前，应测定砂、石含水率，并根据测试结果调整材料用量，提出施工配合比。

检查数量：每工作班检查一次。

检验方法：检查含水率测试结果和施工配合比通知单。

（15）结构混凝土的强度等级必须符合设计要求。用于检查结构构件混凝土强度的试件，应在混凝土的浇筑地点随机抽取。取样与试件留置应符合下列规定：

1）每拌制 100 盘且不超过 $100m^3$ 的同配合比的混凝土，取样不得少于一次；

2）每工作班拌制的同一配合比的混凝土不足 100 盘时，取样不得少于一次；

3）当一次连续浇筑超过 $1000m^3$ 时，同一配合比的混凝土每 $200m^3$，取样不得少于一次；

4）每一楼层、同一配合比的混凝土，取样不得少于一次；

5）每次取样应至少留置一组标准养护试件，同条件养护试件的留置组数应根据实际需要确定。

检验方法：检查施工记录及试件强度试验报告。

（16）对有抗渗要求的混凝土结构，其混凝土试件应在浇筑地点随机取样。同一工程、同一配合比的混凝土，取样不应少于一次，留置组数可根据实际需要确定，抗渗试块如图7-23所示。

图7-23　抗渗试块

检验方法：检查试件抗渗试验报告。

（17）混凝土运输、浇筑及间歇的全部时间不应超过混凝土的初凝时间。同一施工段的混凝土应连续浇筑，并应在底层混凝土初凝之前将上一层混凝土浇筑完毕。当底层混凝土初凝后浇筑上一层混凝土时，应按施工技术方案中对施工缝的要求进行处理。

检查数量：全数检查。

检验方法：观察，检查施工记录。

（18）施工缝的位置应在混凝土浇筑前按设计要求和施工技术方案确定。施工缝的处理应按施工技术方案执行。

检查数量：全数检查。

检验方法：观察、检查施工记录。

（19）后浇带的留置位置应按设计要求和施工技术方案确定。后浇带混凝土浇筑应按施工技术方案进行。

检查数量：全数检查。

检验方法：观察，检查施工记录。

（20）混凝土浇筑完毕后应按施工技术方案及时采取有效的养护措施，并应符合下列规定：

1）浇筑完毕后的12h内，对混凝土加以覆盖，并保湿养护；

2）混凝土浇水养护的时间：对采用硅酸盐水泥、普通硅酸盐水泥或矿渣硅酸盐水泥拌制的混凝土，不得少于7d；对掺用缓凝型外加剂或有抗渗要求的混凝土，不得少于14d；

3）采用塑料布覆盖养护的混凝土，其敞露的全部表面应覆盖严密，并应保持塑料布内有凝结水；

4）浇水次数应能保持混凝土处于湿润状态，混凝土养护用水应与拌制用水相同；

5）混凝土强度达到$1.2N/mm^2$前，不得在其上踩踏或安装模板及支架。

注：当日平均气温低于5°时不得浇水；当采用其他品种水泥时，混凝土的养护时间应根据所采用水泥的技术性能确定；混凝土表面不便浇水或使用塑料布时，宜涂刷养护剂；对大体积混凝土的养护，应根据气候条件按施工技术方案采取控温措施。

检查数量：全数检查。

检验方法：观察，检查施工记录。

10. 现浇结构与装配式结构分项工程

（1）现浇结构外观质量缺陷，应由监理（建设）单位、施工单位等各方根据其对结构性能和使用功能影响的严重程度，按表确定，如表 7-5 所示。

现浇结构外观质量缺陷　　**表 7-5**

名称	现象	严重缺陷	一般缺陷
露筋	构件内钢筋未被混凝土包裹而外露	纵向受力钢筋有露筋	其他钢筋有少量露筋
蜂窝	混凝土表面缺少水泥浆而形成石子外露	构件主要受力部位有蜂窝	其他部位有少量蜂窝
孔洞	混凝土中孔穴深度和长度均超过保护层厚度	构件主要受力部位有孔洞	其他部位有少量孔洞
夹渣	混凝土中夹有杂物且深度超过保护层厚度	构件主要受力部位有夹渣	其他部位有少量夹渣
疏松	混凝土中局部不密实	构件主要受力部位有疏松	其他部位有少量疏松
裂缝	缝隙从混凝土表面延伸至混凝土内部	构件主要受力部位有影响结构性能或使用功能的裂缝	其他部位有少量不影响结构性能或使用功能的裂缝
连接部位缺陷	构件连接处混凝土缺陷及连接钢筋、连接铁件松动	连接部位有影响结构传力性能的缺陷	连接部位有基本不影响结构传力性能的缺陷
外形缺陷	缺棱掉角、棱角不直、翘曲不平、飞边凸肋等	清水混凝土构件内有影响使用功能或装饰效果的外形缺陷	其他混凝土构件有不影响使用功能的外形缺陷
外表缺陷	构件表面麻面、掉皮、起砂、沾污等	具有重要装饰效果的清水混凝土构件有外表缺陷	其他混凝土构件有不影响使用功能的外表缺陷

（2）现浇结构拆模后，应由监理（建设）单位、施工单位对外观质量和尺寸偏差进行检查，作出记录，并应及时按施工技术方案对缺陷进行处理。

（3）现浇结构的外观质量不应有严重缺陷。

对已经出现的严重缺陷，应由施工单位提出技术处理方案，并经监理（建设）单位认可后进行处理，对经处理的部位，应重新检查验收。

检查数量：全数检查。

检验方法：观察，检查技术处理方案。

（4）现浇结构的外观质量不宜有一般缺陷。

对已经出现的一般缺陷，应由施工单位按技术处理方案进行处理，并重新检查验收。

检查数量：全数检查。

检验方法：观察，检查技术处理方案。

（5）现浇结构不应有影响结构性能和使用功能的尺寸偏差。混凝土设备基础不应有影响结构性能和设备安装的尺寸偏差。

对超过尺寸允许偏差且影响结构性能和安装、使用功能的部位，应由施工单位提出技术处理方案，并经监理（建设）单位认可后进行处理，对经处理的部位，应重新检查验收。

检查数量：全数检查。

检验方法：量测，检查技术处理方案。

（6）现浇结构和混凝土设备基础拆模后的尺寸偏差应符合规定。同一检验批内，梁、柱和独立基础，抽查构件数量的10%，且不少于3件；墙和板，按有代表性的自然间抽查10%，且不少于3间；大空间结构，墙按相邻轴线间高度5m左右划分检查面，板按纵、横轴线划分检查面，抽查10%，且均不少于3面；对电梯井应全数检查；对设备基础应全数检查。

（7）预制构件应进行结构性能检验，结构性能检验不合格的预制构件不得用于混凝土结构。叠合结构中预制构件的叠合面应符合设计要求。装配式结构外观质量、尺寸偏差的验收及对缺陷的处理应按相关规范规定执行。

（8）预制构件应在明显部位标明生产单位、构件型号、生产日期和质量验收标志。构件上的预埋件、插筋和预留孔洞的规格、位置和数量应符合标准图或设计的要求。

检查数量：全数检查。

检验方法：观察。

（9）预制构件的外观质量不应有严重缺陷，对已经出现的严重缺陷，应按技术处理方案进行处理，并重新检查验收。

检查数量：全数检查。

检验方法：观察，检查技术处理方案。

（10）预制构件不应有影响结构性能和安装、使用功能的尺寸偏差。对超过尺寸允许偏差且影响结构性能和安装、使用功能的部位，应按技术处理方案进行处理，并重新检查验收。

检查数量：全数检查。

检验方法：量测，检查技术处理方案。

（11）预制构件应按标准图或设计要求的试验参数及检验指标进行结构性能检验。检验内容：钢筋混凝土构件和允许出现裂缝的预应力混凝土构件进行承载力、挠度和裂缝宽度检验；不允许出现裂缝的预应力混凝土构件进行承载力、挠度和抗裂检验；预应力混凝土构件中的非预应力杆件按钢筋混凝土构件的要求进行检验。对设计成熟、生产数量较少的大型构件，当采取加强材料和制作质量检验的措施时，可仅作挠度、抗裂或裂缝宽度检验，当采取上述措施并有可靠的实践经验时，可不作结构性能检验。

检验数量：对成批生产的构件，应按同一工艺正常生产的不超过1000件且不超过3个月的同类产品为一批。当连续检验10批且每批的结构性能检验结果均符合规范规定的要求时，对同一工艺正常生产的构件，可改为不超过2000件且不超过3个月的同类型产品为一批，在每批中应随机抽取一个构件，作为试件进行检验。

检验方法：按标准规定的方法，采用短期静力加载检验。

注：加强“材料和制作质量检验的措施”包括下列内容：

1）钢筋进场检验合格后，在使用前再对用作构件受力主筋的同批钢筋按不超过5t抽取一组试件，并经检验合格，对经逐盘检验的预应力钢丝可不再抽样检查。

2）受力主筋焊接接头的力学性能，应按国家现行标准《钢筋焊接及验收规程》

JGJ 18—2012 检验合格后，再抽取一组试件，并经检验合格。

3）混凝土按 $5m^3$ 且不超过半个工作班生产的相同配合比的混凝土，留置一组试件，并经检验合格。

4）受力主筋焊接接头的外观质量、入模后的主筋保护层厚度、张拉预应力总值和构件的截面尺寸等应逐件检验合格。

5）“同类型产品”是指同一钢种、同一混凝土强度等级、同一生产工艺和同一结构形式的构件。对同类型产品进行抽样检验时，试件宜从设计荷载最大受力、最不利或生产数量最多的构件中抽取。对同类型的其他产品，也应定期进行抽样检验。

（12）进入现场的预制构件其外观质量尺寸偏差及结构性能应符合标准图或设计的要求。

检查数量：按批检查。

检验方法：检查构件合格证。

（13）预制构件与结构之间的连接应符合设计要求，连接处钢筋或埋件采用焊接或机械连接时接头质量应符合国家现行标准《钢筋焊接及验收规程》JGJ 18—2012《钢筋机械连接技术规程》JGJ 107—2016 的要求。

检查数量：全数检查。

检验方法：观察，检查施工记录。

（14）承受内力的接头和拼缝，当其混凝土强度未达到设计要求时，不得吊装上一层结构构件，当设计无具体要求时，应在混凝土强度不小于 $10N/mm^2$ 或具有足够的支承时方可吊装上一层结构构件，已安装完毕的装配式结构应在混凝土强度到达设计要求后，方可承受全部设计荷载。

检查数量：全数检查。

检验方法：检查施工记录及试件强度试验报告。

（15）预制构件吊装前应按设计要求，在构件和相应的支承结构上标注中心线、标高等，控制尺寸按标准图或设计文件校核预埋件及连接钢筋等并做出标志。预制构件应按标准图或设计的要求吊装，起吊时绳索与构件水平面的夹角不宜小于 45°，否则应采用吊架或经验算确定，如图 7-24 所示。

图 7-24　预制构件吊装

检查数量：全数检查。

检验方法：观察检查。

（16）装配式结构中的接头和拼缝，应符合设计要求，当设计无具体要求时，应符合下列规定：

1）对承受内力的接头和拼缝，应采用混凝土浇筑，其强度等级应比构件混凝土强度等级提高一级。

2）对不承受内力的接头和拼缝，应采用混凝土或砂浆浇筑，其强度等级不应低于C15或M15。

3）用于接头和拼缝的混凝土或砂浆，宜采取微膨胀措施和快硬措施，在浇筑过程中应振捣密实，并应采取必要的养护措施。

检查数量：全数检查。

检验方法：检查施工记录及试件强度试验报告。

11. 混凝土结构子分部工程

（1）对涉及混凝土结构安全的重要部位，应进行结构实体检验，结构实体检验应在监理工程师（建设单位项目专业技术负责人）见证下，由施工项目技术负责人组织，实体检验的试验室应具有相应资质。结构实体检验内容应包括混凝土强度、钢筋保护层厚度以及工程合同约定的项目，必要时可检验其他项目。

（2）对混凝土强度的检验，应在混凝土浇筑地点制备，并与结构实体同条件养护的试件强度为依据，混凝土强度检验，用同条件养护试件的留置养护和强度代表值应符合GB 50204附录D的规定，对混凝土强度的检验也可根据合同的约定，采用非破损或局部破损的检测方法，按国家现行有关标准的规定进行。

（3）当同条件养护试件强度的检验结果符合现行国家标准《混凝土强度检验评定标准》GB/T 50107—2010的有关规定时，混凝土强度应判为合格。

（4）对钢筋保护层、厚度的检验，抽样数量、检验方法、允许偏差和合格条件应符合GB 50204附录E的规定。当未能取得同条件养护试件强度，同条件养护试件强度被判为不合格或钢筋保护层厚度不满足要求时，应委托具有相应资质等级的检测机构，按国家有关标准的规定进行检测。

（5）混凝土结构子分部工程施工质量验收时应提供下列文件和记录：

1）设计变更文件；

2）原材料出厂合格证和进场复验报告；

3）钢筋接头的试验报告；

4）混凝土工程施工记录；

5）混凝土试件的性能试验报告；

6）装配式结构预制构件的合格证和安装验收记录；

7）预应力筋用锚具、连接器的合格证和进场复验报告；

8）预应力筋安装、张拉及灌浆记录；

9）隐蔽工程验收记录；

10）分项工程验收记录；

11）混凝土结构实体检验记录；

12）工程的重大质量问题的处理方案和验收记录。

（6）混凝土结构子分部工程施工质量验收合格应符合下列规定：

1）有关分项工程施工质量验收合格；

2）应有完整的质量控制资料；

3）观感质量验收合格；

4）结构实体检验结果满足本规范的要求。

（7）当混凝土结构施工质量不符合要求时应按下列规定进行处理：

1）经返工返修或更换构件部件的检验批，应重新进行验收；

2）经有资质的检测单位检测鉴定，达到设计要求的检验批，应予以验收；

3）经有资质的检测单位检测鉴定，达不到设计要求，但经原设计单位核算，并确认仍可满足结构安全和使用功能的检验批，可予以验收；

4）经返修或加固处理，能够满足结构安全使用要求的分项工程，可根据技术处理方案和协商文件进行验收。

（8）对有抗震设防要求的结构构件，其受力钢筋的最小搭接长度对一二级抗震等级应按相应数值乘以系数1.15采用，对三级抗震等级应按相应数值乘以系数1.05采用，在任何情况下受拉钢筋的搭接长度不应小于300mm。纵向受压钢筋搭接时，其最小搭接长度应根据GB 50204附录B.0.1条至B.0.3条的规定确定相应数值后乘以系数0.7取用，在任何情况下受压钢筋的搭接长度不应小于200mm。

（9）预制构件结构性能检验方法：

1）预制构件结构性能试验条件应满足下列要求：

构件应在0°以上的温度中进行试验；蒸汽养护后的构件应在冷却至常温后进行试验；构件在试验前应量测其实际尺寸，并检查构件表面所有的缺陷和裂缝，应在构件上标出；试验用的加荷设备及量测仪表应预先进行标定或校准。

2）试验构件的支承方式应符合下列规定：

板梁和桁架等简支构件试验时，应一端采用铰支承，另一端采用滚动支承，铰支承可采用角钢半圆钢或焊于钢板上的圆钢，滚动支承可采用圆钢；四边简支或四角简支的双向板，其支承方式应保证支承处构件能自由转动，支承面可以相对水平移动；

当试验的构件承受较大集中力或支座反力时，应对支承部分进行局部受压承载力验算；

构件与支承面应紧密接触，钢垫板与构件钢垫板与支墩间宜铺砂浆垫平；

构件支承的中心线位置应符合标准图或设计的要求。

3）试验构件的荷载布置应符合下列规定：

构件的试验荷载布置应符合标准图或设计的要求；

当试验荷载布置不能完全与标准图或设计的要求相符时，应按荷载效应等效的原则换算，即使构件试验的内力图形与设计的内力图形相似，并使控制截面上的内力值相等，但应考虑荷载布置改变后，对构件其他部位的不利影响。

4）加载方法应根据标准图或设计的加载要求、构件类型及设备条件等进行选择，当按不同形式荷载组合进行加载试验（包括均布荷载、集中荷载、水平荷载和竖向荷载等）时，各种荷载应按比例增加。

5）每级加载完成后应持续10～15min，在荷载标准值作用下应持续30min，在持续时间内，应观察裂缝的出现和开展，以及钢筋有无滑移等，在持续时间结束时，应观察并记录各项读数。

6）对构件进行承载力检验时，应加载至构件出现 GB 50204 表 9.3.2 所列承载能力极限状态的检验标志，当在规定的荷载持续时间内，出现上述检验标志之一时，应取本级荷载值与前一级荷载值的平均值作为其承载力检验荷载实测值，当在规定的荷载持续时间结束后，出现上述检验标志之一时，应取本级荷载值作为其承载力检验荷载实测值。

7）构件挠度可用百分表、位移传感器、水平仪等进行观测，接近破坏阶段的挠度可用水平仪或拉线钢尺等测量。试验时，应量测构件跨中位移和支座沉陷。对宽度较大的构件应在每一量测截面的两边或两肋布置测点，并取其量测结果的平均值作为该处的位移。构件挠度观测如图 7-25 所示。

图 7-25　构件挠度观测

8）试验时必须注意下列安全事项：试验加荷设备支架、支墩等应有足够的承载力安全储备；对屋架等大型构件进行加载试验时，必须根据设计要求设置侧向支承，以防止构件受力后产生侧向弯曲和倾倒，侧向支承应不妨碍构件在其平面内的位移；试验过程中应注意人身和仪表安全，为了防止构件破坏时，试验设备及构件坍落，应采取安全措施。试验加荷设备如图 7-26 所示。

图 7-26　试验加荷设备

9）构件试验报告应符合下列要求：

试验报告应包括试验背景、试验方案、试验记录、检验结论等内容，不得漏项缺检；

试验报告中的原始数据和观察记录必须真实准确，不得任意涂抹篡改；

试验报告宜在试验现场完成及时审核签字盖章，并登记归档。

（10）结构实体检验用同条件养护试件强度检验：

1）同条件养护试件的留置方式和取样数量应符合下列要求：同条件养护试件所对应的结构构件或结构部位应由监理（建设）施工等各方共同选定；对混凝土结构工程中的各混凝土强度等级均应留置同条件养护试件。

同一强度等级同条件养护试件留置数量，根据混凝土工程量和重要性确定，不应少于 3 组；同条件养护试件拆模后，应放置在靠近相应结构构件或结构部位的适当位置，并应采取相同的养护方法。同条件养护试件应在达到等效养护龄期时，进行强度试验；等效养护龄期应根据同条件养护试件强度与在标准养护条件下 28d 龄期试件强度相等的原则确定。

2）同条件自然养护试件的等效养护龄期及相应的试件强度代表值，宜根据当地的气温和养护条件按下列规定确定。

等效养护龄期可取按日平均温度逐日累计达到 600℃ · d 时所对应的龄期，0℃及以下的龄期不计入，等效养护龄期不应小于 14d，也不宜大于 60d。

3）同条件养护试件的强度代表值，应根据强度试验结果按现行国家标准《混凝土强度检验评定标准》GB/T 50107—2010 的规定确定后乘折算系数取用，折算系数宜取为 1.10，也可根据当地的试验统计结果作适当调整。冬期施工人工加热养护的结构构件，其同条件养护试件的等效养护龄期可按结构构件的实际养护条件由监理（建设）施工等各方根据 GB 50204 规定共同确定。

（11）结构实体钢筋保护层厚度检验：

1）钢筋保护层厚度检验的结构部位和构件数量应符合下列要求：检验的结构部位，应由监理（建设）施工等各方根据结构构件的重要性共同选定；对梁类、板类构件应各抽取构件数量的 2%，且不少于 5 个构件进行检验；当有悬挑构件时，抽取的构件中悬挑梁类、板类构件所占比例均不宜小于 50%。

2）对选定的梁类构件，应对全部纵向受力钢筋的保护层厚度进行检验；对选定的板类构件应抽取不少于 6 根纵向受力钢筋的保护层厚度进行检验，对每根钢筋应在有代表性的部位测量 1 点。

3）钢筋保护层厚度的检验，可采用非破损或局部破损的方法；也可采用非破损方法，并用局部破损方法进行校准；当采用非破损方法检验时，所使用的检测仪器应经过计量检验，检测操作应符合相应规程的规定，钢筋保护层厚度检验的检测误差不应大于 1mm。

4）钢筋保护层厚度检验时，纵向受力钢筋保护层厚度的允许偏差对梁类构件为 +10mm，−7mm。对板类构件为 +8mm，−5mm。

5）对梁类、板类构件纵向受力钢筋的保护层厚度，应分别进行验收。结构实体钢筋保护层厚度验收合格应符合下列规定：

① 当全部钢筋保护层厚度检验的合格点率为 90%及以上时，检验结果判为合格；

② 当全部钢筋保护层厚度检验的合格点率小于 90%，但不小于 80%，可再抽取相同数量的构件进行检验；当按两次抽样总和计算的合格点率为 90%及以上时，钢筋保护层厚度的检验结果仍应判为合格；

③ 每次抽样检验结果中不合格点的最大偏差均不应大于 GB 50204 附录 E.0.4 条规定允许偏差的 1.5 倍。

第 2 节　混凝土工程的施工工艺流程及控制要点

1. 混凝土施工用机械设备

工欲善其事必先利其器，浇筑混凝土设备选择非常重要，要根据工期和施工场地选择汽车泵或者地泵进行浇筑，如图 7-27 所示。

图 7-27 混凝土施工用机械设备

2. 混凝土浇筑前应完成下列工作

(1) 隐蔽工程验收和技术复核(钢筋的验收、模架的验收)。

(2) 对操作人员进行技术交底(混凝土浇筑现场交底)。

(3) 根据施工方案中的技术要求,检查并确认施工现场具备实施条件。

(4) 施工单位应填报浇筑申请单,并经监理单位签认。

3. 混凝土施工质量控制要点

(1) 垫层施工前做好标高控制措施。

(2) 钎探点需在砖上标号,砖码放方向要一致并成一条直线,钎探点布设如图 7-28 所示。

图 7-28 钎探点布设

(3) 混凝土浇筑前控制:

1) 混凝土浇筑前检查钢筋和预埋件的位置、数量和保护层厚度,并将检查结果填入隐蔽工程记录表。

2) 清除模板内的杂物和钢筋的油污;对模板的缝隙和孔洞应堵严;对木模板应用清水湿润,但不得有积水。

3）混凝土浇筑前，底层垃圾、材料归堆，清扫干净。

（4）楼板标高控制。

楼板标高可以用仪器控制，也可以在原有钢筋上设置标高控制点。

（5）保护层控制。

墙体插筋处混凝土标高需控制到位，防止露筋；露筋后需将混凝土剔凿入钢筋位置内5cm，重新摆正钢筋位置后浇筑高一等级混凝土。

（6）后浇带控制。

后浇带处钢筋保护层及主筋位置要重点控制，垫块及垫木必须垫好。

（7）楼梯施工缝控制。

楼梯梁施工缝总宽度至少500mm；楼梯施工缝留设位置在休息平台宽度的三分之一；当后浇混凝土时，应先将施工缝处的浮浆剔凿干净，然后浇水湿润，再用同配比砂浆进行接缝处理，施工缝处应重点振捣，保证新旧混凝土结合良好。

（8）楼梯模板控制。

提倡使用定型模板，施工速度快，可周转。

（9）楼梯休息平台控制。

休息平台处标高必须控制到位，避免造成后期剔凿。

（10）降板控制。

降板处混凝土标高宜低不宜高。

（11）柱子混凝土浇筑控制。

超过2m高柱子必须分层浇筑，每层浇筑高度不得超过400mm，用自制皮数杆控制。

（12）砂浆排放。

设置专用湿润泵管砂浆及排泄管，如图7-29所示。

（13）墙柱收边控制。

墙柱边150mm范围混凝土收面抹平压光，标高、平整度控制在3mm以内。

（14）楼板拉毛控制。

面层采用收面机，收面机无法操作位置人工铁板收面。地面有二次装修时，做拉毛处理，不得采用扫帚扫毛；装修材料为胶粘贴平整度≤3mm，装修材料为砂浆粘贴平整度≤5mm。

图7-29 排泄管

（15）楼板上人时间控制。

混凝土浇筑完成后，楼板达到1.2MPa后才允许上人（12h左右，行走不留脚印），荷载不超过150kg/m^2。

（16）布料机架设。

混凝土泵管、布料机不得直接搁置在钢筋上，采用支架架空，布料机底部加强处理：木楞间距200mm，立杆间距600mm，如图7-30所示。

（17）板后浇带控制。

楼板后浇带二次支模前，混凝土底板处粘双面胶或海绵，模板与混凝土搭接宽度

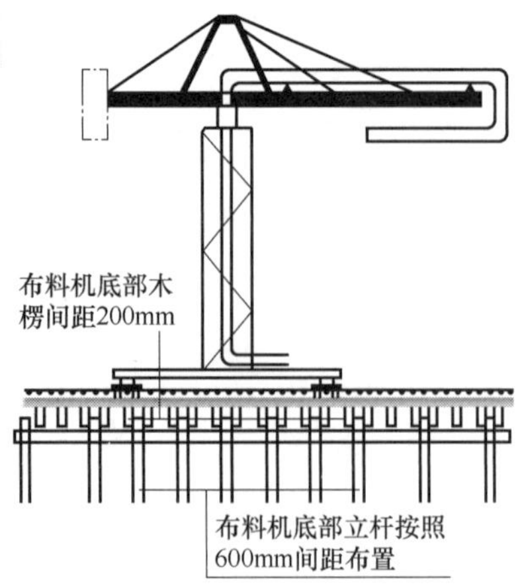

图 7-30　布料机架设

≤200mm，立杆放置在交接处的底部。

楼板后浇带采用模板做锯齿形（支撑条控制小于 500mm）。

（18）底板、墙后浇带控制。

底板、墙后浇带采用快易收口网的做法，钢筋支撑间距 500mm。

（19）防水预留槽。

外墙、屋面防水收口处做法

（20）竖向施工缝留置。

墙体竖向施工缝：地上结构外墙留设在墙跨中的 1/3 范围内；内墙留设在门洞口跨中的 1/3 范围内。采用铅丝网外侧加木方封堵，处理时剔除铅丝网和表面浮浆。

墙体混凝土浇筑时采用双层钢丝网或木模板拦出梁窝，此梁窝部分与楼面板混凝土一并浇筑。

（21）地下室外墙水平施工缝。

留置在板底下皮标高上 20mm 左右处，待拆模后，剔凿掉薄弱层，使之露出石子为止，并加设 BW 止水条，另用同一等级或高一等级强度的混凝土进行浇筑。

（22）柱子施工缝。

柱混凝土浇筑至梁底＋2cm，墙体混凝土浇筑至板底＋1cm，施工缝剔毛（剔除 1cm）并清理干净。

（23）施工缝处理。

清除水泥薄膜和松动石子以及软弱混凝土层，并加以充分湿润和冲洗干净，且不得积水。即要做到：去掉乳皮、微露粗砂、表面粗糙。

（24）混凝土养护：

1）柱养护：包裹塑料膜养护至少 7d，必须保持塑料膜内有水珠。

2）板养护：覆膜保湿养护、喷涂养生液养护。

（25）拆模后打磨。

混凝土拆模后要打磨处理，清除表面浮浆。

（26）实测实量：

1）拆模后3d内将实测值标注在墙体上，施工单位用白色粉笔、监理用蓝色、项目部用红色。

2）统一在楼梯通道口位置墙体上标明该层浇筑时间、拆模时间、养护方式等信息。

（27）混凝土成型检查表。

混凝土成型检查表贴于墙上，有问题验收后及时处理，不把结构遗留问题带入装修阶段。

（28）拆模后清理：

1）泵管清理干净堆放在指定位置（不得堆放在外架、楼梯口、通道口、洞口、电梯井架体等危险位置）。

2）模板拆除后楼层清理干净，管线位置采用木盒保护。

第3节 混凝土工程的施工质量问题及防范措施

1. 施工质量问题

（1）截面尺寸不足。

（2）胀模。

（3）剔凿露筋。

（4）后浇带处混凝土疏松，容易造成渗漏。

（5）止水带脱落。

（6）施工缝处渗漏。

（7）钢筋污染。

（8）钢筋位移。

2. 处理措施

（1）施工缝或后浇带处浇筑混凝土应符合：

1）混凝土结合面应采用粗糙面；结合面应清除浮浆、疏松石子、软弱混凝土层。

2）结合面清理干净处应采用洒水方法进行充分湿润，并不得有积水。

3）施工缝处已浇筑混凝土的强度不应小于1.2MPa。

4）柱、墙水平施工缝水泥砂浆接浆层厚度不应大于30mm，接浆层水泥砂浆应与混凝土浆液同成分。

（2）混凝土养护：

1）混凝土浇筑后应及时进行保湿养护，保湿养护可采用洒水、覆盖、喷涂养护剂等方式。选择养护方式应考虑现场条件、环境温湿度、构件特点、技术要求、施工操作等因素。

2）采用硅酸盐水泥、普通硅酸盐水泥或矿渣硅酸盐水泥配制的混凝土，不应少于7d；采用缓凝型外加剂、大掺量矿物掺合料配制的混凝土，不应少于14d。抗渗混凝土、强度等级C60及以上的混凝土，不应少于14d。后浇带混凝土的养护时间不应少于14d。

（3）混凝土施工缝及后浇带：

1）施工缝和后浇带的留设位置应在混凝土浇筑之前确定。宜留设在结构受剪力较小且便于施工的位置。受力复杂的结构构件或有防水抗渗要求的结构构件，施工缝留设位置应经设计单位认可。

2）基础底板外墙施工缝，导墙顶部距底板上边面不应小于300mm，并增设止水钢板或橡胶膨胀止水条。柱、墙顶部施工缝，宜留在板底标高上返30mm位置，剔除20mm软弱层。

（4）质量检查与缺陷修整：

1）混凝土结构施工质量检查可分为过程控制检查和拆模后的实体质量检查。过程控制检查应在混凝土施工全过程中，按施工段划分和工序安排及时进行；拆模后的实体质量检查应在混凝土表面未做处理和装饰前进行。

2）混凝土结构质量的检查，施工单位应对完成施工的部位或成果的质量进行自检，自检应全数检查。混凝土结构质量检查应做出记录。对于返工和修补的构件，应有返工修补前后的记录，并应有图像资料。

（5）模板检查包括下列内容：

1）模板与模板支架的安全性。

2）模板位置、尺寸。

3）模板的刚度和密封性。

4）模板涂刷隔离剂及必要的表面湿润。

5）模板内杂物清理。

（6）钢筋及预埋件检查包括下列内容：

1）钢筋的规格、数量。

2）钢筋的位置。

3）钢筋的保护层厚度。

4）预埋件（预埋管线、箱盒、预留孔洞）规格、数量、位置及固定。

（7）混凝土浇筑施工过程检查内容：

1）混凝土输送、浇筑、振捣等。

2）混凝土浇筑时模板的变形、漏浆等。

3）混凝土浇筑时钢筋和预埋件（预埋管线、预留孔洞）位置。

4）混凝土试件制作。

5）混凝土养护。

6）施工载荷加载后，模板与模板支架的安全性。

（8）混凝土拆模后实体质量检查：

1）构件的轴线位置、标高、截面尺寸、表面平整度、垂直度（构件垂直度、单层垂直度和全高垂直度）。

2）预埋件的数量、位置。

3）构件的外观缺陷（麻面、露筋、蜂窝、胀模等）。

（9）混凝土外观质量及内部质量检查要素：

混凝土外观质量主要检查表面平整度（有表面平整要求的部位）、麻面、蜂窝、空洞、露筋、碰损掉角、表面裂缝等。重要工程还要检查内部质量缺陷，如用回弹仪检查混凝土表面强度、用超声仪检查裂缝、钻孔取芯检查各项力学指标等。

第8章 模板工程

第1节 常用模板类型及施工策划

原则上模板工程在施工中要做到安全生产、技术先进、经济合理、方便适用。结构选型时，力求做到受力明确，构造措施到位，升降搭拆方便，便于检查验收；进行模板工程的设计和施工时优先采用定型化、标准化的模板支架和模板构件。

1. 常用模板支架类型之扣件式钢管脚手架

(1) 搭设必须符合《建筑施工扣件式钢管脚手架安全技术规范》JGJ 130—2011 规定，因其连接方式而命名，如图 8-1 所示。

图 8-1 扣件式钢管脚手架

(2) 立杆底部设置垫板，距立杆底端高度不大于 200mm 处设置纵横向扫地杆。如图 8-2 所示。

(3) 立杆接长严禁采用搭接，扣件紧固力矩为 40～65N·m。如图 8-3 所示。

2. 常用模板支架类型之碗扣式钢管脚手架

(1) 搭设必须符合《建筑施工碗扣式钢管脚手架安全技术规范》JGJ 166—2016，因其连接件像碗口而得名，如图 8-4 所示。

图 8-2　立杆底部设置

图 8-3　立杆接长严禁采用搭接

图 8-4　碗扣式钢管脚手架

（2）架体纵横向扫地杆距立杆底端高度不应大于 350mm，底座的轴心线应与地面垂直，如图 8-5 所示。

3. 常用模板支架类型之门式钢管脚手架

（1）因其架体形式像门而得名，搭设必须符合《建筑施工门式钢管脚手架安全技术标

图 8-5 架体纵横向扫地杆

准》JGJ/T 128—2019，如图 8-6 所示。

UDC
中华人民共和国行业标准 JGJ
P
JGJ 128－2010
备案号 J 43－2010

建筑施工门式钢管脚手架
安全技术规范

Technical code for safety of frame
scaffoldings with steel tubules in construction

2010－05－18 发布 2010－12－01 实施

中华人民共和国住房和城乡建设部 发布

图 8-6 门式钢管脚手架

（2）架体底部设置垫板或底座，如图 8-7 所示。

4. 常用模板支架类型之承插型盘扣式钢管脚手架

搭设高度不宜超过 24m，因八角盘而得名。搭设必须符合《建筑施工承插型盘扣式钢管脚手架安全技术标准》JGJ/T 231—2021，如图 8-8 所示。

5. 满堂脚手架

满堂脚手架可采用扣件脚手架、碗扣架、盘扣架、门式架等。

6. 常见模板类型

滑模常用于高层、烟囱、桥墩。施工速度快、整体性好。

爬模常用于高层、超高层。结合滑模与大钢模的优点。

飞模又称桌模或台模。

隧道模是一种组合式定型模板。

铝合金模板。

图 8-7 架体底部设置

UDC

中华人民共和国行业标准 JGJ

P JGJ/T 231-2021
备案号 J 1128-2021

建筑施工承插型盘扣式钢管脚手架
安全技术标准

Technical standard for safety of disk lock
steel tubular scaffold in construction

2021-06-30 发布 2021-10-01 实施

中华人民共和国住房和城乡建设部 发布

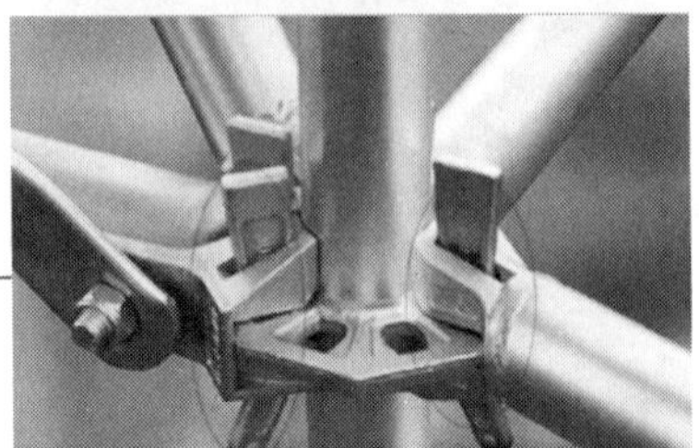

图 8-8 承插型盘扣式钢管脚手架

胶合板模板。

竹胶板模板，竹胶板是以毛竹材料作主要架构和填充材料，经高压成坯的建材。

塑料模板（劣势：不吃钉）。

玻璃钢模板，重量轻、强度较高、价格贵，常用于现浇“密肋楼盖”中做“模壳”。

钢框塑料模板，以特殊边框钢材和型钢焊接成大建筑模板骨架，以双面防水胶合板做面板制作而成，质量轻、刚度大。

7. 工程概况

先看工程概况，重点关注模板施工的概况，看是否有：超高、超厚、跨度大的结构类型。

8. 施工部位及工期要求

要保证与施工总计划相一致。

9. 项目部及劳务施工管理人员安排

人员安排要做到各负其责，有问题找对口人员，参见表 8-1。

项目部及劳务施工管理人员安排 **表 8-1**

职务	姓名	岗位职责
生产经理		负责现场人、机、料的全面指挥、调度、协调，落实和完成施工进度计划，负责现场文明施工和成品保护，填写隐预检验收记录
项目总工		负责组织图纸会审、施工方案的编制、施工变更洽商的办理
质检员		负责模板工程全过程的控制，包括地下室木模板的制作和钢模板的检验，组织模板分项检验批的验收，并填写检验批验收记录
施工队长		负责现场人、机、料的全面指挥、调度、协调，劳动力的安排，现场施工组织
技术员		负责技术交底的落实和实施，指导工人进行操作
木工班长		合理调配施工人员，负责模板的清理，脱模剂的涂刷，模板吊装，安装和拆除

10. 劳动力准备

根据工艺流程及流水段的划分，及时协调各生产要素，科学合理组织劳动力，使工序衔接紧密，节奏明快，操作人员的劳动强度均衡。

11. 技术准备

图纸及技术资料的准备：组织有关人员熟悉规范交底，组织图纸会审，了解设计意图，力求将问题控制在施工前。组织及管理准备：编制施工方案，制定管理措施，建立健全各项管理体系，按审批后的施工方案指导施工。

12. 材料准备

工程所用模板材料均由工长提供需用材料计划，报项目技术部审批后，提交物资部采购。必须严格按照物资验收程序进行验收，不合格物资严禁进场使用。

13. 流水段的划分

流水段的划分要有利于结构整体性，尽量利用伸缩缝或沉降缝，在平面上有变化处留置施工缝且不影响质量；分段应尽量使各段工程量大致相等，以便组织等节奏流水，使施工均衡、连续、有节奏；分段的大小应与劳动力组织相适应，有足够的工作面。

14. 楼板模板及支撑配置层数

梁板模板采用15mm多层板木龙骨体系，碗扣式脚手架支撑，模板的配置量计划按照3层进行配置，模板周转使用，随着施工进度，随时进场和增补。

15. 导墙模板

外墙在底板表面上300mm位置处留置施工缝，此部分墙体随底板一起浇筑。对这部分墙体，外侧模板为防水导墙，内侧模板采用木质模板，35mm×85mm方木背楞，ϕ48钢管支撑固定。

16. 底板集水坑模板

底板集水坑模板采用12mm厚多层板，35mm×85mm方木背楞拼成大模板，再用85mm×85mm方木十字支撑做成整体筒模，基坑底部预留洞口以便振捣，待振捣完毕后封上。

17. 墙体模板

墙体模板：木模、大钢模、小钢模等，要有经济对比分析，方案比选优化。

18. 木模支撑

木模支撑：为了保证整体墙模刚度和稳定性，地下室墙模板支撑采用ϕ48mm×3.6mm钢管做斜撑，每1m高度支撑1道，共支设3道支撑，沿墙水平间距为1.2m设置。支撑钢管内侧支撑于钢筋地锚上，外侧支撑在基槽护坡上。

19. 对拉穿墙螺杆

对拉螺栓采用钢筋套丝成型，外墙采用ϕ14止水对拉螺栓，地上内墙木模采用ϕ14普通对拉螺栓，用三形卡与横肋管固定对拉螺栓。

20. 方柱面板

方柱面板采用15mm厚覆膜多层板，背楞采用35mm×85mm方木，间距为150mm，所有背楞均过刨，柱模板配模高度为从楼板至框架梁底高度，模板拼缝采用硬拼。模板固定采用可调式柱箍，第一个柱箍距地为200mm、第二个柱箍距离第一个柱箍400mm，其他柱箍间距600mm。

21. 梁模板

梁模板：钢管架支撑间距为1200mm，35mm×85mm方木做肋，对于梁高≥700mm的梁模板，两侧增加M16对拉螺栓一道，间距600mm，螺栓外套PVC塑料管。

22. 板模板

板模板拟采用15mm厚多层板作面板，35mm×85mm@300mm木方作次龙骨，双钢管为主龙骨，支撑系统采用碗扣式满堂脚手架，上设可调顶托，立杆下垫35mm×85mm方木，要求方向一致。

23. 楼梯模板

楼梯模板采用12mm厚多层板，35mm×85mm方木沿板长方向间距600mm设置。支撑采用ϕ48mm×3.6mm钢管及底托、顶托，底托下方垫35mm×85mm方木。

24. 门窗洞口模板

门窗洞口采用工具式钢制模板材制作，门洞口及预留洞口钢板侧面不允许有凹凸变形现象，合模前侧面粘贴好密封条。

25. 基础底板后浇带模板

基础底板后浇带模板采用绑扎拦阻混凝土用的钢丝网及带槽口木胶合板（间距符合钢筋间距），外用木方加固封堵。

26. 楼板后浇带模板

楼板后浇带处模板两侧比后浇带各宽10cm，待同层顶板初凝后，将其模板拆除，后浇带模板及支撑体系不拆。

27. 剪力墙后浇带模板

剪力墙后浇带位置墙两边预留埋件，将80mm厚预制混凝土板与埋件焊接，交接处砂浆抹灰，然后在剪力墙后浇带处放双层钢丝网，浇筑混凝土。

28. 顶板分段施工缝模板

顶板分段施工缝模板采用15mm厚多层板和35mm×85mm方木，如图8-9所示。

图8-9　顶板分段施工缝模板

29. 墙预留设备洞口模板

墙预留设备洞口模板安装：上下左右用洞口加筋固定，洞口加筋上朝向洞口模板一侧加15mm规格的塑料垫块。在ϕ12固定筋朝向洞口模板一侧加15mm规格的塑料垫块。

30. 模板存放

模板的堆放场地，必须坚实平整。且堆放区成封闭场地。吊装模板，必须采用自锁卡环，防止脱扣。吊装作业要建立统一的指挥信号。吊装工要经过培训，当模板等吊件就位或落地时，要防止摇晃碰人或碰坏墙体。

现场模板架料堆放整齐，有明显标识；木模板堆放场地必须平整、坚实，无支架模板须置于钢管搭设的护栏内。不得在脚手架上堆放大批模板及材料。现场模板架料和废料应及时清理，并将裸露的钉子拔掉或打弯。

31. 模板拆除

非承重构件（墙、梁侧模）拆除时，在常温20℃下，侧模在混凝土强度达到1.2MPa时方可拆除，通常是混凝土的强度在拆模时应能保证不缺棱掉角。承重性模板（梁、板模板）拆除条件见表8-2。

承重性模板（梁、板模板）拆除条件 **表8-2**

结构名称	结构跨度(m)	达到标准强度百分率(%)
板	≤2	≥50
	>2,≤8	≥75
	>8	≥100
梁	>8	≥100
	≤8	≥75
悬臂构件	—	≥100

32. 模板安装允许偏差

允许偏差见表8-3。

模板安装允许偏差 **表8-3**

项次	项目		允许偏差(mm)		检查方法
			国家规范标准	结构“长城杯”标准	
1	轴线位置	墙、柱、梁	5	3	尺量
2	底模上表面标高		±5	±3	尺量
3	截面模内尺寸	基础	±10	±5	尺量
		墙、柱、梁	±4、−5	±3	
4	层高垂直度		6	3	经纬仪或吊线
5	相邻两板表面高低差		2	2	目测
6	表面平整度		5	2	靠尺、塞尺
7	阴阳角	方正	—	2	方尺、塞尺
		顺直	—	2	线尺
8	预埋铁件中心线位移		3	2	拉线、尺量
9	预留孔洞	中心线位移	+10	5	拉线、尺量
		尺寸	+10、0	+5、−0	
10	门窗洞口	中心线位移	—	3	拉线、尺量
		宽、高	—	±5	
		对角线	—	6	
11	插筋	中心线位移	5	5	尺量
		外露长度	+10、0	+10、0	

33. 模板设计及计算

(1) 恒荷载：

模板及其支架自重G1，新浇筑混凝土自重G2；

钢筋自重G3，新浇筑混凝土作用于模板侧压力G4。

(2) 活荷载：

施工人员及设备荷载 Q1；

振捣混凝土时产生的荷载 Q2；

倾倒混凝土时，对垂直面模板产生的水平荷载 Q3。

（3）活荷载取值：

当计算模板和直接支承模板的小梁时，均布活荷载可取 2.5kN/m^2，再用集中荷载 2.5kN 进行验算，比较两者所得的弯矩值取其大值；

当计算直接支承小梁的主梁时，均布活荷载标准值可取 1.5kN/m^2；当计算支架立柱及其他支承结构构件时，均布活荷载标准值可取 1.0kN/m^2；

对大型浇筑设备，如上料平台、混凝土输送泵等按实际情况计算；采用布料机上料进行浇筑混凝土时，活荷载标准值取 4kN/m^2。

（4）风荷载：

风荷载标准值应按现行国家标准《建筑结构荷载规范》GB 50009—2012 中的规定计算，其中基本风压值应按该规范附表 D.4 中 n=10 年的规定采用，并取风振系数。

（5）荷载设计值：

1）计算模板及支架结构或构件的强度、稳定性和连接强度时，应采用荷载设计值（荷载标准值乘以荷载分项系数）。

2）计算正常使用极限状态的变形时，应采用荷载标准值。

3）钢面板及支架作用荷载设计值可乘以系数 0.95 进行折减。当采用冷弯薄壁型钢时，其荷载设计值不应折减。

（6）模板及其支架的设计依据：

工程结构形式、荷载大小、地基土类别、施工设备和材料等条件进行。

（7）模板及其支架的设计应符合下列规定：

1）有足够的承载能力、刚度和稳定性。

2）构造应简单，装拆方便，便于钢筋的绑扎、安装和混凝土的浇筑、养护等要求。

（8）模板设计应包括下列内容：

1）绘制配板设计图、支撑设计布置图、细部构造和异型模板大样图。

2）按模板承受荷载的最不利组合对模板进行验算。

3）制定模板安装及拆除的程序和方法。

4）编制模板及配件的规格、数量汇总表和周转使用计划。

5）编制模板施工安全、防火技术措施及施工说明书。

（9）几个应注意的问题：

1）梁混凝土施工由跨中向两端对称分层浇筑，每层厚度不得大于 400mm。

2）当门架使用可调支座时，调节螺杆伸出长度不得大于 150mm，碗扣架调节螺杆伸出长度不得大于 200mm。

第 2 节　模板施工的质量控制要点

1. 模架材料质量控制要点

《建筑施工扣件式钢管脚手架安全技术规范》JGJ 130—2011 规定，扣件在螺栓拧紧扭力矩达到 65N·m 时，不得发生破坏。可调托撑螺杆外径不得小于 36mm，可调托撑的螺杆与支架托板焊接应牢固，焊缝高度不得小于 6mm；可调托撑螺杆与螺母旋合长度不得少于 5 扣，螺母厚度不得小于 30mm。可调托撑受压承载力设计值不应小于 40kN，支托板厚不应小于 5mm。

2. 模架搭设质量控制要点

（1）三有：

搭设前有交底，搭设中有检查，搭设完毕后有验收交底（要详细），检查要勤，验收要严。履行程序时必须要有签字手续。

（2）自由端控制要点：

螺杆伸出长度不超过 200mm，插入立杆内的长度不得小于 150mm，扣件距离立杆端部不得小于 100mm，如图 8-10 所示。

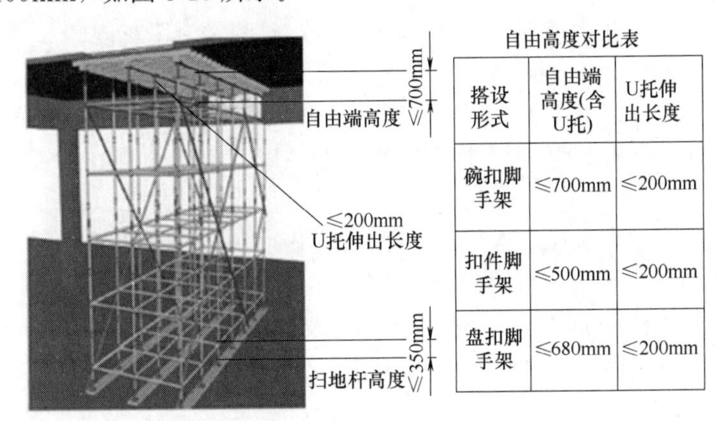

自由高度对比表

搭设形式	自由端高度(含U托)	U托伸出长度
碗扣脚手架	≤700mm	≤200mm
扣件脚手架	≤500mm	≤200mm
盘扣脚手架	≤680mm	≤200mm

碗扣脚手架支撑设置示意图

图 8-10 自由端控制要点

（3）多层模板支撑施工控制要点：

上下两层立杆在一个支点上并设置垫板和底座，保证荷载传递一致。

（4）模板支架要稳定，剪刀撑水平杆配备齐全有效。

（5）模板搭设尺寸偏差见表 8-4：

模板搭设尺寸偏差 **表 8-4**

项目		允许偏差(mm)	检查方法
轴线位置		3(5)	尺量
底模上表面标高		±5	水准仪或拉线尺量
截面内部尺寸	基础	−10，+5	尺量
	柱、墙、梁	+2，−5	尺量
层高垂直度	不大于 5m	5	经纬仪、吊线尺量
	大于 5m	8	经纬仪、吊线尺量
相邻两板表面高低差		2	尺量
表面平整度		5	靠尺、塞尺
阴阳面	方正	4	方尺、塞尺
	顺直	4	拉线和尺量

（6）模板施工场容场貌：

每天下班前10min开始整理现场，工完料尽场地清。

（7）楼板模板施工质量控制：

1）常见问题拼缝不严密，缝隙过宽用胶带封贴。

2）次龙骨间距不均匀，未到边到角；第一根立杆距柱、梁、墙距离小于300mm。

3）重点检查立杆间距、扫地杆、水平杆、垫块设置。

4）严格控制自由端长度，控制螺杆伸出长度及偏心距。

（8）墙、柱模板施工质量控制：

1）墙、柱支模前，必须先按照事先弹好的控制线校正钢筋位置，焊接模板定位筋。

2）为防止模板下口漏浆，造成墙柱烂根，墙、柱根部模板应平整、顺直、光洁，标高准确。

3）混凝土施工时墙柱边范围150mm抹平压光，注意控制平整度。

4）柱宽＜600mm时，柱模板采用ϕ48钢管与扣件“井”字型抱箍紧固；当柱宽≥600mm时，柱模板采用不小于ϕ14穿心螺杆紧固，螺栓垂直间距不大于600mm，水平间距为400mm，外套硬质PVC管；抱箍垂直间距一般不大于600mm，第一道抱箍距柱脚200mm。

5）墙柱模板的高度，应比结构尺寸的净高度高30mm，即：模板高度＝层高－顶板厚度＋30mm，混凝土施工完后及时剔凿软弱层。

6）层高较高的墙柱，加高部分或墙柱分两次支模时，要充分考虑模板上下接缝的平整度、严密性、牢固程度，至少保留300mm接茬，防止漏浆。

7）模板安装完成后，对楼板平整度、墙柱模板平整度及垂直度进行复核；模板安装前钢筋定位装置必须预备好；模板安装时设500mm控制线。

（9）地下室外墙模板施工质量控制：

1）止水钢板双面满焊；新模板与旧混凝土接槎部位的搭接长度为300mm。

2）地下室外墙和人防区域模板，采用一次性不小于ϕ14的对拉止水螺栓紧固，对拉螺栓上加80mm×80mm×4mm钢板止水片。对拉螺杆两端做50mm×50mm×10mm木塞。

3）第一道对拉螺栓与第二道间距不大于400mm，对拉螺栓直径不小于14mm；斜撑地锚在底板混凝土浇筑时预埋好；模板直接到底板位置；若有单面支模必须处理好外防水节点，内支撑强度一定要达到。

（10）内墙模板施工质量控制：

第一道对拉螺栓距地面不超过200mm，至少2道斜撑，地锚预埋。

（11）梁模板施工质量控制：

大梁设对拉螺栓，并底部设立杆支顶；小梁支架可以随板支架搭设；梁下立杆必须与周边立杆连成整体；梁超过1m时需设剪刀撑。

（12）楼板后浇带模板施工质量控制：

1）后浇带模板应保持独立支撑体系，如果因施工方法需要拆除，也应先加临时支撑支顶后再拆除模板；后浇带梁头支柱要使用双排支柱，并有足够的刚度。

2）两排立杆必须用水平杆连成整体；木方平行后浇带放置；板后浇带安装模板时，

模板宽度比原结构宽出 300mm；后浇带梁处必须采用井字架回顶。

（13）地下室外墙后浇带模板施工质量控制：

超前止水构造缩短了工期，有效的防止了基础外明水进入地下室；混凝土板要预制，且要预埋钢筋以便安装时焊接。

（14）电梯井、集水坑模板施工质量控制：

关键是保证混凝土浇筑时模板不能上浮。

（15）门窗洞口模板施工质量控制：

关键是保证混凝土浇筑时洞口模板不变形。

（16）楼梯模板施工质量控制：

架体连成整体，设置两排垂直于梯段的顶撑；有已浇筑完成墙体，则立杆都可垂直楼板设置，但是要连成一个整体。

（17）布料机处模板施工质量控制：

混凝土浇筑时产生较大冲击荷载，混凝土浇筑前根据布料机位置四角提前加固。

（18）细部模板施工质量控制：

柱头定型模板保证成型效果，预留洞模板支设方式提前进行设计。

3. 模板拆除施工质量控制

（1）拆模时间：按同条件养护试块强度确定，底模拆除时的混凝土强度要求见表 8-5。

底模拆除时的混凝土强度要求 **表 8-5**

构件类型	构件跨度(m)	按达到设计混凝土强度等级值的百分率计(%)
板	≤2	≥50
	>2,≤8	≥75
	>8	≥100
梁、拱、壳	≤8	≥75
	>8	≥100
悬臂结构		≥100

（2）模板拆除顺序与立模顺序相反，即后支的先拆，先支的后拆；先拆不承重的模板，后拆承重部分的模板；自上而下进行；先拆侧向支撑，后拆竖向支撑。

（3）拆除后周转料码放整齐。

第 3 节 模板施工工艺与安装管理要点

1. 模板构造与安装

（1）一般规定：

1）应进行全面的安全技术交底，立柱间距成倍数关系。

2）采用爬模、飞模、隧道模等特殊模板施工时，所有参加作业人员必须经过专门技术培训，考核合格后方可上岗。

3）木杆、钢管、门架及碗扣式等支架立柱不得混用。

4）竖向模板和支架立柱支承部分安装在基土上时，应加设垫板。

5）现浇钢筋混凝土梁、板，当跨度大于4m时，模板应起拱；当设计无具体要求时，起拱高度宜为全跨长度的1/1000～3/1000。

6）下层楼板应具有承受上层施工荷载的承载能力，否则应加设支撑支架；上层支架立柱应对准下层支架立柱，并应在立柱底铺设垫板。

7）当层间高度大于5m时，应选用桁架支模或钢管立柱支模。当层间高度小于或等于5m时，可采用木立柱支模。

8）钢管立柱底部应设垫木和底座，顶部应设可调支托，U形支托与主楞两侧间如有间隙，必须楔紧，其螺杆伸出钢管顶部不得大于200mm，螺杆外径与立柱钢管内径的间隙不得大于3mm，安装时应保证上下同心。

9）当模板安装高度超过3.0m时，必须搭设脚手架，除操作人员外，脚手架下不得站人。

10）在立柱底距地面200mm高处，沿纵横水平方向应按纵下横上的程序设扫地杆。可调支托底部的立柱顶端应沿纵横向设置一道水平拉杆。支撑梁、板的支架立柱安装，当层高在8～20m时，在最顶步距两水平拉杆中间应加设一道水平拉杆；当层高大于20m时，在最顶两步距水平拉杆中间应分别增加一道水平拉杆。所有水平拉杆的端部均应与四周建筑物顶紧顶牢。无处可顶时，应于水平拉杆端部和中部沿竖向设置连续式剪刀撑。

11）吊运模板时应检查绳索、卡具、模板上的吊环，必须完整有效，在升降过程中应设专人指挥，统一信号，密切配合。

12）吊运大块或整体模板时，竖向吊运不应少于2个吊点，水平吊运不应少于4个吊点。

13）5级风及其以上应停止一切吊运作业。

（2）支架立柱安装构造：

1）采用伸缩式桁架时，其搭接长度不得小于500mm，上下弦连接销钉规格、数量应按设计规定，并应采用不少于2个U形卡或钢销钉销紧，两U形卡距或销距不得小于400mm。

2）工具式立柱支撑立柱不得接长使用。

3）木立柱宜选用整料，当不能满足要求时，立柱的接头不宜超过1个，并应采用对接夹板接头方式。立柱底部可采用垫块垫高，但不得采用单码砖垫高，垫高高度不得超过300mm。

4）当仅为单排木立柱时，应于单排立柱的两边每隔3m加设斜支撑，且每边不得少于2根，斜支撑与地面的夹角应为60°。

5）扣件式钢管做立柱时钢管规格、间距、扣件应符合设计要求。每根立柱底部应设置底座及垫板，垫板厚度不得小于50mm。

6）扣件式钢管做立柱时当立柱底部不在同一高度时，高处的纵向扫地杆应向低处延长不少于2跨，高低差不得大于1m，立柱距边坡上方边缘不得小于0.5m。

7）扣件式钢管做立柱时，立柱接长严禁搭接，必须采用对接扣件连接，相邻两立柱的对接接头不得在同步内，且对接接头沿竖向错开的距离不宜小于500mm，各接头中心距主节点不宜大于步距的1/3。

8）扣件式钢管做立柱时，严禁将上段的钢管立柱与下段钢管立柱错开固定于水平拉杆上。

9）满堂模板和共享空间模板支架立柱，在外侧周圈应设由下至上的竖向连续式剪刀撑；中间在纵横向应每隔10m左右设由下至上的竖向连续式的剪刀撑，其宽度宜为4～6m，并在剪刀撑部位的顶部、扫地杆处设置水平剪刀撑。剪刀撑杆件的底端应与地面顶紧，夹角宜为45°～60°。当建筑层高在8～20m时，除应满足上述规定外，还应在纵横向相邻的两竖向连续式剪刀撑之间增加之字斜撑，在有水平剪刀撑的部位，应在每个剪刀撑中间处增加一道水平剪刀撑。当建筑层高超过20m时，在满足以上规定的基础上，应将所有之字斜撑全部改为连续式剪刀撑。

10）当采用碗扣式钢管脚手架作立柱支撑时，立杆应采用长1.8m和3.0m的立杆错开布置，严禁将接头布置在同一水平高度。

11）碗扣式钢管脚手架立杆底座应采用大钉固定于垫木上。立杆立一层，即将斜撑对称安装牢固，不得漏加，也不得随意拆除。

12）碗扣式钢管脚手架横向水平杆应双向设置，间距不得超过1.8m。

13）门架的跨距和间距应按设计规定布置，间距宜小于1.2m；支撑架底部垫木上应设固定底座或可调底座。

14）当门架支撑宽度为4跨及以上或5个间距及以上时，应在周边底层、顶层、中间每5列、5排于每门架立杆根部设ϕ48mm×3.5mm通长水平加固杆，并应采用扣件与门架立杆扣牢。

（3）普通模板安装构造：

1）现场拼装柱模时，应适时地按设临时支撑进行固定，斜撑与地面的倾角宜为60°，严禁将大片模板系于柱子钢筋上。

2）待4片柱模就位组拼经对角线校正无误后，应立即自下而上安装柱箍。

3）柱模校正（用4根斜支撑或用连接在柱模顶4角带花篮螺丝的缆风绳，底端与楼板钢筋拉环固定进行校正）后，应采用斜撑或水平撑进行四周支撑，以确保整体稳定。当高度超过4m时，应群体或成列同时支模，并应将支撑连成一体，形成整体框架体系。当需单根支模时，柱宽大于500mm应每边在同一标高上设不得少于2根斜撑或水平撑。斜撑与地面的夹角宜为45°～60°，下端尚应有防滑移的措施。

4）墙模板内外支撑必须坚固、可靠，应确保模板的整体稳定。当墙模板外面无法设置支撑时，应在里面设置能承受拉和压的支撑。多排并列且间距不大的墙模板，当其支撑互成一体时，应有防止浇筑混凝土时引起临近模板变形的措施。

5）对拉螺栓与墙模板应垂直，松紧应一致，墙厚尺寸应正确。

6）安装圈梁、阳台、雨篷及挑檐等模板时，其支撑应独立设置，不得支搭在施工脚手架上。

7）安装悬挑结构模板时，应搭设脚手架或悬挑工作台，并应设置防护栏杆和安全网。作业处的下方不得有人通行或停留。

8）烟囱、水塔及其他高大构筑物的模板，应编制专项施组设计和安全技术措施，并应详细地向操作人员进行交底后方可安装。

（4）爬升模板安装构造：

1）爬升模板系统中的大模板、爬升支架、爬升设备、脚手架及附件等，应按施工组织设计及有关图纸验收，合格后方可使用。

2）爬升模板安装时，应统一指挥，设置警戒区与通信设施，做好原始记录。

3）爬升模板的安装顺序应为底座、立柱、爬升设备、大模板、模板外侧吊脚手架。

4）爬升模板安装时，应统一指挥，设置警戒区与通信设施，做好原始记录。

5）爬升时，作业人员应站在固定件上，不得站在爬升件上爬升，爬升过程中应防止晃动与扭转。

6）大模板爬升时，新浇混凝土的强度不应低于达到 1.2N/mm^2。支架爬升时的附墙架穿墙螺栓受力处的新浇混凝土强度应达到 10N/mm^2 以上。

7）爬模的外附脚手架或悬挂脚手架应满铺脚手板，脚手架外侧应设防护栏杆和安全网。爬架底部亦应满铺脚手板和设置安全网。

（5）飞模板安装构造：

1）安装前应进行一次试压和试吊，检验确认各部件无隐患。

2）飞模起吊时，应在吊离地面 0.5m 后停下，待飞模完全平衡后再起吊。吊装应使用安全卡环，不得使用吊钩。

3）飞模就位后，应立即在外侧设置防护栏，其高度不得小于 1.2m，外侧应另加设安全网，同时应设置楼层护栏。并应准确、牢固地搭设好出模操作平台。

4）飞模出模时，下层应设安全网，且飞模每运转一次后应检查各部件的损坏情况，同时应对所有的连接螺栓重新进行紧固。

（6）隧道模安装构造：

1）组装好的半隧道模应按模板编号顺序吊装就位。并应将两个半隧道模顶板边缘的角钢用连接板和螺栓进行连接。

2）合模后应采用千斤顶升降模板的底沿。按导墙上的确定的水准点调整到设计标高，水平度及垂直度调整完毕后，拧紧连接螺栓。

2. 模板拆除要求

（1）一般规定：

1）模板的拆除措施应经技术主管部门或负责人批准。

2）对不承重模板的拆除应能保证混凝土表面及棱角不受损伤。对承重模板的拆除要有同条件养护试块的试压报告，≤8m 的梁板结构，强度要≥75%方可拆模；＞8m 的梁板和悬臂结构，强度要达到 100%方可拆模。

3）后张预应力混凝土结构的侧模宜在施加预应力前拆除，底模应在施加预应力后拆除。设计有规定时，应按规定执行。

4）拆模的顺序和方法应按模板的设计规定进行。当设计无规定时，可采取先支的后拆、后支的先拆、先拆非承重模板、后拆承重模板，并应从上而下进行拆除。拆下的模板不得抛扔，应按指定地点堆放。

5）已拆除了模板的结构，若在未达到设计强度以前，需在结构上加置施工荷载时，应另行核算，强度不足时，应加设临时支撑。

（2）支架立柱拆除：

1）当拆除 4～8m 跨度的梁下立柱时，应先从跨中开始，对称地分别向两端拆除。拆除时，严禁采用连梁底板向旁侧一片拉倒的拆除方法。

2）当立柱的水平拉杆超出 2 层时，应首先拆除 2 层以上的拉杆。当拆除最后一道水平拉杆时，应和拆除立柱同时进行。

（3）普通模板拆除：

1）柱模拆除应分别采用分散拆和分片拆两种方法。其分散拆除的顺序应为：拆除拉杆或斜撑、自上而下拆除柱箍或横楞、拆除竖楞，自上而下拆除配件及模板、运走分类堆放、清理、拔钉、钢模维修、刷防锈油或脱模剂、入库备用。

2）分片拆除的顺序应为：拆除全部支撑系统、自上而下拆除柱箍及横楞、拆掉柱角 U 形卡、分 2 片或 4 片拆除模板、原地清理、刷防锈油或脱模剂、分片运至新支模地点备用。

3）拆除墙模顺序应为：拆除斜撑或斜拉杆、自上而下拆除外楞及对拉螺栓、分层自上而下拆除木楞或钢楞及零配件和模板、运走分类堆放、拔钉清理或清理检修后刷防锈油或脱模剂、入库备用。

（4）爬升模板拆除：

1）拆除爬模应有拆除方案，且应由技术负责人签署意见，拆除前应向有关人员进行安全技术交底后，方可实施。

2）拆除时应设专人指挥，严禁交叉作业。拆除顺序应为：悬挂脚手架和模板、爬升设备、爬升支架。

（5）飞模拆除：

1）梁、板混凝土强度等级不得小于设计强度的 75%时，方准脱模。

2）飞模拆除必须有专人统一指挥，飞模尾部应绑安全绳，安全绳的另一端应套在坚固的建筑结构上，且在推运时应徐徐放松。

（6）隧道模拆除：

1）拆除前应对作业人员进行安全技术交底和技术培训。

2）拆除导墙模板应在新浇混凝土强度达到 1.0N/mm^2 后，方准拆模。

3. 安全管理

加强专项施工方案编制，编制人员具有较强的理论基础及施工经验，方案须满足规范要求并符合工程实际。高大支撑体系须经技术、安全、质量等部门会审，并按要求组织有关专家论证。加强模板工程支撑体系的基础处理、搭设材料验收、杆件间距检查、安全防护设施等验收控制。严格控制混凝土浇筑顺序，并加强浇筑时的支撑监测工作。

（1）从事模板作业的人员，应经常组织安全技术培训。从事高处作业人员，应定期体检，不符合要求的不得从事高处作业，操作人员应佩戴安全帽、系安全带、穿防滑鞋。

（2）满堂模板、建筑层高 8m 及以上和梁跨大于或等于 15m 的模板，在安装、拆除作业前，工程技术人员应以书面形式向作业班组进行施工操作的安全技术交底。

（3）施工过程中应经常对下列项目进行检查：立柱底部基土回填夯实的状况；垫木应满足设计要求；底座位置应正确；顶托螺杆伸出长度应符合规定；立杆的规格尺寸和垂直度应符合要求，不得出现偏心荷载；扫地杆、水平拉杆、剪刀撑等的设置应符合规定，固定应可靠；安全网和各种安全设施应符合要求。

（4）脚手架或操作平台上临时堆放的模板不宜超过 3 层，连接件应放在箱盒或工具袋中，不得散放在脚手板上。

（5）对负荷面积大和高 4m 以上的支架立柱，采用扣件式钢管、门式和碗扣式钢管脚手架时，除应有合格证外，对所用扣件应用扭矩扳手进行抽检。

（6）施工用的临时照明和行灯的电压不得超过 36V；若为满堂模板、钢支架及特别潮湿的环境时，不得超过 12V。

第 4 节　模板施工质量问题

1. 后浇带拆模过早，梁未断开。
2. 回填土未平整及夯实，并无垫木和扫地杆。
3. 模板内部杂物垃圾等清理不干净，钢模板的铁锈未清理。
4. 边梁下挠。
5. 施工缝处板钢筋位移严重，钢筋保护层过大。
6. 混凝土楼板裂缝现象严重。
7. 剪力墙存在较多竖向裂缝。
8. 梯板施工缝位置错误，混凝土不密实。
9. 施工缝留置不顺直。
10. 现浇板面上人过早。
11. 框架圆柱表面多处露筋，混凝土保护层破损、局部混凝土不密实。
12. 上反梁箍筋外露、楼板钢筋外露。
13. 顶板、剪力墙、高低差处现浇板成型质量差，混凝土不密实。
14. 混凝土剪力墙拆模过早，脱皮较重。
15. 施工缝接茬不平、不密实。
16. 剪力墙蜂窝、漏浆。
17. 现浇混凝土鼓模，剔凿露筋。

第9章 砌筑工程

第1节 砌体施工前的准备工作

1. 技术准备

（1）各级技术人员、施工人员要认真熟悉图纸，技术部门负责组织好图纸审阅，审阅时应特别注意审查图纸是否有问题，发现问题及时提出。

（2）确认砌体固化图，无砌体固化图，原则上不得进行砌体施工。

1）固化图图纸必须以设计院发出的最终版建筑蓝图及合同附图为基础；

2）固化图不能违反蓝图与国家强制性条文及相关规范要求；

3）固化图中所反映的尺寸、标注等必须清晰、准确，与砌体无关的内容尽量删除，确保图面简洁；

4）固化图编制中需要注意与砌体施工相关专业功能性要求，如安装预留预埋、门窗栏杆安装、保温节点；

5）砌体固化图应包括总说明、导墙平面图、构造柱平面图、砌筑洞口及预留预埋图、夹层以上砌筑图，墙体组砌图及其他大样图；

6）方便业主使用，更好地满足使用功能的要求。同时方便施工，便于现场操作；

7）最终的砌体固化图必须完成与消防、水电等安装单位预留预埋固化图的合图，且各单位签字完善。

（3）根据砌体施工平面图中的轴线尺寸在混凝土楼面上弹出各房间的墙体、门洞边线，且在已浇混凝土剪力墙、柱上弹出建筑标高线及注明标高，以确保房间净空尺寸和标高。

（4）拉墙筋抗拔试验合格。

2. 技术交底

（1）坚持交底落实到班组工人，坚持样板引路制度，未交底严禁施工，未点评严禁施工。砌体施工前，施工单位必须对相关班组进行技术交底工作（包括材料计划、入场材料报验、砌体施工方法及工艺流程、质量控制措施、安全文明施工等），要求对各专业所有施工管理人员及作业班组统一交底培训，使施工单位各方人员心中有数，正常有序地开展工作，如图 9-1、图 9-2 所示。

图 9-1 书面技术交底

图 9-2 现场技术交底

（2）向分包强调必须切实落实总包管理制度。

（3）砌体进场后，应按不同规格型号进行堆码（注意楼层超载），堆码高度不超过2m，在搬运过程中轻拿轻放，保证砌块棱角不被碰坏。砌体材料现场堆码如图 9-3 所示。

图 9-3 砌体材料现场堆码

（4）按照砌体施工检验批做好对楼层的放线工作。楼层放线应以结构施工内控点主线为依据，根据业主确认的砌体固化图弹好楼层标高控制线和墙体边线。

1）控制轴线的测设：

每层根据施工现场提供的基准控制点和结构施工预留的上下通洞，使用经纬仪对各楼层预留的基准点和轴线位置校核合格后，进行楼层内的细部控制线的引测。

2）楼层内各位置线的引测：

依据建筑图中的尺寸要求，自控制轴线引测出隔墙等位置控制线，门窗洞口、水电设备预留洞口的位置线，并经复核无误后用红色油漆在留洞等位置斜对角描出三角控制标志，以防破坏。水电设备的预留洞口，控制线测设完成后应经各专业人员复核后方可施工。

3）高程控制线引测：

每施工层用水准仪测放出建筑 1m 线，作为砌筑施工准备控制线，如图 9-4 所示。

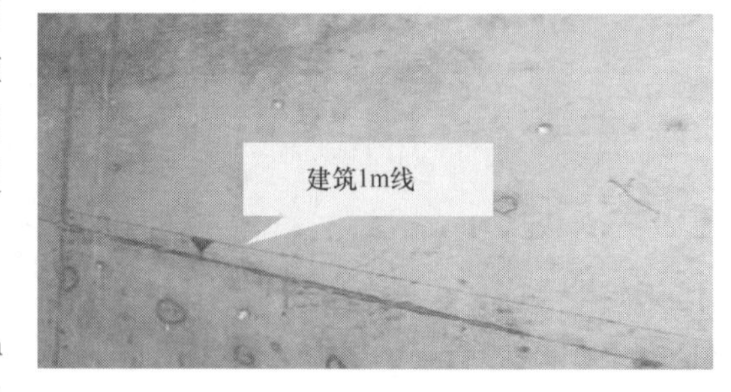

图 9-4 建筑 1m 线

第 2 节 砌体质量控制及施工工艺流程

1. 施工工艺流程

工作面移交（基层修补、垃圾清理、轴线、洞口等）→测量放线→植筋→构造柱钢筋绑扎→制备砂浆→立皮数杆、砌块排列→铺砂浆→砌块就位、砌筑勾缝→构造柱、圈梁、过梁等模板支设→构造柱、圈梁、过梁等混凝土浇筑→拆模→砌筑上部墙体→压顶砖砌筑→完工清理→检查验收。

2. 施工质量控制

（1）测量放线：

1）楼层放线应以结构施工内控点主线为依据，先放出控制线再依次进行分线。主体结构内控线如图9-5所示。

2）门窗洞口位置应放线明确表示，墙体放线时应放出控制线，便于施工及检查，如图9-6所示。

3）砌体放线应包括建筑1m线、墙体线、控制线、洞口线、顶砌位置线等。建筑1m线如图9-7所示。

图9-5 主体结构内控线

图9-6 门窗洞口位置应放线

图9-7 建筑1m线

（2）植筋：

砌体放线合格后，与混凝土结构交界处采用植筋方式对墙体拉结筋等进行植筋，其锚固长度必须满足《建筑抗震设计规范》GB 50011—2010和《混凝土结构后锚固技术规程》JGJ 145—2013。

1）植筋位置根据不同梁高组砌排砖按“倒排法”准确定位，钻孔深度必须满足设计要求。测量孔深如图9-8所示。

2）孔洞粉尘的清理要求用专用电动吹风机，确保粉尘的清理效果，如图9-9所示。

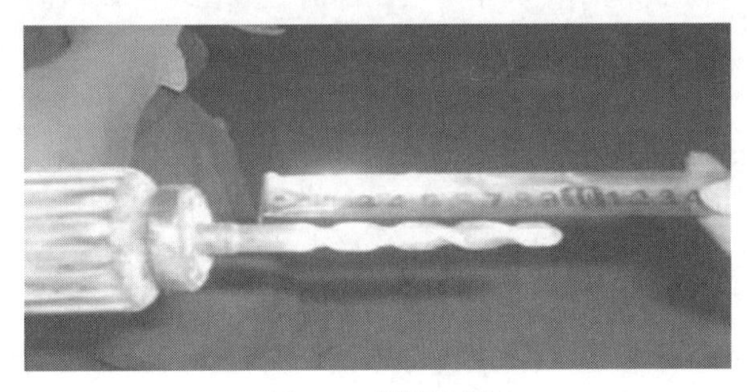

图9-8 测量孔深

3）墙体拉结筋抗拔试验合格后才能进行砌筑。现场拉拔试验如图 9-10 所示。

图 9-9　孔洞粉尘的清理

图 9-10　现场拉拔试验

4）植筋抗拔要求：

① 必须达到凝固时间后方可进行抗拔试验；

② 植筋抗拔试验必须在监理单位见证下进行；

③ 抗拔值必须满足规范要求。

5）墙体拉结筋，从梁底自上而下倒排，起步间距为 450mm，以保证后塞口高度，同时能够确保填充墙组砌美观，如图 9-11 所示。

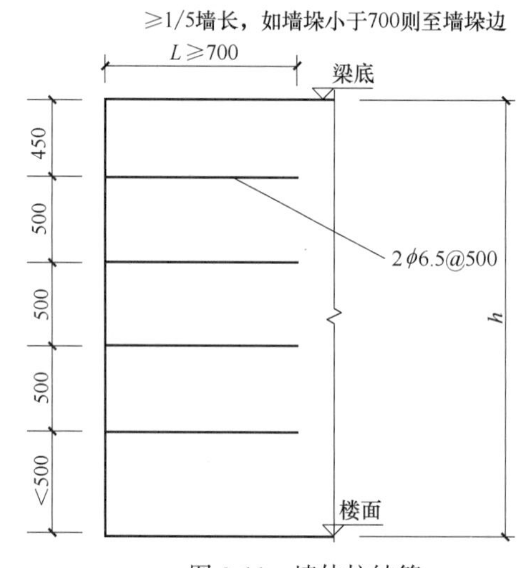

图 9-11　墙体拉结筋

（3）构造柱设置：

当墙长或相邻横墙之间的距离大于 2 倍墙高时，应在墙中设构造柱，当墙长大于墙高且端部无柱时，应在墙中设构造柱，洞口宽度大于 2.1m 时，应在洞口两侧设构造柱，在内外墙交接处和外墙转折处设置构造柱，构造柱间距不大于 2 倍墙高，外墙端部无柱时，大于 1m 时应在端部设构造柱，构造柱纵筋为 4ϕ10，植筋植于结构主体上，不能植在反坎上，构造柱截面不小于墙宽，箍筋为 ϕ6@200，构造柱上下端部 600mm 范围内加密至 100mm，与植筋进行搭接时构造柱钢筋长度为上下植筋间净高减 100mm（上下各 50mm），构造柱主筋与植筋绑扎不得少于两道，此项工作作为一项隐蔽工作报监理验收。

构造柱设置严格按砌体固化图要求进行布置，纵筋搭接长度必须满足设计要求，搭接区域箍筋按要求加密设置，如图 9-12 所示。

填充墙与剪力墙拉结筋、构造柱主筋用植筋锚固，锚固长度≥15d，且≥100mm，如图 9-13、图 9-14 所示。

图 9-12 构造柱设置

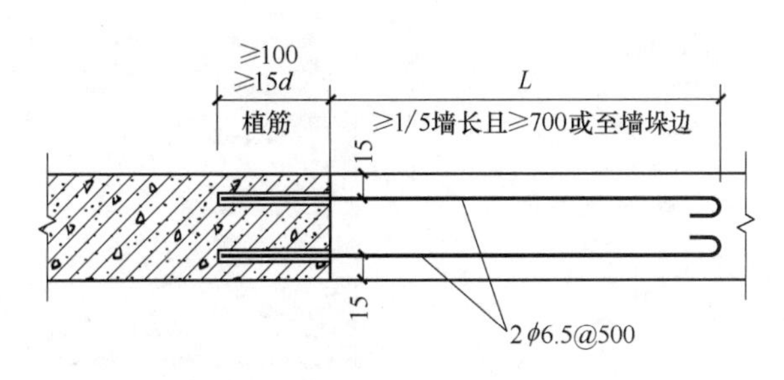

图 9-13 填充墙与剪力墙拉结构造

应先进行构造柱钢筋绑扎，再进行墙体砌筑；构造柱“马牙槎”应先退后进，退进尺寸按 60mm 留设，位置应准确，端部须吊线砌筑。

（4）预制过梁：

所有预制过梁必须严格按设计图集及相关规范要求进行制作，制作完成后用墨汁标注上下方向，避免安装过程中钢筋位置反向。

过梁要求提前制作，安装时必须确保强度达到设计要求。（钢筋及混凝土材料须报验，强调做好混凝土试件取样、强度评定工作），如图 9-15 所示。

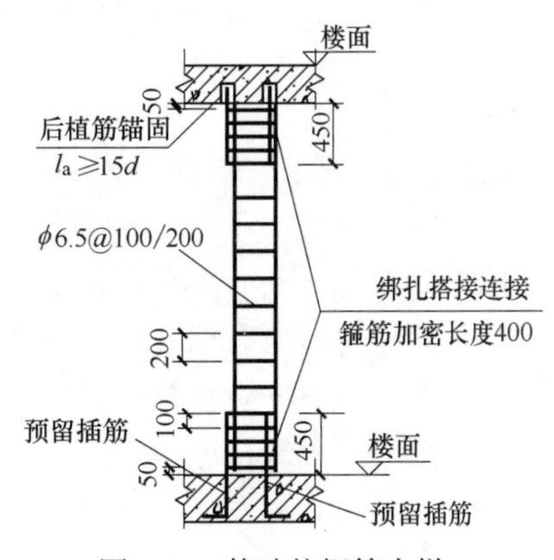

图 9-14 构造柱钢筋大样

图 9-15 预制过梁

（5）排砖：

墙体砌筑前根据墙高采用“倒排法”确定砌块匹数，采取由上至下原则，即先留足后塞口高度（预留高度允许误差±10mm），然后根据砖模数进行排砖。空心砌块填充墙组砌方式见图 9-16。

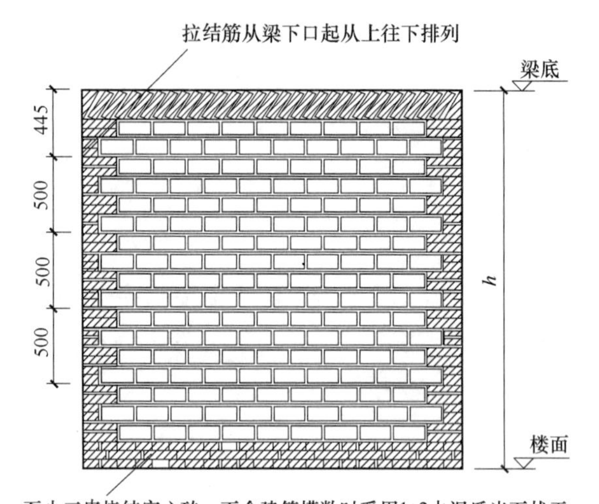

图 9-16　空心砌块填充墙组砌方式

砌筑前应试摆，多孔砖孔洞应垂直于受压面，半砖应分散使用在受力较小的砌体中或墙心，砖柱或宽度小于 1m 的窗间墙，应选用整砖砌筑。

墙体砌筑三线实心配砖（除卫生间素混凝土浇筑 250mm 外），砌筑完成后，对照各方确认的固化图对所有墙肢、门洞及门垛、窗洞等尺寸进行复核，自检合格后报监理作为质量停止点检查之一，注意门窗洞口的高宽必须含地坪和抹灰厚度，如图 9-17 所示。

排砖至墙底铺底灰厚超过 2cm 时，应采取细石混凝土铺底砌筑；门洞控制尺寸严格按图纸要求留设，如图 9-18 所示。

图 9-17　实心配砖

图 9-18　细石混凝土铺底砌筑

（6）导墙设置：

根据图纸及设计要求确定导墙位置及高度。

导墙凿毛必须根据放线进行，凿毛面不低于 50%，凿毛后及时清理干净。相交接的墙面必须凿毛，未凿毛不允许关模，如图 9-19 所示。

导墙浇筑，所有卫生间墙根按强规要求采用 C20 素混凝土（200mm 高、宽同墙厚）进行浇筑，浇筑前，按检验批通知监理到现场进行检查。混凝土浇筑时应采用小型振动棒振捣，确保混凝土密实，如图 9-20 所示。

混凝土表面应低于模板 10mm，收面时模板应刮干净，确保线条顺直。进行二次收面，表面平整、密实、光滑、无抹纹。

图 9-19 导墙凿毛

图 9-20 导墙浇筑

（7）其他：

填充墙砌至接近梁板底时，应留一定空隙，填充墙砌筑完并至少间隔 7d 后，才能将其补砌挤紧，后塞口斜砖逐块敲紧挤实，斜砌角度控制在 60°±10°。后塞口如图 9-21 所示。

图 9-21 后塞口

墙体实心砖砌筑应采用一顺一丁砌法；空心砖采用顺砌法，不应有通缝，搭砌长度不应小于 90mm，如图 9-22、图 9-23 所示。

图 9-22 一顺一丁砌法

图 9-23 顺砌法

墙体砌筑时灰缝不得超过 8～12mm，同时要求同一面墙上砌体灰缝厚度差（最大与最小之差）不得超过 2mm，以保证灰缝观感上均匀一致。砌筑灰缝应横平竖直，砂浆饱满度不低于 90%，竖缝不得出现挤接密缝，如图 9-24 所示。

图 9-24 灰缝砂浆饱满

拉结筋设置应沿墙、柱 500mm 高，植 2ϕ6.5 钢筋，伸入填充墙 700mm（且大于或等于 1/5 墙长），填充墙转角处应设水平拉结筋。所有伸入填充墙或构造柱中的拉结筋端头须做 180°弯钩，如图 9-25、图 9-26 所示。

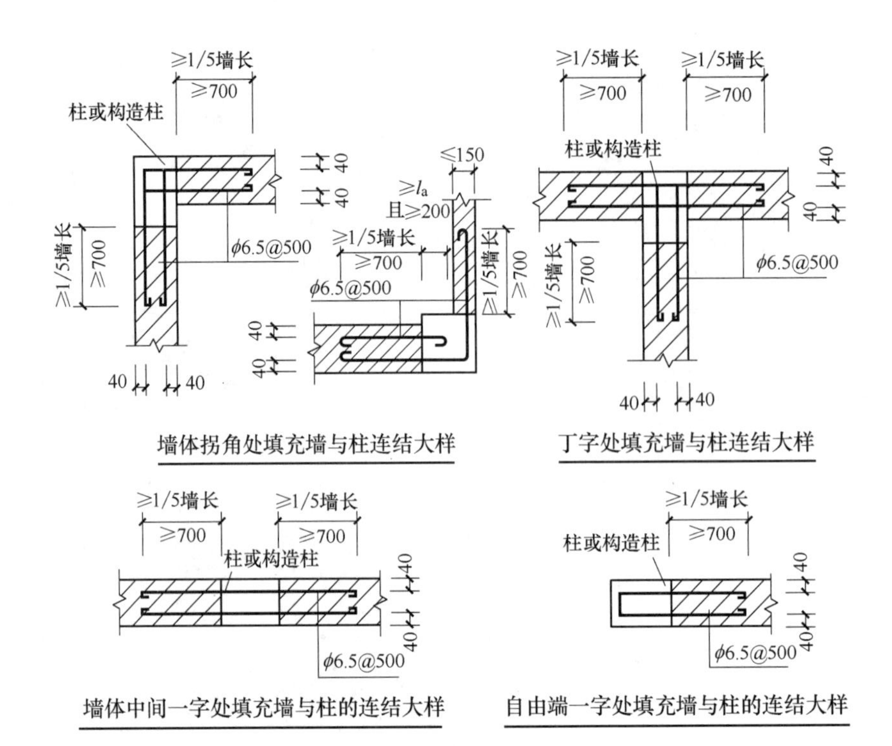

图 9-25　不同位置拉结筋设置

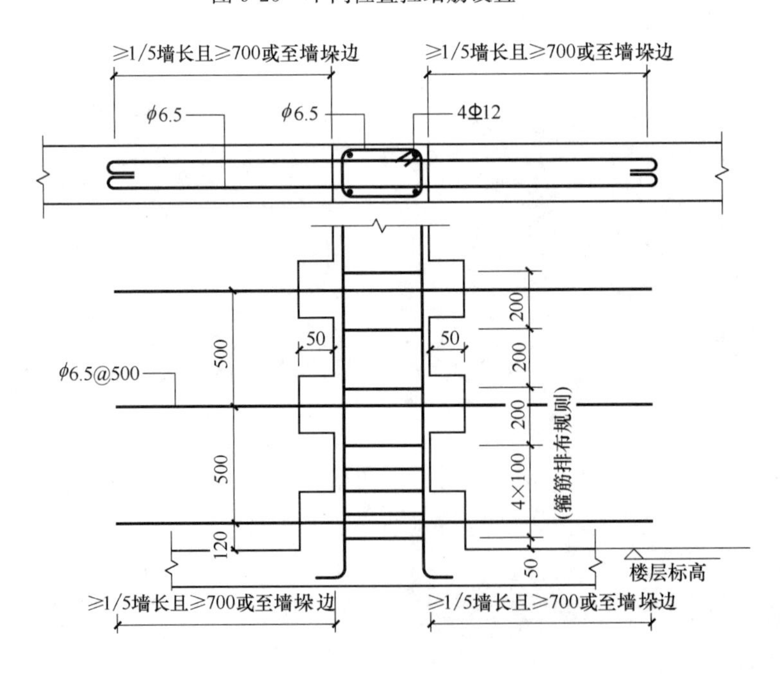

图 9-26　构造柱拉结筋设置

实心砖砌筑部位：卫生间墙体除墙根 200mm 高采用 C20 素混凝土，以上 1800mm 高度范围内为实心砖砌筑；厨房墙体 1500mm 高以上至梁底或板底砌筑实心砖；如图 9-27、图 9-28 所示。

图 9-27 卫生间墙体

图 9-28 厨房墙体

实心砖砌筑部位：构造柱边及 L、T 形墙转角实心砖；栏杆与后砌墙相交处砌实心砖（底标高为阳台梁以上 1000mm 砌筑 300mm×300mm）；门窗洞口四周。

砌体安装留洞宽度超过 300mm 时，洞口上部应设置过梁。消防箱、卫生间墙体洞口宽度小于 600mm 应设置钢筋砖带过梁，否则应采用预制过梁或现浇过梁。

所有门窗过梁安装必须统一以标高 1m 线进行控制，门窗洞口高度尺寸按固化图尺寸要求进行留设。过梁搁置长度不得小于 250mm，相邻门洞间过梁交叉处设现浇过梁（当预制过梁不能保证搁置长度时），如图 9-29、图 9-30 所示

图 9-29 预制过梁

图 9-30 现浇过梁

墙顶后塞口斜砌须等墙体砌筑完成 14d 后再进行，后塞口采用多孔配砖砌筑，斜砌角度应控制在 60°，两端可采用预制三角混凝土块或切割实心砖进行砌筑，斜砌灰缝厚度应宽窄一致，与墙体平砌要求相同，如图 9-31、图 9-32 所示。

图 9-31 后塞口 60°三角配砖砌筑

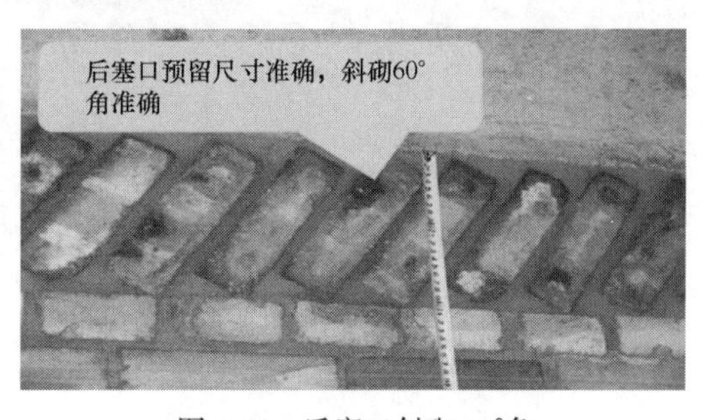

图 9-32 后塞口斜砌 60°角

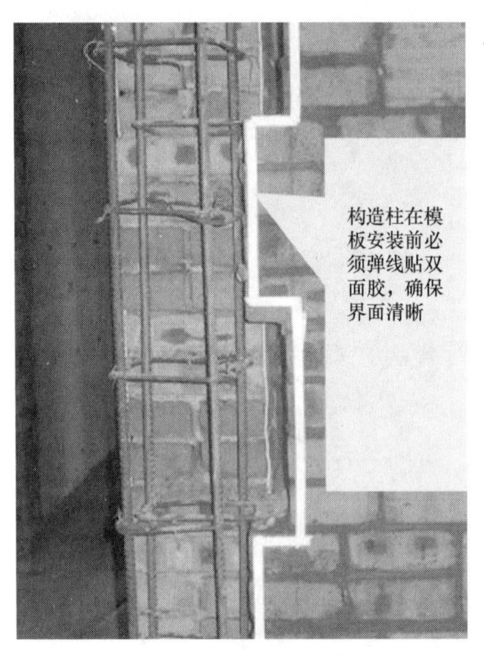

图 9-33　构造柱贴双面胶

砌体构造柱模板安装前，须清理干净底脚砂灰，并按要求贴双面胶堵缝，双面胶须弹线粘贴，保证顺直、界面清晰，完成后报监理检查（所有二次构件钢筋、模板报验作为质量停止点检查之一），如图 9-33 所示。

构造柱模板必须采用对拉螺杆拉接，构造柱上端制作喇叭口，混凝土浇筑牛腿，模板拆除后将牛腿剔凿，如图 9-34～图 9-36 所示。

管道井应等安装完成后采取后砌，根据平面尺寸在后砌墙位置留设砖插头及甩槎拉结钢筋，待管道安装、楼板吊补及管道口周边防水处理完成后再进行后砌墙体砌筑。

落地窗地台或阳台边梁等混凝土二次浇筑部位，其浇筑高度按经甲方确认的平面图示尺寸进行浇筑；阳台边梁二次浇筑时应同时埋设栏杆安装预埋铁件，保证埋设位置准确（建议后置埋件）。

图 9-34　构造柱模板必须采用对拉螺杆

图 9-35　构造柱喇叭口

图 9-36　构造柱牛腿

现浇过梁两端均需植筋时，应控制过梁底部钢筋接头位置，不得留在梁跨中部，须错头在 1/3 跨边，保证搭接长度。

除设构造柱部位外，多孔砖砌体转角处和交接处应同时砌筑，对不能同时砌筑又留置临时间断处必须砌成斜槎，斜槎长度≥2/3H（临时间断处墙高）。

空心砖与普通砖交接处，应以普通砖墙引出不小于 240mm 长与空心砖墙相接，并与隔 2 匹空心砖高在交接处的水平灰缝中设置 2ϕ6 钢筋作为拉结筋，拉结筋在空心砖墙中长度不小于空心砖长加 240mm。

墙体应与主体结构或构造柱拉结，拉结筋沿墙高 60cm 设 2ϕ6.5 水平筋，伸入墙内 70cm，且不小于 1/5 墙长，拉结筋设于水平灰缝中，拉结筋距墙面不小于 15mm，拉结筋植筋长度不小于 10cm，拉结筋末端作 180°弯钩，拉结筋作为一项隐蔽验收报监理检查。

构造柱混凝土浇筑前必须将模板内落地灰、砖渣等清除干净；构造柱混凝土分段浇筑时，在新老混凝土接触部位要用水充分润湿，浇 2cm 厚水泥砂浆。构造柱中心线位置偏差不应大于 10mm，垂直度不应大于 10mm。构造柱支模时，沿马牙槎粘贴双面胶，防止漏浆，构造柱模板采用夹具或柱内穿拉杆固定，尽量避免在砖墙内穿钢管固定，此项工作作为一项隐蔽工作报监理部验收。

构造柱模板在距梁或板顶部 40cm 支成漏斗形，模板拆除后将多余混凝土剔除。

有防水要求墙体、100 厚墙、体门窗洞口两侧 200mm 和转角处 450mm 范围内小于 1m 的窗间墙不允许设脚手眼。

窗洞口两侧 240mm 范围内必须用页岩标砖，门洞两侧须设置预制混凝土块，门垛小于等于 100mm 时，采用 C15 混凝土浇筑，保证门框安装的稳固。

洞口宽度大于 1.5m 时，应在洞口两端设钢筋混凝土边框，外墙端部无柱时，墙长小于 1m，在墙的自由端部设钢筋混凝土边框，边框纵筋为 2ϕ8，宽度不小于 60mm，此项工作也作为隐蔽工作报监理检查验收。

(8) 线管、线盒安装：

根据施工图、固化图在砌体上标出线管、线盒敷设位置、尺寸。如图 9-37 所示。

图 9-37 线盒敷设位置、尺寸

使用切割机按标示切出线槽，严禁使用人工剔打。

在砌体上严禁开水平槽，应采用 45°斜槽，如图 9-38 所示。

后砌墙上安装留洞必须在砌筑过程中进行埋设，不得事后凿洞。竖向线管可在墙上采用切割机切槽埋设，如多管埋设其切槽宽度应保证线管之间净距不小于 20mm。水平方向线管禁止空心砖切槽。

墙体砌筑完毕、线管线盒安装完成后，在主体结构验收前，混凝土与砌体接缝两侧各 150mm 抹灰前应加挂 0.7mm 厚 9mm×25mm 冷镀锌钢丝网。采用专用镀锌垫片压钉。若不同材质交接处存在高低错台不平整，则铺网前应高剔低补后再钉钢丝网，如图 9-39 所示。

图 9-38　砌体开槽

图 9-39　镀锌钢丝网

(9) 验收：

砌体砌筑质量检验批按每三层划分为一个检验批，其工序报验及相关资料按检验批范围进行报验。

工程砌体工序报验资料：

1) 本次验收部位；

2) 施工技术交底记录；

3) 原材料报验记录；

4) 砌体拉结筋抗拔试验报告单；

5) 构造柱及现浇过梁等二次构件，混凝土浇灌许可证；

6) 二次构件钢筋及预埋铁件隐蔽检查记录；

7) 砌体配筋隐蔽检查记录；

8) 钢筋（加工、连接、安装）检验批质量验收记录表；

9) 模板检验批质量验收记录表；

10) 填充墙砌体工程检验批质量验收记录表；

11) 配筋砌体工程检验批质量验收记录表。

第3节 砌体施工中常见的质量问题及防范措施

1. 常见的质量问题及改进措施

（1）问题1：卫生间素混凝土浇筑前未进行凿毛和用水清理润湿，浇筑过程中未使用振动棒振捣密实，如图9-40所示。

改进措施：报监理检查，合格后关模；浇筑过程中采用小型振动棒振捣密实。

（2）问题2：部分拉结筋下料尺寸未计算准确，导致钢筋伸入墙体长度不足；植筋长度达不到设计规定且不能满足抗拔要求，如图9-41所示。

改进措施：根据墙体长度确定不同墙肢的拉结筋种类；孔钻设标尺，保证钻孔深度。

（3）问题3：部分墙垛植筋位置出现偏移，部分伸入填充墙体的拉结筋端头未做180°弯钩，如图9-42所示。

改进措施：统一钢筋种类；根据门垛尺寸确定钢筋植筋位置。

图9-40 导墙未凿毛

（4）问题4：墙垛钢筋绑扎采用一级钢筋代换搭接时未按要求做180°弯钩，部分伸入墙垛的拉结筋端头也未做180°弯钩，如图9-43所示。

图9-41 钢筋伸入墙体长度不足

改进措施：统一钢筋种类及弯钩形式。

（5）问题5：部分门洞尺寸小于设计要求，如图9-44所示。

改进措施：门窗洞口尺寸按砌体固化图留设准确并加强检查。

（6）问题6：墙体砌筑上下砖错缝，灰缝控制普遍较差且不均匀一致，竖缝出现挤接密缝，如图9-45所示。

图 9-42　植筋偏移

图 9-43　拉结筋未做 180°弯钩

图 9-44　门洞口尺寸小于设计要求

图 9-45　灰缝不均匀一致

改进措施：加强砖砌体几何尺寸；提高砖工技能水平，明确砌筑方法。

（7）问题 7：墙体砌筑时未及时弹好 1m 控制线，导致门窗洞口过梁安装高度不准确，如图 9-46 所示。

改进措施：根据标高控制线，确定门窗砌筑高度及过梁安装标高。

（8）问题 8：相邻门洞交叉处过梁安装采用预制，搁置长度不能满足设计要求，如图 9-47 所示。

图 9-46　无 1m 控制线

图 9-47　过梁搁置长度不满足设计要求

改进措施：类似部位采用现浇过梁。

(9) 问题 9：构造柱上端喇叭口未按要求进行安装制作，且模板安装高度低于梁下口高度。

改进措施：按推荐支模方式进行构造柱喇叭口的制作。如图 9-48 所示。

(10) 问题 10：构造柱喇叭口处混凝土一次性浇筑不到位，且不密实，存在严重质量缺陷，如图 9-49 所示。

图 9-48　构造柱喇叭口标准做法

图 9-49　构造柱未一次浇筑到位

改进措施：改变喇叭口模板制作方式，采用小型振动棒振捣密实。

(11) 问题 11：构造柱“马牙槎”砌筑未统一进退，混凝土浇筑未采用振动棒进行振捣，存在大量麻面、孔洞，如图 9-50 所示。

改进措施：加强砌筑施工技术交底；不符合要求返工重做。

(12) 问题 12：部分构造柱未按要求弹线贴双面胶，导致粘贴不顺直且大量脱落，造成界面不清晰，观感极差，如图 9-51 所示。

图 9-50　马牙槎不符合要求

图 9-51　构造柱双面胶脱落

改进措施：必须弹线粘贴双面胶条；加强工人技能培训。

(13) 问题 13：部分墙体位置植筋长度未经仔细计算伸出墙体；二次构件浇筑时用杂物封堵，如图 9-52、图 9-53 所示。

图 9-52　植筋长度过长伸出墙体

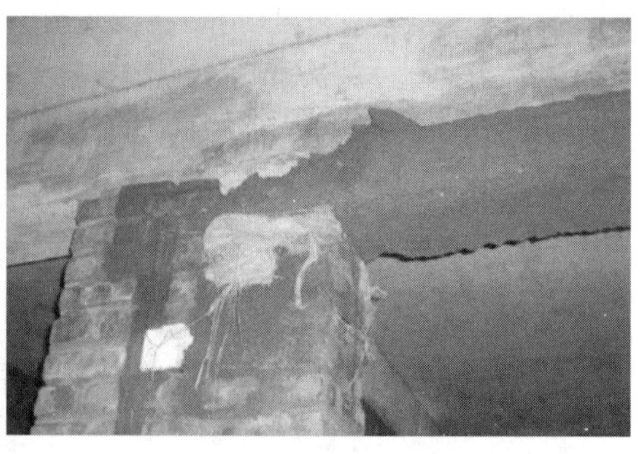

图 9-53　杂物封堵

改进措施：

1）调整拉结筋长度；

2）加强工人素质教育，采取必要经济处罚措施。

（14）问题 14：实心砖尺寸不规范，如图 9-54 所示。

改进措施：

1）外观尺寸超标严重应清退出场；

2）更换供货厂家。

（15）问题 15：大量配砖墙体部位已严重返碱，如图 9-55 所示。

图 9-54　实心砖尺寸不规范

图 9-55　墙面返碱

图 9-56　开槽不规范

改进措施：

1）建议重新选用配砖，合格后用于工程实体；

2）采用水洗、打磨等措施处理。

（16）问题 16：在埋管时开槽随意性比较大，造成砌体大面积剔打，如图 9-56 所示。

改进措施：

1）根据管径、根数，确定开槽尺寸；

2）在砌体上弹出双线，并用切割机开槽。

（17）问题 17：强弱电箱在安装时，尺寸大小、位置定位不准确，导致砌体剔打面积太大，如图 9-57 所示。

改进措施：

1）根据厂家提供的尺寸在砌体上弹线开槽；

2）向砌体班组提供尺寸在做砌体时留置孔洞，并派专人现场跟进。

（18）问题 18：线盒周围用砂灰进行填塞封堵，极易产生空鼓开裂；安装预埋线管位置与线箱位置存在偏移，如图 9-58 所示。

图 9-57　强弱电箱位置不准确

图 9-58　线盒封堵不规范

改进措施：

1）在上部主体结构施工预埋时进行调整；

2）线盒周边必须用细石混凝土填塞密实。